# 中国科学院近海海洋观测研究网络
# 黄海站、东海站观测数据图集X

刘长华　王春晓　贾思洋　王　旭　王彦俊　著

海洋出版社

2023年·北京

图书在版编目(CIP)数据

中国科学院近海海洋观测研究网络黄海站、东海站观测数据图集. X / 刘长华等著. — 北京 : 海洋出版社, 2023.6

ISBN 978-7-5210-1128-9

Ⅰ. ①中… Ⅱ. ①刘… Ⅲ. ①黄海－海洋站－海洋监测－数据集②东海－海洋站－海洋监测－数据集 Ⅳ. ①P717

中国国家版本馆CIP数据核字(2023)第105343号

中国科学院近海海洋观测研究网络
黄海站、东海站观测数据图集 X
ZHONGGUO KEXUEYUAN JINHAI HAIYANG GUANCE YANJIU WANGLUO
HUANGHAI ZHAN, DONGHAI ZHAN GUANCE SHUJU TUJI X

---

责任编辑：赵　娟
责任印制：安　淼

海洋出版社 出版发行
http://www.oceanpress.com.cn
北京市海淀区大慧寺路 8 号　邮编：100081
鸿博昊天科技有限公司印刷
2023年6月第1版　2023年6月第1次印刷
开本：889mm × 1194mm　1 / 16　印张：12.25
字数：295千字　定价：145.00元
发行部：010-62100090　总编室：010-62100034

# 本数据图集出版得到以下项目支持

- 国家重点研发专项“海气交互关键层大剖面综合同步观测浮标研制与应用示范”（2022YFC3104300）
- 中国科学院仪器设备功能开发技术创新项目“基于浮标载体的海洋可视化系统研制”（GYH201802）
- 中国科学院科研仪器设备研制项目“原位可视化海洋多参数高精度观测系统”（YJKYYQ20210027）
- 中国科学院网络安全和信息化专项“基于黄海、东海浮标观测数据的‘数字孪生海洋’信息模型应用示范”（CAS-WX2021SF-0503）
- 中国科学院关键技术人才项目

# 序

一般情况下，厄尔尼诺和拉尼娜是交替出现的，也即ENSO循环。通常ENSO具有2～7年的准周期，存在中性、暖性（正）、冷性（负）3个相位。中性相位的ENSO代表气候平均态，显示为赤道东太平洋的“冷舌”，当ENSO处于正相位期时，哈得来环流增强、沃克环流减弱、赤道太平洋信风减弱、赤道暖流减弱、赤道逆流增强、赤道东太平洋沿岸冷水上翻活动减弱、温跃层深度增加、海面温度异常升高。当ENSO处于负相位期时，上述特征变化相反。但在2015/2016年超强厄尔尼诺发生后至2019年期间，连续出现了两次拉尼娜事件，接着又连续出现了两次厄尔尼诺事件，可见影响全球气候与水文循环的ENSO发生/消亡过程的复杂性超出人们的想象，也从侧面反映了我们对海洋的了解还十分有限。复杂多变的海洋还有太多的未知等待我们去探索、去研究、去观测，海洋观测是认知海洋的基础，是开展海洋研究与资源环境利用的重要技术保障，有着极其重大的科学意义与社会经济价值，认知海洋、感知海洋才可能更好地利用海洋，为人类的生存和发展服务。

作为国家综合国力重要标志的海洋观测，在维护海洋权益、开发海洋资源、预警海洋灾害、保护海洋环境、加强国防建设、谋求新的发展空间等方面起着基础性的奠基作用。长期以来，国内外涉海组织和国家均积极推动海洋观测活动，建立了各种类型的观测站，形成了多个区域和全球海洋观测网络。作为我国具有代表性的海洋观测网络，中国科学院在创新三期部署建设了中国近海海洋观测研究网络，其中由中国科学院海洋研究所建设的黄海站和东海站，其任务是对渤海、黄海以及东海的关键海域进行长期定点综合观测，以获取包括气象、水文、水质等在内的海洋多要素长序列观测数据，为海洋科学研究、生态环境监测、灾害预报预警、海洋工程建设、资源开发利用等方面提供基础性数据服务。两个台站自2009年开始实施观测任务以来，积累了巨量的宝贵实时观测数据，如何充分利用这些来之不易的数据是一个值得特别关注的问题。鉴于观测数据作为观测最重要的成果，台站的技术人员近年来在保障各观测系统可靠运行的同时，一直致力数据的共享工作，尽可能地发挥这些宝贵数据的作用。将海量观测数据进行整理、质控和绘图，按照年度出版图集被实践证明是一项非常有效的数据共享方式，既有效地对数据进行共享利用，又可使数据使用者给予的各种需求反馈进一步促进台站观测的深度与广度，提高观测数据的质量和观测台站的技术水平。

2017年，作者及其团队就开始着手台站数据图集的编制出版，至今已陆续出版了8册常规观测数据图集（2009年至2018年）和1册台风专题数据图集（2009年至2019年），其影响和成效显著。随着台站观测体系的不断完善和拓展，他们在人力和物力非常紧张的情况下，在保障台站观测稳定运行的前提下，克服困难，利用晚间和节假日间隙编撰图集，工作量之大难以想象，他们这种锲而不舍的精神十分可嘉。如今，他们付出辛勤汗水完成的这本2019年数据图集呈现在了我们面前。从该图集可以看出，2019年的数据质量总体良好，除北黄海浮标因系统大修仅获取了240天的有效数据外，其他浮标的有效获取数据时长均超过 310 天，甚至有 3 套浮标全年稳定有效获取观测数据，这对于无人值守的锚系浮标来说，甚是难得。

以此为序，祝愿黄海站和东海站的海洋观测业务能力不断提升，为我国的海洋事业发展贡献源源不断的宝贵数据，同时也希望该图集能够给众多海洋人提供重要的参考和依据。

2023 年 2 月 25 日

# 前　言

2020年1月发表于《大气科学进展》（*Advances in Atmospheric Sciences*）的一项研究[①]中，来自11个国内外机构的14名科学家联合发布的最新海洋观测数据显示，继2017年和2018年海洋创纪录变暖之后，2019年海洋升温又创新高，成为有现代海洋观测记录以来海洋最暖的一年。同时，过去5年是有现代观测记录以来海洋最暖的5年、过去10年是最暖的10年。成果论文报告同时发布了由中国科学院大气物理研究所研制的海洋热含量数据以及美国国家海洋与大气管理局旗下美国国家海洋信息中心的2019年海洋热含量数据，中美两套独立的数据均表明：2019年海洋上层2 000 m热含量创历史记录。中国科学院大气物理研究所的数据还显示，1987—2019年期间，海洋平均增暖速率是1955—1986年的450%，显示出持续的海洋加速暖化趋势，从海表到2 000 m深海、从大西洋到印度洋和太平洋、从北极到南极海域，均已观测到海水变暖的信号。由于能量失衡，包括海洋、大气、陆地和冰雪圈的气候系统被持续“加热”，是2019年加利福尼亚、亚马孙和澳大利亚大火肆虐的外在驱动因子，也是过去一些年频繁发生海洋热浪的驱动力。海水持续增暖带来了一系列海洋生物化学要素的变化，包括溶解氧降低、生物种群迁移、海洋生态多样性下降、珊瑚礁系统白化、海平面上升等。海洋变暖也为台风等极端天气提供了更为充足的“燃料”（能量来源），使台风更强、降水更多。

国家气候中心已确认2019年为“厄尔尼诺年”，这一年厄尔尼诺两次现身，2018/2019年厄尔尼诺结束于2019年7月，之后从2019年11月又逐步发展起来2019/2020年厄尔尼诺。受厄尔尼诺的影响，我国2019年气候主要有如下特征[②]，全国平均气温（10.34℃）较常年偏高0.79℃，为1951年以来第5暖年；四季气温均偏高，春秋明显偏暖。全国平均降水量645.5 mm，比常年偏多2.5%；冬春夏降水偏多，秋季偏少。华南前汛期开始早、结束晚，为1961年以来最长前汛期，雨量为1961年以来次多；西南雨季开始和结束均偏晚，雨量偏少；入梅晚、出梅早，梅雨量偏少；华北雨季开始晚，结束与常年一致，雨量偏少；东北雨季开始早、结束晚，雨量偏多；华西秋雨开始早、结束晚，雨量偏多。2019年，台风生成多，登陆强度总体偏弱，但第9号台风“利奇马”灾损重；暴雨过程多，但暴雨洪涝灾害总体偏轻；高温日数多，区域性特征明显；区域性和阶段性干旱明显。

一系列的海洋环境变化为人类社会、经济发展提出了更大的挑战，必将影响人类实现可持续发展目标。而与我们密切相关的中国近海又有哪些影响和变化？相信长期连续的海洋观测数据可以回答此类问题。中国科学院近海观测研究网络黄海海洋观测研究站和东海海洋观测研究站（以下简称“黄

① CHENG Lijing, et al. 2020. Record-Setting Ocean Warmth Continued in 2019. Advances in Atmospheric Sciences, 37(02): 137-142.

② 中国气象局国家气候中心 . 2020. 2019年中国气候公报 .

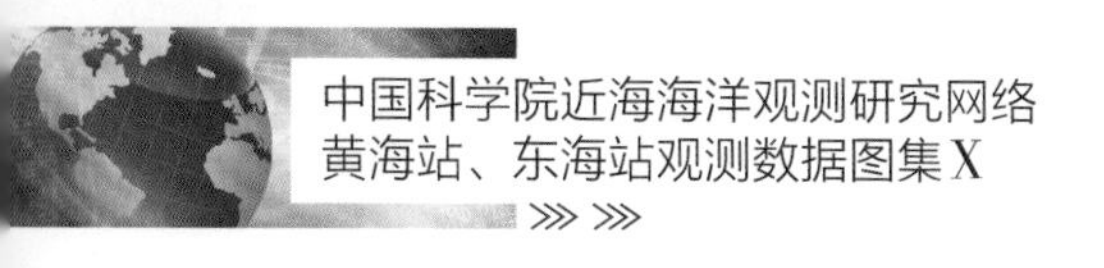


海站和东海站”）是以海洋观测浮标为主要设施，长期致力于中国近海海域定点与联网观测的野外台站观测，可为相关海洋科学研究提供大量宝贵的基础观测资料。其观测范围北起北黄海长山群岛海域，西至渤海秦皇岛外海海域，南至东海舟山群岛海域，东至124°E中韩中间线附近，以北黄海的长山群岛附近海域、山东外海海域和东海的长江口及其邻近海域为重点观测范围，建设目标是获取我国近海关键海域长序列、稳定、连续、高质量的海洋气象、水文、水质等数据。黄海站和东海站自2007年开始筹建，2009年正式挂牌并投入运行，长期以来始终保持稳步、健康发展，观测技术手段和能力显著提升。建站初期，仅有6套观测浮标系统，发展到目前（2023年）已经拥有24套观测设施，主要包括国内首套三锚式浮标综合观测平台、单锚式浮标、潜标、海岛自动气象站和海洋调查船等，现已形成了观测范围广阔、站位布局合理、技术手段丰富的网络化综合观测体系，可长期、稳定地为我国近海海洋科学研究提供高质量的基础观测数据支撑。

本图集是关于黄海站和东海站的观测数据集第十分册（总第十卷），数据起止时间为2019年1月1日至2019年12月31日，为一个年度周期浮标的数据累积成果。浮标的分布主要集中于3个区域，分别是北黄海长海县附近海域、南黄海山东荣成楮岛和青岛灵山岛海域以及东海长江口外海附近海域（详见技术说明中浮标分布图）。综合考虑数据的质量和区域代表性，图集共选取了7套浮标的观测数据，主要观测项目包括海洋气象、水文、水质（浊度、叶绿素和溶解氧），各浮标情况介绍以及具体使用的观测设备和获取的观测参数等内容可参见技术说明部分。

本图集的编写方式继续沿用了以往的形式，即选取典型站位浮标的观测数据进行曲线绘制，并针对每个参数全年的变化特征进行简要概括描述和分析，同时就该观测参数所记录的特殊天气现象进行专题描述，如寒潮和台风等。图集正文中以图文并茂的形式展示了黄海站和东海站的数据获取情况、数据质量情况以及数据变化情况，旨在吸引广大海洋科研工作者深入挖掘数据或者是申请我们已经获取的长序列观测数据，以支持其相关研究。因此，本图集的出版核心是宣传和促进数据应用及共享，这一宗旨与国家近几年所大力提倡的开放数据、共享数据的精神是完全符合的。

基于这一新的图集编写目的，所以在观测站点的选择上也就没有必要面面俱到，更不必要对所有获取的原始数据进行处理、质量控制和成图，这些工作让深入研究海洋的各位学者开展，其效果会事半功倍，而且目的性更加明确。我们需要做的仅仅是将我们拥有的观测数据宣传出去，让众多的海洋科研工作者知道我们的资源，通过合作或以直接申请的方式大力推进数据共享和应用。

本年度数据获取情况整体评价为优秀。浮标获取的观测参数时长均超过310天，而且数据质量高，如位于黄海日照近海海海域（35º25′N，119º36′E）的19号浮标，其获取的气温和气压数据、风速和风向数据、有效波高和有效波周期、水温和盐度数据几乎获取了全年365天的长序列观测数据，这对于以锚系式定点观测方式而言，是极其难得的。仅北黄海长海县附近海域的01号浮标，由于设备不稳定问题，只获取到240天时长的连续数据。我们用表格的形式展示出本图集选取浮标获取参数的时长情况，以供参阅。

2019 年度黄海站、东海站典型浮标获取主要参数的时长列表

| 浮标 | 大致位置 | 观测参数 | 获取时长 | 主要时间段 | 备注 |
| --- | --- | --- | --- | --- | --- |
| 01 | 北黄海<br>长海县<br>附近海域 | 气温、气压 | 240 天 | 1 月 1 日至 7 月 20 日<br>8 月 28 日至 10 月 5 日 | 浮标大修导致数据缺失 |
| | | 风速、风向 | | | |
| | | 有效波高、有效波周期 | | | |
| | | 表层水温 | | | |
| | | 表层水温、盐度 | | | |
| 06 | 东海<br>嵊山岛<br>海礁<br>附近海域 | 气温、气压 | 327 天 | 1 月 1 日至 3 月 17 日<br>4 月 25 日至 12 月 31 日 | 浮标大修导致数据缺失 |
| | | 风速、风向 | | | |
| | | 有效波高、有效波周期 | | | |
| | | 表层水温、盐度 | 316 天 | 1 月 1 日至 3 月 17 日<br>4 月 25 日至 10 月 19 日<br>10 月 31 日至 12 月 31 日 | |
| 07 | 黄海<br>荣成楮岛<br>附近海域 | 气温、气压 | 337 天 | 1 月 29 日至 12 月 31 日 | 浮标大修导致数据缺失 |
| | | 风速、风向 | | | |
| | | 有效波高、有效波周期 | | | |
| | | 表层水温、盐度 | | | |
| 12 | 东海<br>黄泽洋<br>附近海域 | 气温、气压 | 365 天 | 全年 | |
| | | 风速、风向 | | | |
| | | 有效波高、有效波周期 | | | |
| 18 | 黄海<br>董家口<br>附近海域 | 气温、气压 | 314 天 | 1 月 2 日至 4 月 1 日<br>5 月 22 日至 12 月 31 日 | 温湿和气压传感器故障导致数据缺失 |
| | | 风速、风向 | 364 天 | 1 月 2 日至 12 月 31 日 | |
| | | 有效波高、有效波周期 | | | |
| | | 表层水温、盐度 | | | |
| 19 | 黄海<br>日照<br>附近海域 | 气温、气压 | 365 天 | 全年 | |
| | | 风速、风向 | | | |
| | | 有效波高、有效波周期 | | | |
| | | 表层水温、盐度 | | | |
| 20 | 舟山<br>六横岛<br>附近海域 | 气温、气压 | 365 天 | 全年 | |
| | | 风速、风向 | | | |
| | | 有效波高、有效波周期 | | | |

根据数据曲线可以基本概括出几个观测海域的环境变化特征。北黄海通过01号浮标获取的气温、气压数据可以看出，该海域月度变化特征与该海域常年季节气候变化特点基本吻合，年度气温平均值为11.29℃，年度气压平均值为1 013.64 hPa，测得的年度最高气温和最低气温分别为27.4℃和 −9.8℃；测得的年度最高气压和最低气压分别为1 035.8 hPa和992.2 hPa。通过风速和风向数据可以看出，该海域冬季盛行北西北风，且6级以上大风天数较多，夏季盛行南东南风，6级以上大风天数较少；水温数据与气温数据密切相关，盐度变化特征受该海域降水影响明显，年度水温平均值为12.33℃，年度盐度平均值为31.65；测得的年度最高水温和最低水温分别为27.3℃和2.0℃；测得的年度最高盐度和最低盐度分别为32.5和27.4。测得的波浪数据主要是有效波高和有效波周期，根据数据统计得出，年度有效波高平均值为0.61 m，年度有效波周期平均值为4.30 s；测得的年度最大有效波高为2.7 m，对应的有效波周期为13.1 s。

南黄海通过19号浮标获取的气温、气压数据可以看出，该海域月度变化特征与该海域常年季节气候变化特点基本吻合，年度气温平均值为14.52℃，年度气压平均值为1 017.10 hPa；测得的年度最高气温和最低气温分别为30.4℃和 −5.1℃；测得的年度最高气压和最低气压分别为1 043.6 hPa和980.4 hPa。通过风速和风向数据可以看出，该海域冬季盛行北风，且6级以上大风天数较多，夏季盛行南风和东南风，受台风6级以上大风天数较少；水温数据与气温数据密切相关，盐度变化特征受该海域降水影响明显，年度水温平均值为15.72℃，年度盐度平均值为29.91；测得的年度最高水温和最低水温分别为29.2℃和4.0℃；测得的年度最高盐度和最低盐度分别为31.6和27.7。测得的波浪数据主要是有效波高和有效波周期，根据数据统计得出，年度有效波高平均值为0.41 m，年度有效波周期平均值为4.72 s；测得的年度最大有效波高为2.8 m，对应的有效波周期为7.7 s。

长江口邻近海域通过06号浮标获取的气温、气压数据可以看出，该海域月度变化特征与该海域常年季节气候变化特点基本吻合，年度气温平均值为18.93℃，年度气压平均值为1 017.84 hPa；测得的年度最高气温和最低气温分别为30.8℃和3.7℃；测得的年度最高气压和最低气压分别为1 038.0 hPa和987.7 hPa。通过风速和风向数据可以看出，该海域6级以上大风天数较黄海海域明显偏多，全年冬季盛行偏北风，且6级以上大风天数较多，夏季盛行偏南风，6级以上大风天数也不太少；水温数据与气温数据密切相关，盐度变化特征受该海域降水以及长江冲淡水影响明显，年度水温平均值为21.88℃，年度盐度平均值为31.72；测得的年度最高水温和最低水温分别为31.3℃和11.7℃；测得的年度最高盐度和最低盐度分别为34.9和18.9。测得的波浪数据主要是有效波高和有效波周期，根据数据统计得出，年度有效波高平均值为1.30 m，年度有效波周期平均值为6.56 s；测得的年度最大有效波高为7.4 m，对应的有效波周期为10.5 s。

我们以01号浮标的观测数据为主，并根据数据缺失情况采用獐子岛气象站、02号、03号、04号和05号浮标的观测数据进行补缺，最终统一数据频次后得到各参数不同年份的平均值，绘制了北黄海海域2009—2019年气温、水温、盐度历年平均值的变化曲线（见下图），可以看出北黄海海域近十年来，气温和水温总体呈上升的趋势；盐度在2015年前出现稍有下降又回升的变化，2015年之后的变化则较为平稳。

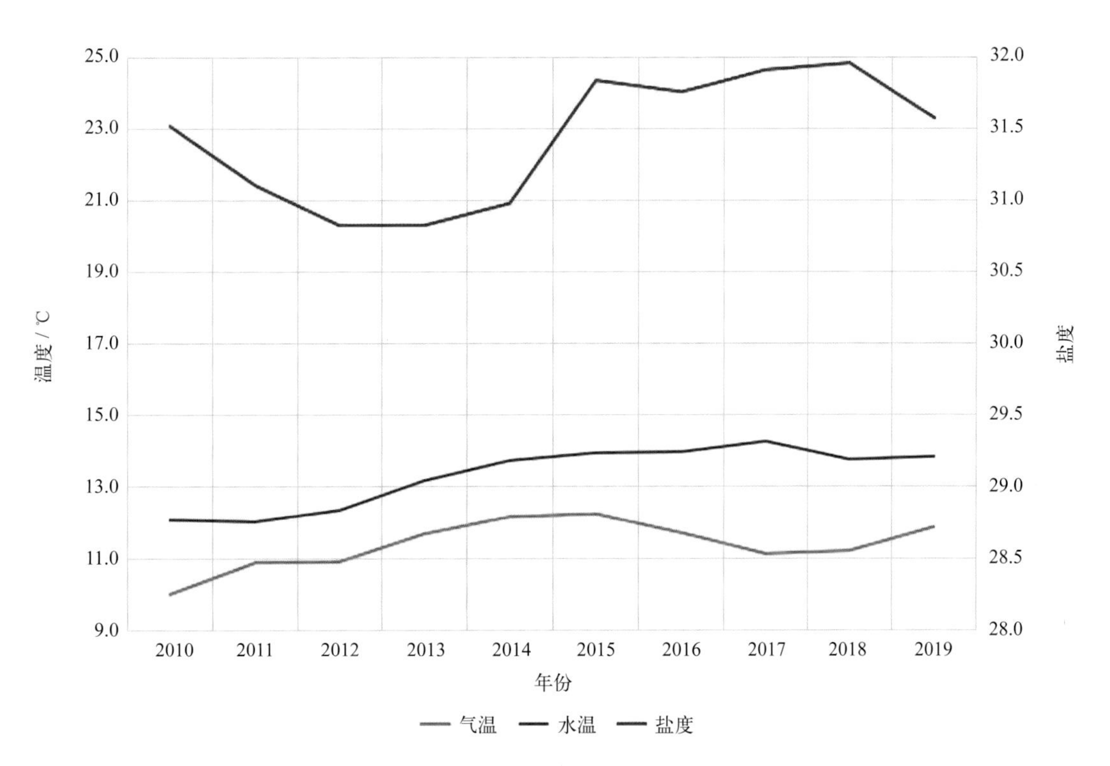


北黄海海域 2009—2019 年气温、水温、盐度历年平均值变化曲线

上述内容是对 2019 年度获取数据和北黄海海域一些参数 10 年变化的简单概述和总结，2019 年度详细曲线特征信息各位读者可参照图集正文对应的数据曲线，根据需要做深入分析，历史的数据可以参阅以前正式出版的数据图集（出版目录在封四），也可通过海洋大数据中心进行原始数据的申请（网址：http://msdc.qdio.ac.cn/）。

本图集是集体劳动成果的结晶。自 2009 年黄海海洋观测研究站和东海海洋观测研究站正式建站以来，几十位管理与技术人员付出了艰辛的努力，中国科学院海洋研究所的孙松、侯一筠、王凡、任建明、宋金明、于非、于仁成、王辉等领导付出了很大的精力，先后指导了此项工作的实施，具体实施的技术人员包括刘长华、贾思洋、王春晓、王旭、王彦俊、冯立强、张斌、李一凡、杨青军、陈永华、张钦等。同时，相关兄弟单位的管理和技术人员也给予了无私的帮助和关心，主要有上海海洋气象局的黄宁立、陈智强、费燕军，山东荣成楮岛水产公司的王军威、张义涛、王森林，大连獐子岛渔业集团的臧有才、赵学伟、张晓芳、杨殿群、张永国、杨鑫等，特向他们表示深深的感谢！

本图集由刘长华、王春晓、王旭、贾思洋和王彦俊等撰写完成，刘长华负责图集整体构思、前言部分的撰写和统稿，王春晓和王旭主要负责数据的整理、曲线绘制和各参数年度曲线特征的描述，王彦俊给予曲线绘制的技术支持，贾思洋负责技术说明的撰写及通稿的审校。

青岛海洋试点国家实验室副主任、中国科学院大学海洋学院副院长、国家杰出青年科学基金获得者宋金明研究员，在百忙之中为图集作序，多年来对我们这项工作给予了鼓励和充分的肯定，而且还时时督促我们要以持之以恒的热情将该工作持续开展下去，对图集板块组成、图件表达样式等都提出了非常宝贵的建议，使图集的质量得到了提升，这些都为图集得以出版起到了重要的作用，在此对他表示特别感谢!

该图集虽然较以往出版的图集有所改进，如撰写内容的编排、曲线的进一步标准化、部分参数年度曲线特征简单描述的优化等，都是总结前几分册的不足而做的改进和提升。但是整体上与我们的设想仍然相距甚远，与各位读者的要求也差距较大，尤其是获取数据的质量和连续性以及采用的数据获取技术方法，均有诸多欠缺和不足，敬请读者不吝赐教，批评指正!

刘长华

2023年2月于青岛栖霞路12号

# 中国科学院近海海洋观测研究网络
# 黄海站、东海站观测数据图集 X

## 技术说明

《中国科学院近海海洋观测研究网络黄海站、东海站观测数据图集 X》根据黄海站和东海站对黄海海域、东海海域长期累积的观测数据编制完成。观测内容包括海洋气象、海洋水文、水质等参数。本图集系 2019 年 1 月至 2019 年 12 月期间月度、年度所积累的观测数据，并选择部分具有代表性海域浮标的气温、气压、风速、风向、海表水温、海表盐度、有效波高和波周期等要素进行绘图。

黄海站、东海站主要通过布放在海上的锚泊式海洋观测研究浮标系统进行海洋参数的采集，黄海站、东海站长期安全在位运行浮标系统 20 余套。浮标系统主要搭载了风速风向仪、温湿仪、气压仪、能见度仪、声学多普勒流速剖面仪、波浪仪、温盐仪、叶绿素 - 浊度仪、溶解氧仪等观测设备，浮标的数据采集系统控制上述设备对中国近海海域的海洋气象参数、水文参数和水质参数等进行实时、动态、连续的观测，并通过 CDMA/GPRS 和北斗通信方式将观测数据传输至陆基站接收系统进行分类存储。

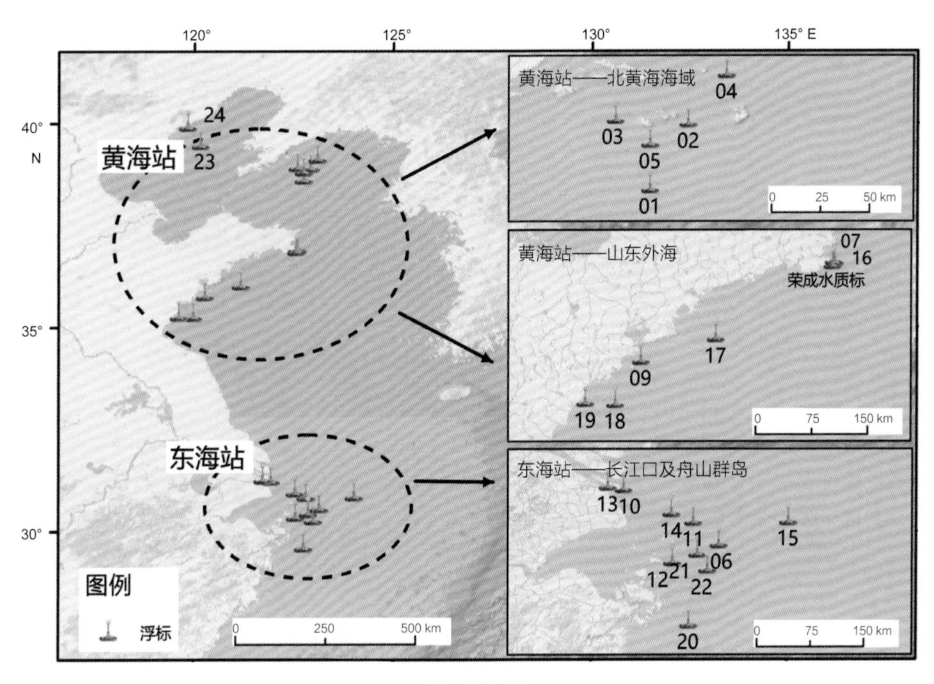


浮标分布图

海洋观测浮标系统的设计参照海洋行业标准《小型海洋环境监测浮标》（HY/T 143—2011）和《大型海洋环境监测浮标》（HY/T 142—2011）执行；观测仪器的选择参照《海洋水文观测仪器通用技术条件》（GB/T 13972—1992）执行。重要海洋气象、海洋水文、水质等参数的观测工作参照《海洋调查规范》（GB/T 12763—2007）和《海滨观测规范》（GB/T 14914—2006）执行。

## 一、浮标情况介绍

黄海站、东海站布放的浮标包括多种类型，每一个浮标可观测的参数也有所不同，各浮标具体情况介绍以及获取参数的详细技术指标参见如下两个列表。

黄海站、东海站浮标情况列表

| 站位 | 浮标 | 开始运行时间 | 布放位置 | 观测参数类型 | 备注 |
|---|---|---|---|---|---|
| 黄海站 | 01号 | 2009年6月 | 大连獐子岛附近海域 | 气象、水文、表层水质 | 直径3 m钢制浮标 |
| | 02号 | 2009年6月 | 大连獐子岛附近海域 | 水文、表层水质 | 直径2 m钢制浮标 |
| | 03号 | 2009年6月 | 大连獐子岛附近海域 | 气象（风）、水文、表层水质 | 直径2 m钢制浮标 |
| | 04号 | 2009年6月 | 大连獐子岛附近海域 | 水文、表层水质 | 直径2 m钢制浮标 |
| | 05号 | 2009年6月 | 大连獐子岛附近海域 | 水文、表层及剖面水质 | 直径2 m钢制浮标 |
| | 07号 | 2010年6月 | 荣成楮岛附近海域 | 气象、水文、表层水质 | 直径3 m钢制浮标 |
| | 荣成水质标 | 2014年7月 | 荣成楮岛附近海域 | 表层水质 | 直径1 m钢制浮标 |
| | 09号 | 2010年7月 | 青岛灵山岛附近海域 | 气象、水文、表层水质 | 直径3 m EVA浮标 |
| | 16号 | 2018年5月 | 荣成楮岛附近海域 | 气象、水文、表层及剖面水质 | 直径2.3 m EVA浮标 |
| | 17号 | 2014年10月 | 青岛仰口外海海域 | 气象、水文、表层水质 | 直径10 m钢制浮标 |
| | 18号 | 2014年10月 | 青岛董家口外海海域 | 气象、水文、表层水质 | 直径10 m钢制浮标 |
| | 19号 | 2014年8月 | 日照近海海域 | 气象、水文、表层水质 | 直径3 m钢制浮标 |
| | 23号 | 2021年4月 | 秦皇岛外海海域 | 气象、水文、表层水质 | 直径6 m钢制浮标 |
| | 24号 | 2022年6月 | 秦皇岛近海海域 | 气象、水文、表层水质 | 直径3 m EVA浮标 |

续表

| 站位 | 浮标 | 开始运行时间 | 布放位置 | 观测参数类型 | 备注 |
| --- | --- | --- | --- | --- | --- |
| 东海站 | 06 号 | 2009 年 8 月 | 舟山海礁附近海域 | 气象、水文、表层水质 | 直径 10 m 钢制浮标 |
| | 10 号 | 2013 年 9 月 | 长江口崇明岛附近海域 | 气象、水文、表层水质 | 直径 3 m 钢制浮标 |
| | 11 号 | 2010 年 4 月 | 舟山花鸟岛附近海域 | 气象、水文、表层水质 | 直径 10 m 钢制浮标 |
| | 12 号 | 2010 年 5 月 | 舟山黄泽洋附近海域 | 气象、水文、表层水质 | 长度 10 m 船型浮标 |
| | 13 号 | 2010 年 5 月 | 舟山小洋山附近海域 | 气象、水文、表层水质 | 直径 3 m 钢制浮标 |
| | | 2018 年 9 月 | 长江口崇明附近海域 | | |
| | 14 号 | 2011 年 3 月 | 舟山长江口外海海域 | 气象、水文、表层水质 | 长度 10 m 船型浮标 |
| | 15 号 | 2012 年 7 月 | 东海 124°E 附近海域 | 气象、水文、表层水质 | 直径 10 m 钢制浮标 |
| | 20 号 | 2012 年 6 月 | 舟山六横岛附近海域 | 气象、水文、表层水质 | 直径 10 m 钢制浮标 |
| | 21 号 | 2020 年 12 月 | 舟山东半洋礁附近海域 | 气象、水文、表层水质 | 直径 10 m 钢制浮标 |
| | 22 号 | 2018 年 7 月 | 舟山衢山岛附近海域 | 气象、水文、表层及剖面水质 | 直径 15 m 钢制浮标 |
| | | 2021 年 1 月 | 舟山浪岗附近海域 | | |

黄海站、东海站浮标观测参数技术指标列表

| 类型 | 测量参数 | 测量范围 | 测量准确度 | 分辨率 |
| --- | --- | --- | --- | --- |
| 气象参数 | 风速 | 0 ~ 100 m/s | ±0.3 m/s 或读数的 1% | 0.1 m/s |
| | 风向 | 0° ~ 360° | ±3° | 1° |
| | 气温 | −50 ~ 50℃ | ±0.3℃ | 0.1℃ |
| | 气压 | 500 ~ 1 100 hPa | ±0.2 hPa（25℃），±0.3 hPa（−40 ~ 60℃） | 0.01 hPa |
| | 相对湿度 | 0 ~ 100% RH | ±2% RH | 1% RH |
| | 能见度 | 10 ~ 20 000 m | ±10% ~ ±15% | 1 m |
| 水文参数 | 水温 | −3 ~ +45℃ | ±0.01℃ | 0.001℃ |
| | 电导率 | 2 ~ 70 mS/cm | ±0.01 mS/cm | 0.001 mS/cm |
| | 波高 | 0.2 ~ 25.0 m | ±［0.1 m+（5% 或 10%）$H$］，$H$ 为实测波高值 | 0.1 m |
| | 波周期 | 2 ~ 30 s | ±0.25 s | 0.1 s |
| | 波向 | 0° ~ 360° | ±5° 或 ±10° | 1° |
| | 流速 | ±5 m/s | ±0.5% $V$±0.5 cm/s，$V$ 为实测流速值 | 1 mm/s |
| | 流向 | 0° ~ 360° | ±10° | 1° |
| 水质参数 | 叶绿素 | 0.1 ~ 400 μg/L | ±1% | 0.01 μg/L |
| | 浊度 | 0 ~ 1 000 FTU | ±0.2% | 0.03 FTU |
| | 溶解氧 | 0 ~ 200% | ±2% | 0.01% |

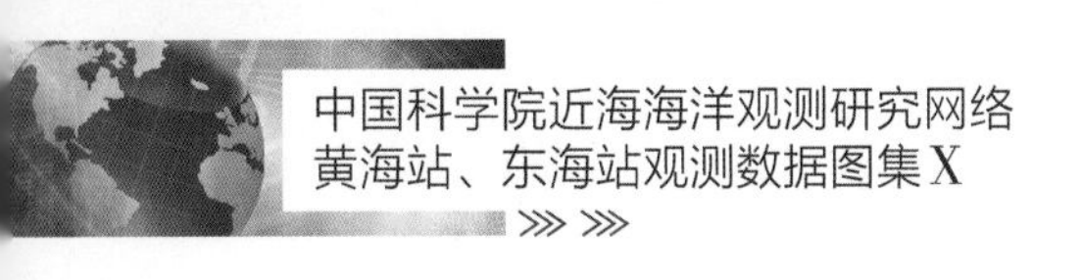



# 二、数据采集设备

## （一）温湿仪

观测气温使用的设备为美国 RM Young 公司生产的 41382LC 型温湿仪，气温测量采用高精度铂电阻温度传感器，观测范围为 −50 ~ 50℃，观测精度为 ±0.3℃，响应时间为 10 s。

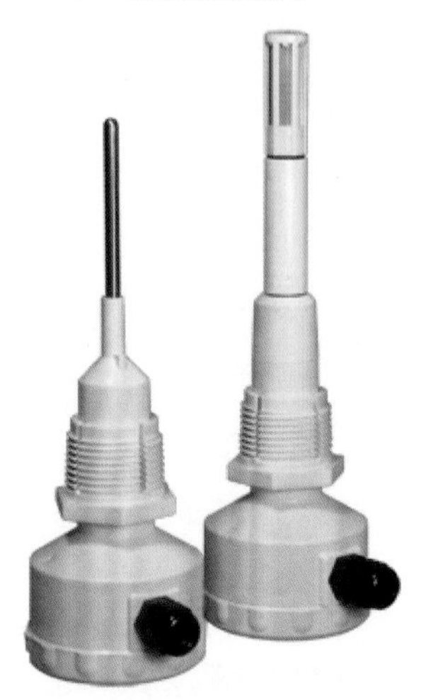

41382LC 型温湿仪

## （二）气压仪

观测气压使用的设备为美国 RM Young 公司生产的 61302V 型气压仪，在浮标上使用时配备防风装置保证数据的稳定可靠，观测范围为 500 ~ 1 100 hPa，观测精度为 ±0.2 hPa（25℃），±0.3 hPa（−40 ~ 60℃）。

61302V 型气压仪

## （三）风速风向仪

观测风速风向使用的设备为美国 RM Young 公司生产的 05106 型风速风向仪，是专门为海洋环境设计的增强型风速风向仪，能够适应海洋上高湿度、高盐度、高腐蚀性的环境，具有卓越的性能和优异的环境适应性，能够适应各种复杂的测量环境。同时它对强沙尘环境也拥有良好的适应性，拥有比同类型其他产品更长的使用寿命。该风速风向仪的风速测量范围为 0 ~ 100 m/s，精度为 ±0.3 m/s 或读数的 1%，启动风速为 1.1 m/s；风向测量范围为 0° ~ 360°，精度为 ±3°，启动风速（10° 位移）为 1.1 m/s。

05106 型风速风向仪

## （四）温盐仪

浮标上安装的获取水温、盐度的设备为日本 JFE 公司生产的 ACTW-CAR 型温盐仪。该设备的电导率测量采用七电极探头并安装有可自动上下移动的防污刷，在每次测量时，活塞式防污刷自动清洁探头内壁，从而有效防止生物附着，保证 2 ~ 3 个月不用维护也能获得稳定的测量数据。该设备水温测量范围为 −3 ~ 45℃，精度为 ±0.01℃；电导率测量范围为 2 ~ 70 mS/cm，精度为 ±0.01 mS/cm。

ACTW-CAR 型温盐仪

## （五）波浪仪

2012 年 8 月之前，黄海站 01 ~ 05 号浮标使用国产 OSB 型波浪仪，该设备利用重力测波的基本原理进行波高测量，在倾角罗盘的配合下，经过复杂计算，可提供波向数据。该设备波高的测量范围为 0.2 ~ 25.0 m，精度为 ±（0.1 m + 5%$H$），$H$ 为实测波高值；波周期的测量范围为 2 ~ 30 s，准确

度为 ±0.25 s；波向的测量范围为 0° ~ 360°，准确度为 ±5°。

建站之初，黄海站 07 号和 09 号浮标，以及东海站的 06 号浮标上安装的获取波浪相关（波高、波向和波周期）数据的设备为国产 SBY1-1 型波浪测量仪，采用最先进的三轴加速度计与数字积分算法，具备高可靠性、低功耗和稳定性好等特点。该设备波高的测量范围为 0.2 ~ 25.0 m，精度为 ±（0.1 m + 10%$H$），$H$ 为实测波高值；波周期的测量范围为 2 ~ 30 s，准确度为 ±0.25 s；波向的测量范围为 0° ~ 360°，准确度为 ±10°。为方便数据处理和保障数据观测的一致性，自 2012 年 8 月开始，黄海站、东海站的全部浮标均统一使用国产 SBY1-1 型波浪测量仪。

浮标在位运行过程中，若遇到风平浪静或波周期极短的情况，实际波高或波周期数据超出设备测量范围时，两种波浪仪均只给出参考值，如波高 0.0 m 或 0.1 m 以及波周期小于 2.0 s 的参考数据。考虑到数据准确性问题，本图集对超出设备测量范围的波高和波周期仅用于曲线绘制，参考值不参与平均值计算。

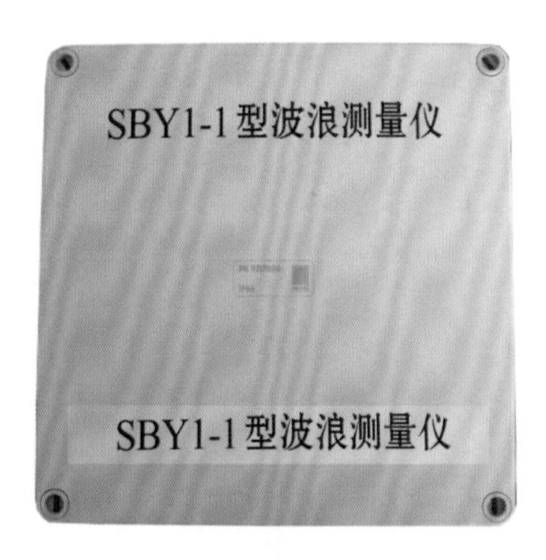


SBY1-1 型波浪测量仪

## 三、数据采集方法及采样周期

常规观测参数采集频率为每 10 min 测量 1 次（波浪参数每 30 min 测量 1 次），数据传输间隔可设置为 10 min、30 min、60 min（可选）。

### （一）气象观测

1. 风

采用双传感器工作。每点次进行风速、风向观测，观测参数为：每 1 min 风速和风向、最大风速、最大风速的风向、最大风速出现的时间、极大风速、极大风速的时间、瞬时风速、瞬时风向、10 min 平均风速、10 min 平均风向、2 min 平均风速和 2 min 平均风向。风速单位：m/s。风向单位：（°）。

| 项　目 | 采样长度 / min | 采样间隔 / s | 采样数量 / 次 |
|---|---|---|---|
| 10 min 平均风速 | 10 | 1 | 600 |
| 10 min 平均风向 | 10 | 1 | 600 |

2. 气温与湿度

每 10 min 观测 1 次。

| 项　目 | 采样长度 / min | 采样间隔 / s | 采样数量 / 次 |
| --- | --- | --- | --- |
| 气温 | 4 | 6 | 40 |
| 湿度 | 4 | 6 | 40 |

3. 气压与能见度

每 10 min 观测 1 次。

| 项　目 | 采样长度 / min | 采样间隔 / s | 采样数量 / 次 |
| --- | --- | --- | --- |
| 气压 | 4 | 6 | 40 |
| 能见度 | 4 | 6 | 40 |

### （二）水文观测

1. 波浪

波浪仪安装在浮标重心所在位置，每 30 min 观测 1 次，观测内容：有效波高和对应的周期、最大波高和对应的周期、平均波高和对应的周期、十分之一波高和对应的周期及波向（每 10° 区间出现的概率，并确定主要波向）。

2. 剖面流速流向

剖面流速流向的观测采用直读式声学多普勒海流剖面仪，从水深 3 m 开始，每 2 m 水深一层，水下每 10 min 观测 1 次，每次 Ping 数 60。

3. 水温、盐度

表层水温、盐度传感器安装于水深 2 m 上下，每 10 min 观测 1 次。

### （三）水质观测

表层水质观测包括浊度、叶绿素、溶解氧 3 项，传感器安装于水深 2 m 上下，每 10 min 观测 1 次。

## 四、英文缩写范例

| | |
| --- | --- |
| 气温：AT，Air Temperature | 风速：WS，Wind Speed |
| 气压：AP，Air Pressure | 风向：WD，Wind Direction |
| 水温：WT，Water Temperature | 有效波高：SignWH，Significant Wave Height |
| 盐度：SL，Salinity | 有效波周期：SignWP，Significant Wave Period |

01 号浮标

06 号浮标

07 号浮标

19 号浮标

21 号浮标

22 号浮标

23 号浮标

24 号浮标

# 目　录

# 气象观测

# 2019年度01号浮标观测数据概述及曲线
# （气温和气压）

2019年，01号浮标共获取240天的气温和气压长序列观测数据。获取数据的主要区间共两个时间段，具体为1月1日05:30至7月20日08:30和8月28日08:00至10月5日23:30。通过对获取数据质量控制和分析，01号浮标观测海域2019年度气温、气压数据和季节数据特征如下。

年度气温平均值为11.29℃，年度气压平均值为1 013.64 hPa；测得的年度最高气温和最低气温分别为27.4℃和 −9.8℃；测得的年度最高气压和最低气压分别为1 035.8 hPa和992.2 hPa。以2月为冬季代表月，观测海域冬季的平均气温是0.05℃，平均气压是1 023.15 hPa；以5月为春季代表月，观测海域春季的平均气温是13.59℃，平均气压是1 007.88 hPa。

2019年，01号浮标观测海域月度气温、气压变化特征与该海域常年季节气候变化特点基本吻合。01号浮标观测海域的气温、气压的月平均值、最高值和最低值数据参见表1。

2019年，01号浮标记录到1次寒潮过程和1次台风过程。寒潮的具体过程中，2月5日11:00（2.7℃）至2月7日11:00（−9.8℃），48 h气温下降了12.5℃，寒潮期间气压最高值为1 031.5 hPa（2月7日21:00）。台风的具体过程中，9月6—9日，01号浮标获取到了第13号超强台风“玲玲”的相关数据，获取到的最低气压为992.7 hPa（9月7日15:00）。

表1 01号浮标各月份气温、气压观测数据

| 月份 | 气温 / ℃ | | | 气压 / hPa | | | 备注 |
|---|---|---|---|---|---|---|---|
| | 平均 | 最高 | 最低 | 平均 | 最高 | 最低 | |
| 1 | 0.89 | 5.6 | −6.6 | 1 024.98 | 1 035.4 | 1 013.5 | |
| 2 | 0.05 | 6.3 | −9.8 | 1 023.15 | 1 035.8 | 1 009.4 | 记录1次寒潮 |
| 3 | 3.94 | 9.5 | −0.3 | 1 015.03 | 1 024.4 | 1 000.4 | |
| 4 | 7.99 | 12.6 | 3.9 | 1 012.74 | 1 024.2 | 999.5 | |
| 5 | 13.59 | 20.6 | 8.9 | 1 007.88 | 1 020.6 | 998.9 | |
| 6 | 18.80 | 23.4 | 14.1 | 1 003.63 | 1 011.4 | 992.2 | |
| 7 | 23.66 | 26.9 | 21.3 | 1 003.48 | 1 007.8 | 996.3 | 缺测11天数据 |
| 8 | — | — | — | — | — | — | 缺测数据 |
| 9 | 22.62 | 27.4 | 16.7 | 1 015.25 | 1 025.1 | 992.7 | 记录1次台风 |
| 10 | — | — | — | — | — | — | 缺测数据 |
| 11 | — | — | — | — | — | — | 缺测数据 |
| 12 | — | — | — | — | — | — | 缺测数据 |

注：全书中各月份数据统计表格中如果某月获取的数据不足15天，则不进行极值统计。

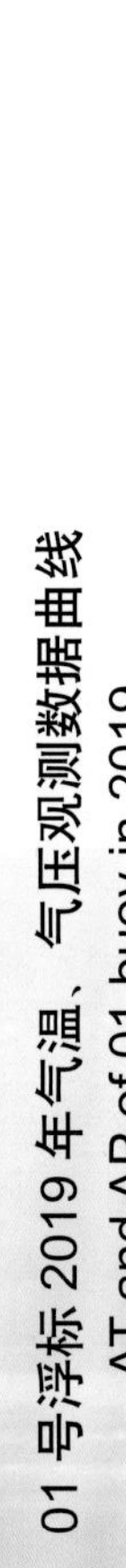

01 号浮标 2019 年气温、气压观测数据曲线
AT and AP of 01 buoy in 2019

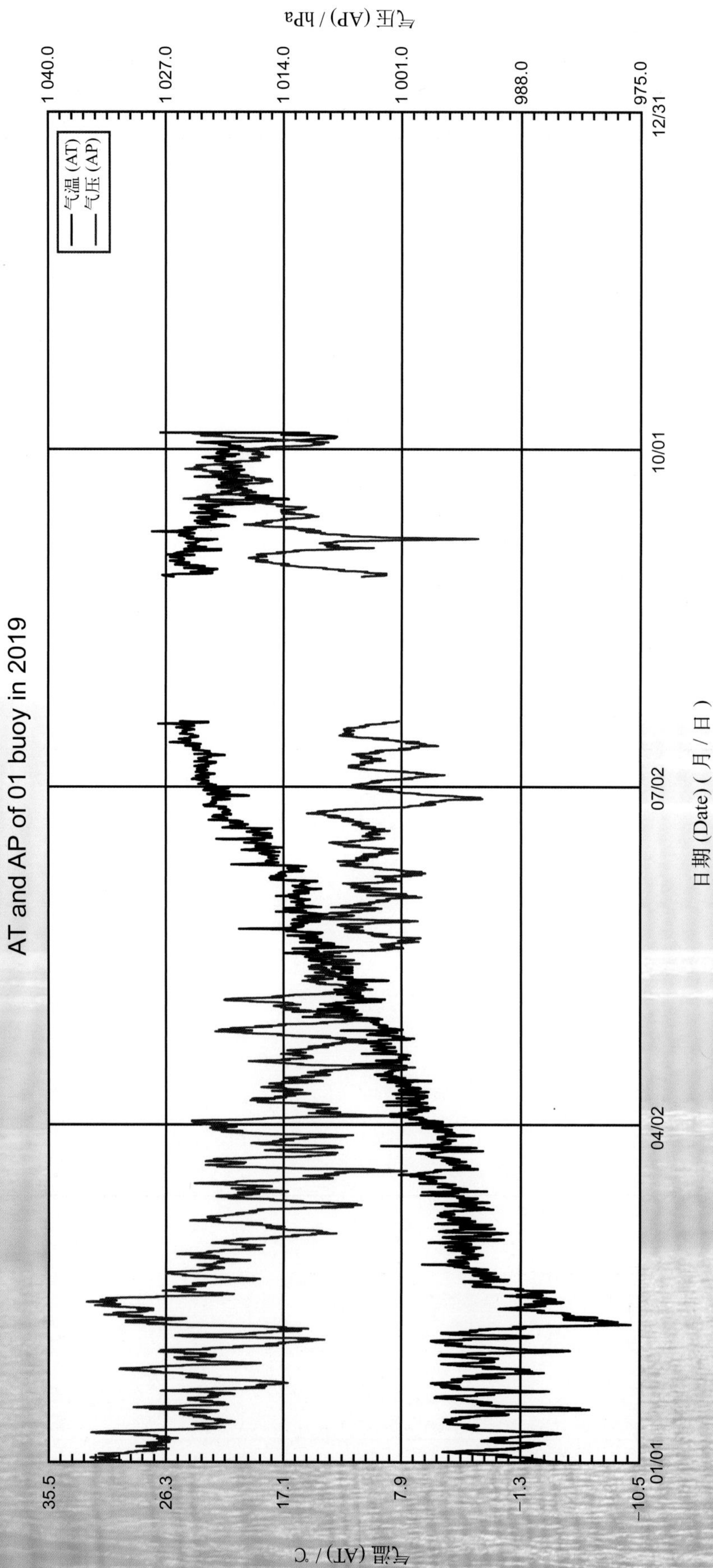

01 号浮标 2019 年 01 月气温、气压观测数据曲线
AT and AP of 01 buoy in Jan. 2019

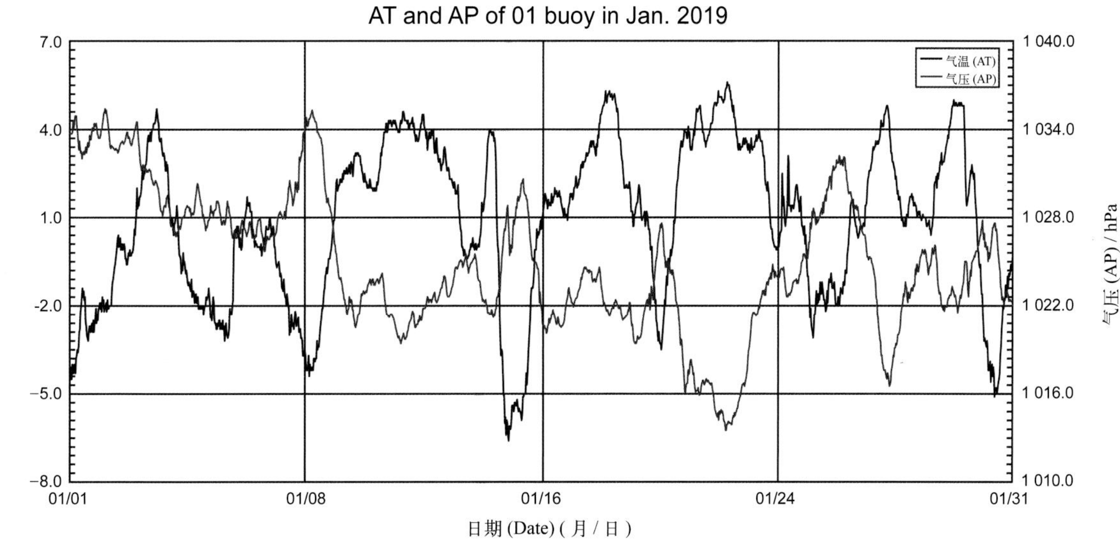

01 号浮标 2019 年 02 月气温、气压观测数据曲线
AT and AP of 01 buoy in Feb. 2019

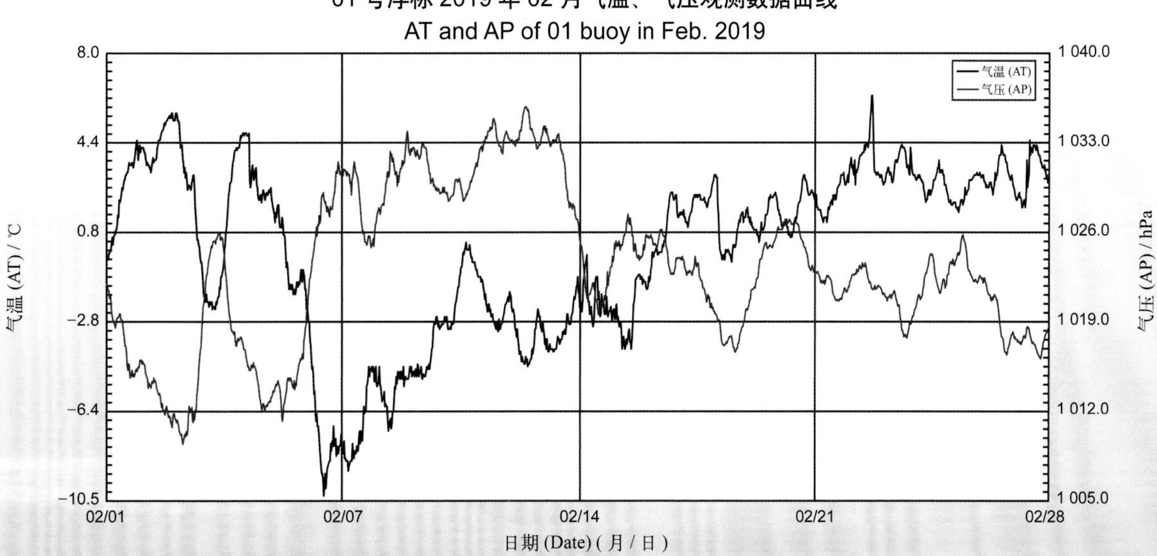


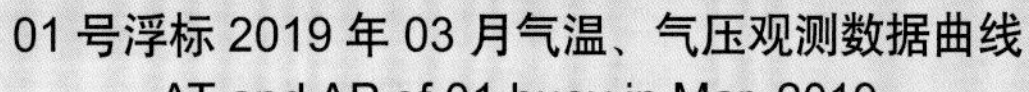

01 号浮标 2019 年 03 月气温、气压观测数据曲线
AT and AP of 01 buoy in Mar. 2019

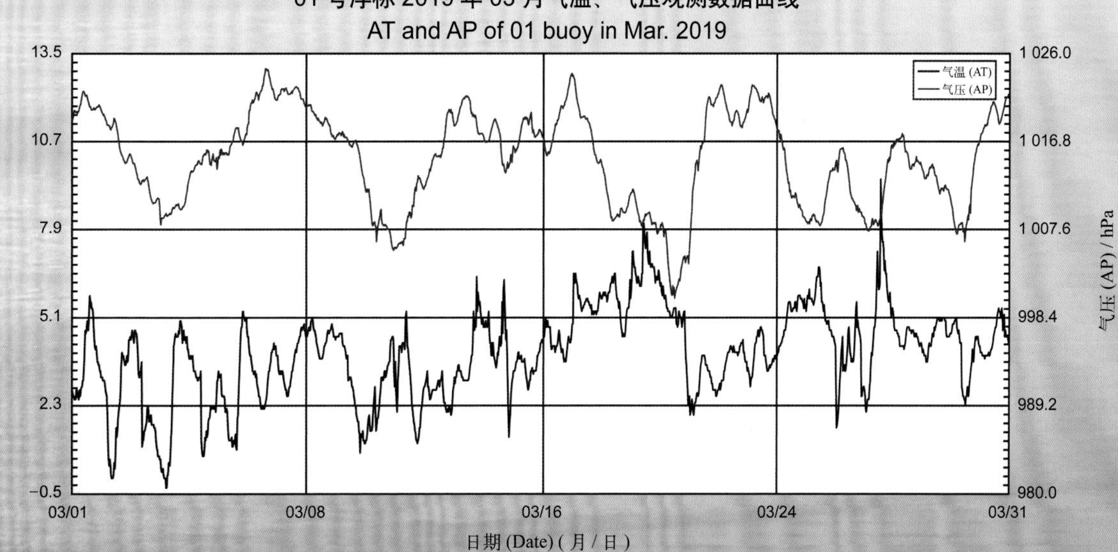

## 01 号浮标 2019 年 04 月气温、气压观测数据曲线
## AT and AP of 01 buoy in Apr. 2019

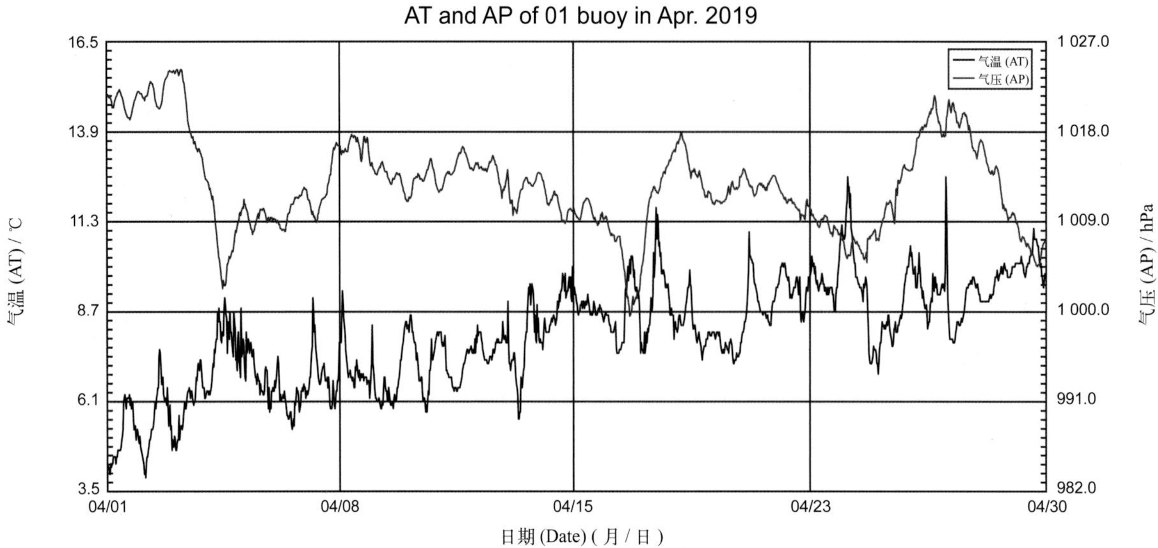


## 01 号浮标 2019 年 05 月气温、气压观测数据曲线
## AT and AP of 01 buoy in May 2019

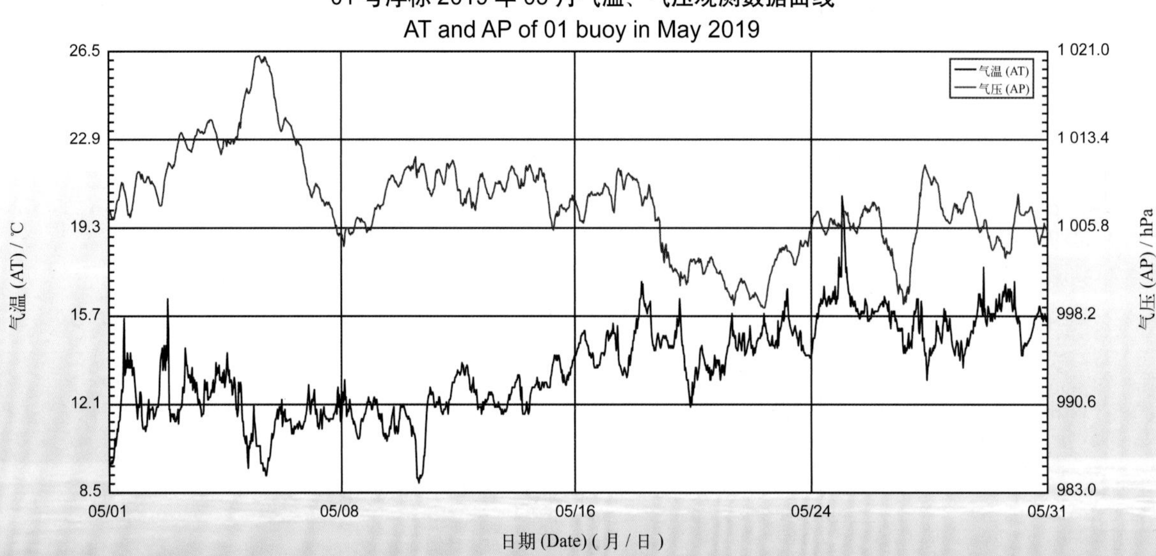


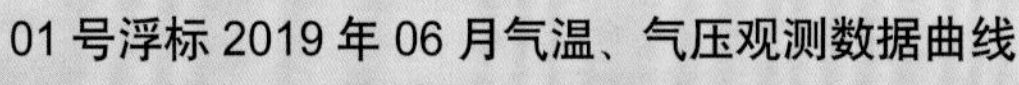

## 01 号浮标 2019 年 06 月气温、气压观测数据曲线
## AT and AP of 01 buoy in Jun. 2019

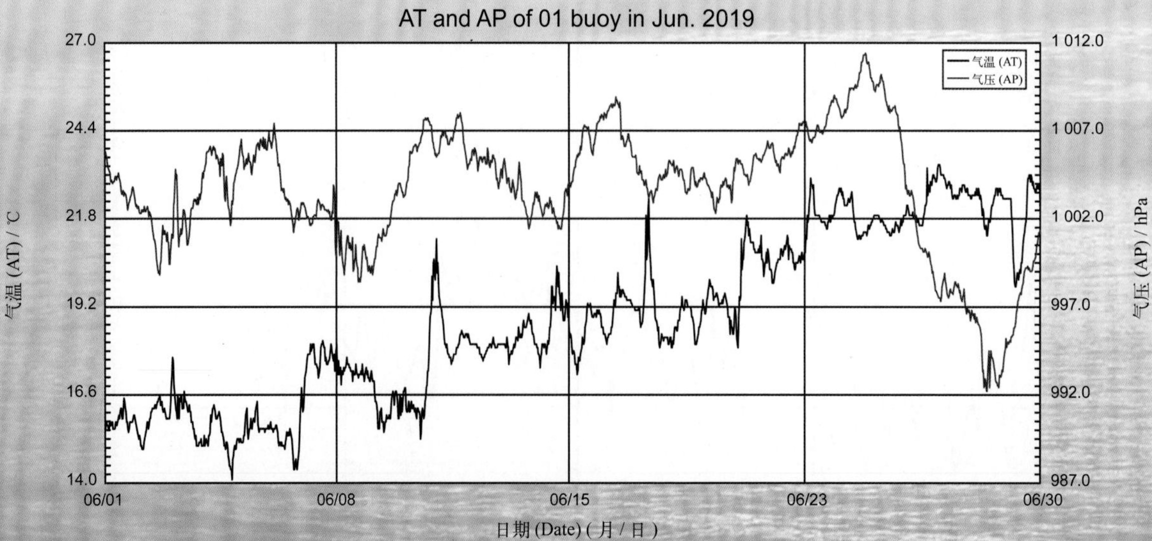

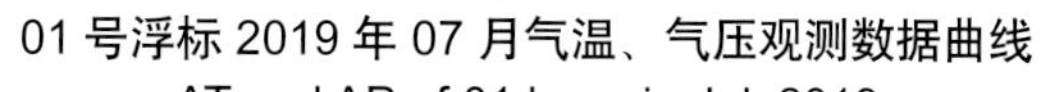
01 号浮标 2019 年 07 月气温、气压观测数据曲线
AT and AP of 01 buoy in Jul. 2019

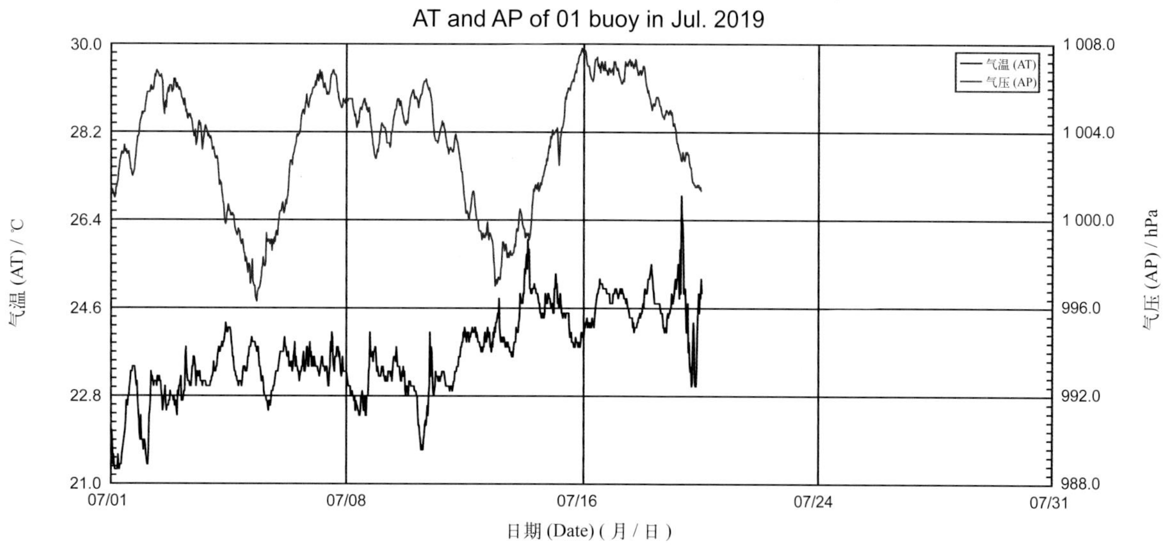


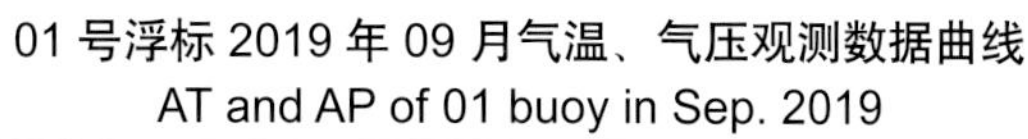
01 号浮标 2019 年 09 月气温、气压观测数据曲线
AT and AP of 01 buoy in Sep. 2019

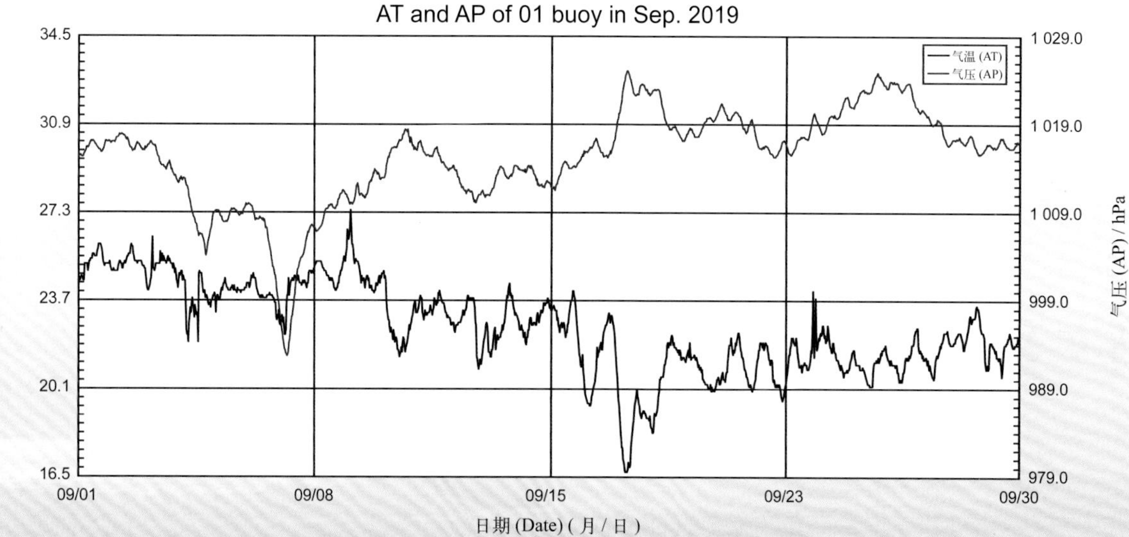

# 2019年度06号浮标观测数据概述及曲线
## （气温和气压）

2019年，06号浮标共获取327天的气温和气压长序列观测数据。获取数据的主要区间共两个时间段，具体为1月1日00:00至3月17日17:00和4月25日10:00至12月31日23:30。通过对获取数据质量控制和分析，06号浮标观测海域2019年度气温、气压数据和季节数据特征如下。

年度气温平均值为18.93℃，年度气压平均值为1 017.84 hPa；测得的年度最高气温和最低气温分别为30.8℃和3.7℃；测得的年度最高气压和最低气压分别为1 038.0 hPa和987.7 hPa。以2月为冬季代表月，观测海域冬季的平均气温是8.11℃，平均气压是1 024.42 hPa；以5月为春季代表月，观测海域春季的平均气温是18.84℃，平均气压是1 013.58 hPa；以8月为夏季代表月，观测海域夏季的平均气温是27.79℃，平均气压是1 008.13 hPa；以11月为秋季代表月，观测海域秋季的平均气温是17.63℃，平均气压是1 023.12 hPa。

2019年，06号浮标观测海域月度气温、气压变化特征与该海域常年季节气候变化特点基本吻合。06号浮标观测海域的气温、气压的月平均值、最高值和最低值数据参见表2。

2019年，06号浮标记录到1次寒潮过程和5次台风过程。寒潮的具体过程中，1月31日06:00（14.4℃）至2月1日06:00（3.9℃），24 h气温下降了10.5℃，寒潮期间气压最高值为1 031.4 hPa（2月1日09:30）。第一次台风过程，7月18—20日，06号浮标获取到了第5号热带风暴“丹娜丝”的相关数据，获取到的最低气压为991.0 hPa（7月19日14:30）。第二次台风过程，8月9—12日，06号浮标获取到了第9号超强台风“利奇马”的相关数据，获取到的最低气压为989.6 hPa（8月10日18:30）。第三次台风过程，9月5—7日，06号浮标获取到了第13号超强台风“玲玲”的相关数据，获取到的最低气压为989.0 hPa（9月6日17:30）。第四次台风过程，9月20—23日，06号浮标获取到了第17号台风“塔巴”的相关数据，获取到的最低气压为999.5 hPa（9月22日02:30）。第五次台风过程，10月1—3日，06号浮标获取到了第18号台风“米娜”的相关数据，获取到的最低气压为987.7 hPa（10月2日02:30）。

表 2　06 号浮标各月份气温、气压观测数据

| 月份 | 气温 / ℃ | | | 气压 / hPa | | | 备注 |
|---|---|---|---|---|---|---|---|
| | 平均 | 最高 | 最低 | 平均 | 最高 | 最低 | |
| 1 | 8.80 | 15.3 | 4.1 | 1 027.79 | 1 037.7 | 1 013.3 | |
| 2 | 8.11 | 15.5 | 3.7 | 1 024.42 | 1 033.9 | 1 013.5 | 记录 1 次寒潮 |
| 3 | 9.47 | 13.6 | 6.3 | 1 020.66 | 1 029.5 | 1 011.8 | 缺测 14 天数据 |
| 4 | — | — | — | — | — | — | 缺测数据 |
| 5 | 18.84 | 22.4 | 14.4 | 1 013.58 | 1 021.9 | 1 003.6 | |
| 6 | 22.03 | 25.2 | 18.1 | 1 007.83 | 1 014.5 | 998.1 | |
| 7 | 25.50 | 29.2 | 22.0 | 1 005.73 | 1 011.2 | 991.0 | 记录 1 次台风 |
| 8 | 27.79 | 30.8 | 23.1 | 1 008.13 | 1 015.7 | 989.6 | 记录 1 次台风 |
| 9 | 24.81 | 28.6 | 21.4 | 1 012.96 | 1 023.0 | 989.0 | 记录 2 次台风 |
| 10 | 21.44 | 26.0 | 17.8 | 1 018.90 | 1 029.2 | 987.7 | 记录 1 次台风 |
| 11 | 17.63 | 21.7 | 12.2 | 1 023.12 | 1 031.8 | 1 013.3 | |
| 12 | 13.01 | 20.1 | 6.5 | 1 026.11 | 1 038.0 | 1 015.0 | |

注：全书中各月份数据统计表格中如果某月获取的数据不足 15 天，则不进行极值统计。

06 号浮标 2019 年气温、气压观测数据曲线
AT and AP of 06 buoy in 2019

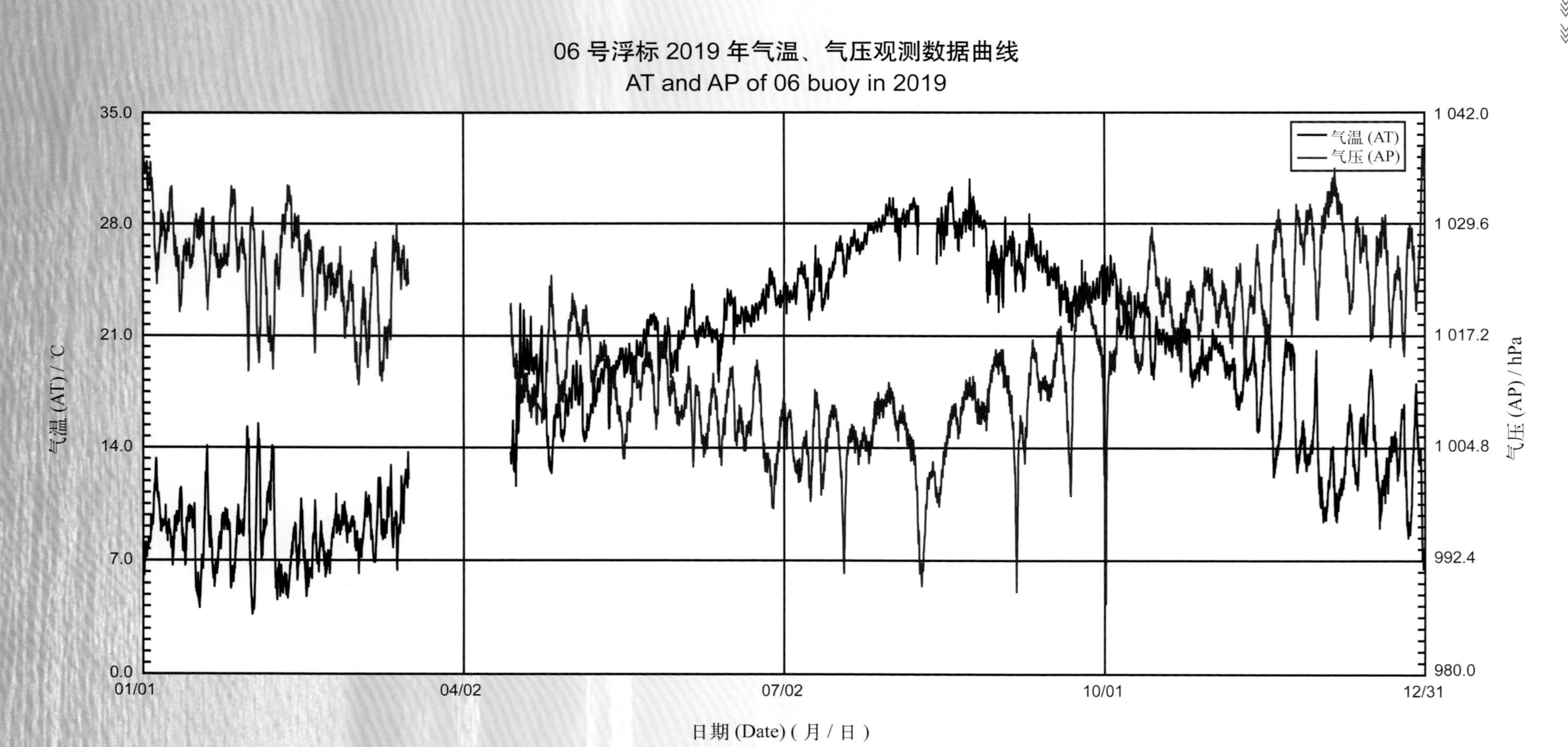

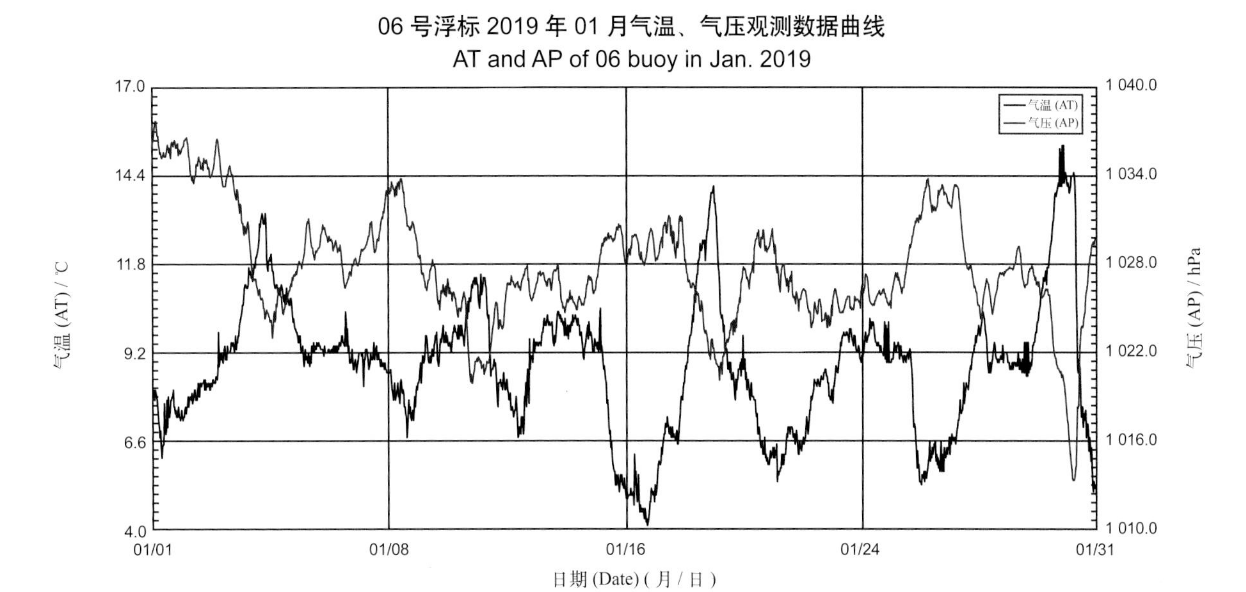
06 号浮标 2019 年 01 月气温、气压观测数据曲线
AT and AP of 06 buoy in Jan. 2019
气温 (AT)
气压 (AP)
17.0
14.4
11.8
9.2
6.6
4.0
1 040.0
1 034.0
1 028.0
1 022.0
1 016.0
1 010.0
01/01
01/08
01/16
01/24
01/31
气温 (AT) / ℃
气压 (AP) / hPa
日期 (Date) ( 月 / 日 )

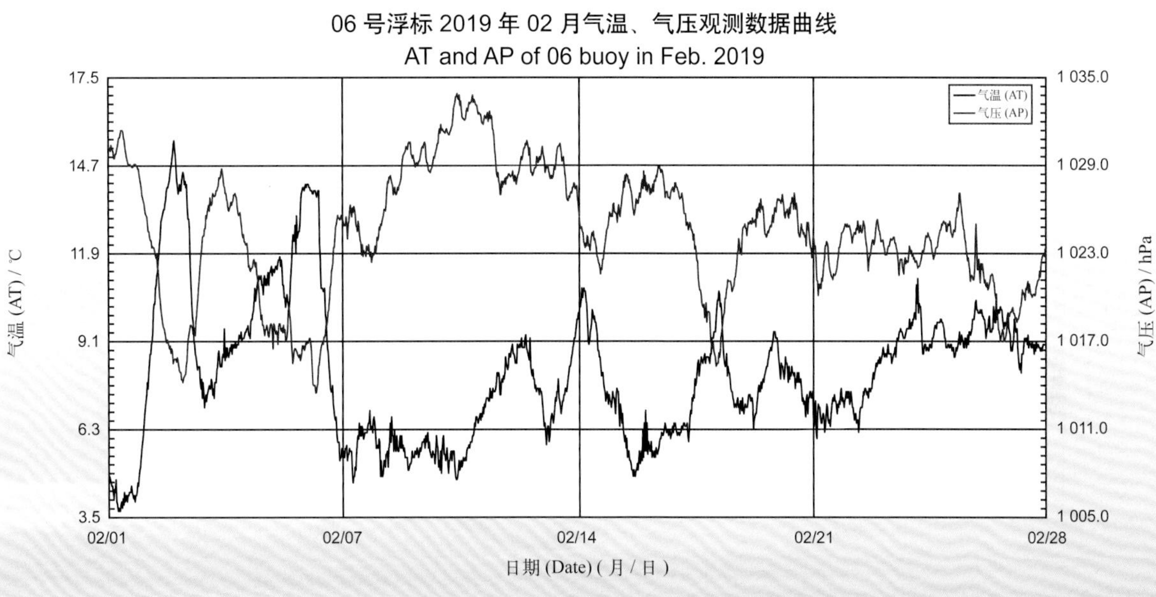
06 号浮标 2019 年 02 月气温、气压观测数据曲线
AT and AP of 06 buoy in Feb. 2019
气温 (AT)
气压 (AP)
17.5
14.7
11.9
9.1
6.3
3.5
1 035.0
1 029.0
1 023.0
1 017.0
1 011.0
1 005.0
02/01
02/07
02/14
02/21
02/28
气温 (AT) / ℃
气压 (AP) / hPa
日期 (Date) ( 月 / 日 )

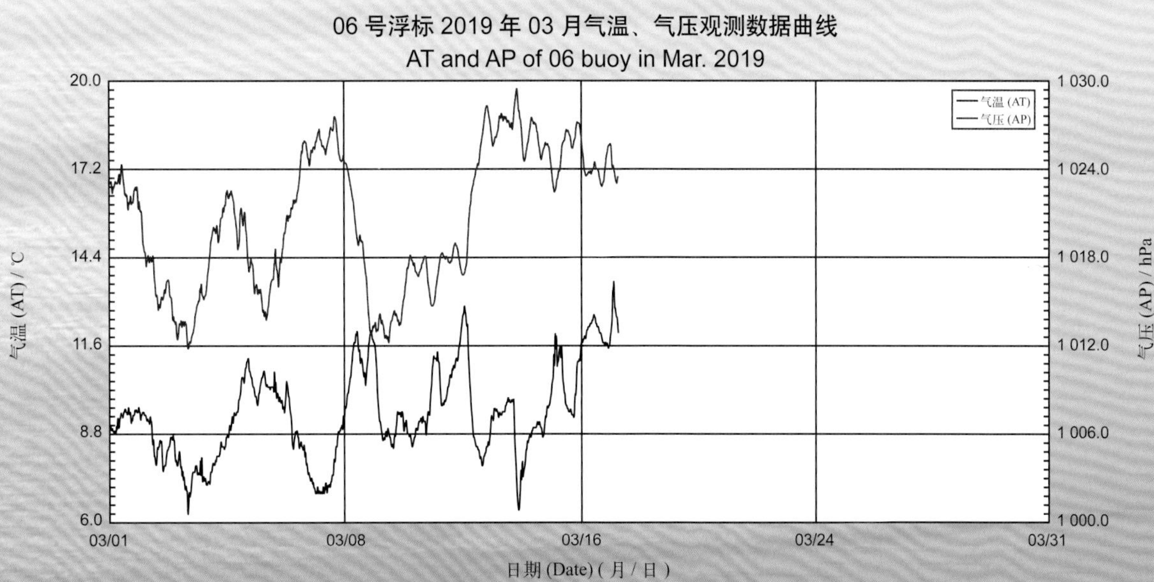
06 号浮标 2019 年 03 月气温、气压观测数据曲线
AT and AP of 06 buoy in Mar. 2019
气温 (AT)
气压 (AP)
20.0
17.2
14.4
11.6
8.8
6.0
1 030.0
1 024.0
1 018.0
1 012.0
1 006.0
1 000.0
03/01
03/08
03/16
03/24
03/31
气温 (AT) / ℃
气压 (AP) / hPa
日期 (Date) ( 月 / 日 )

06 号浮标 2019 年 05 月气温、气压观测数据曲线
AT and AP of 06 buoy in May 2019

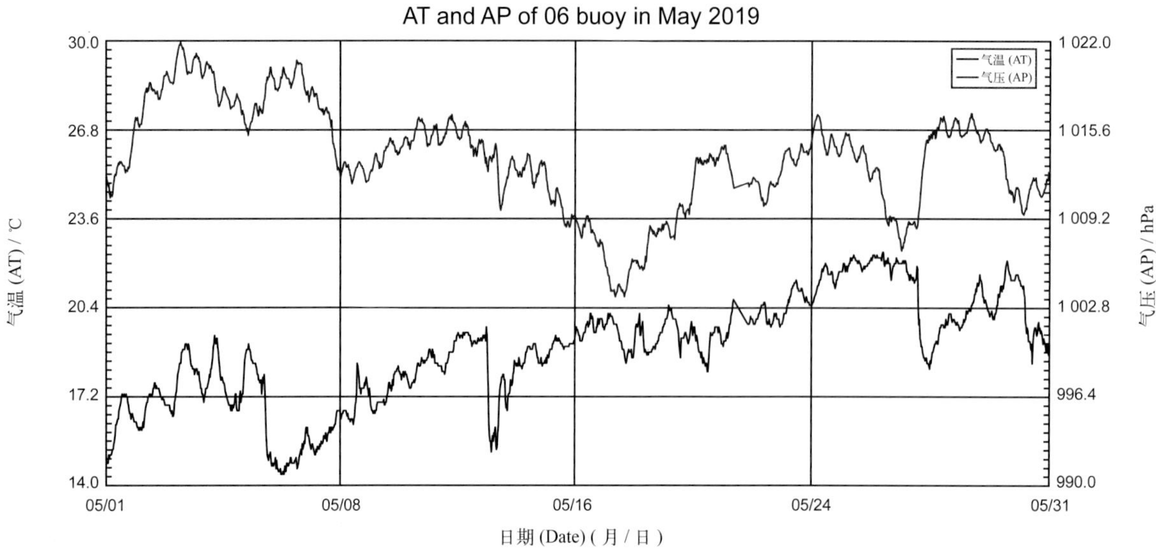


06 号浮标 2019 年 06 月气温、气压观测数据曲线
AT and AP of 06 buoy in Jun. 2019

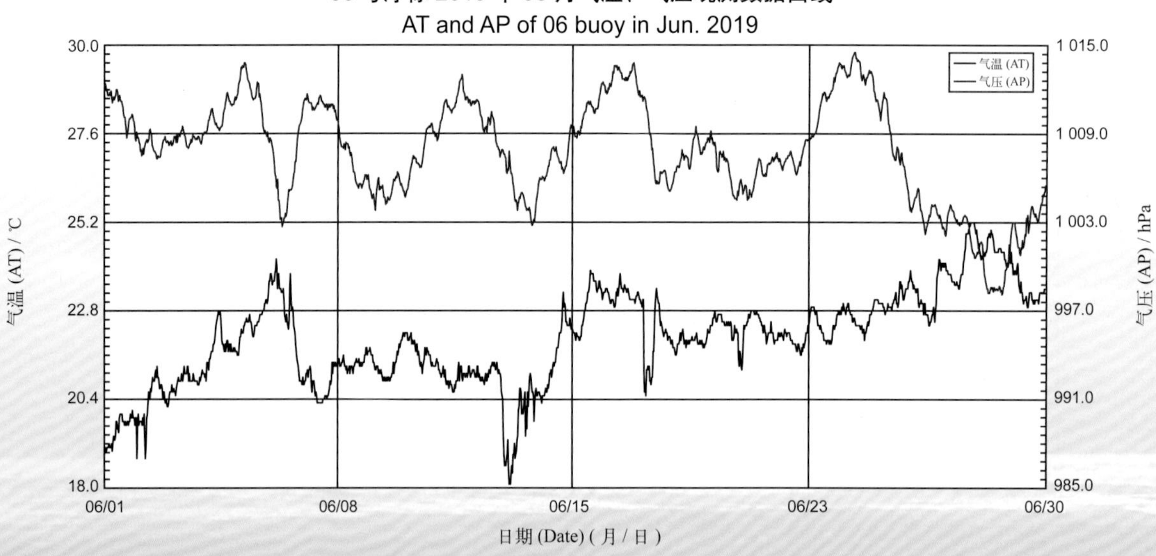


06 号浮标 2019 年 07 月气温、气压观测数据曲线
AT and AP of 06 buoy in Jul. 2019

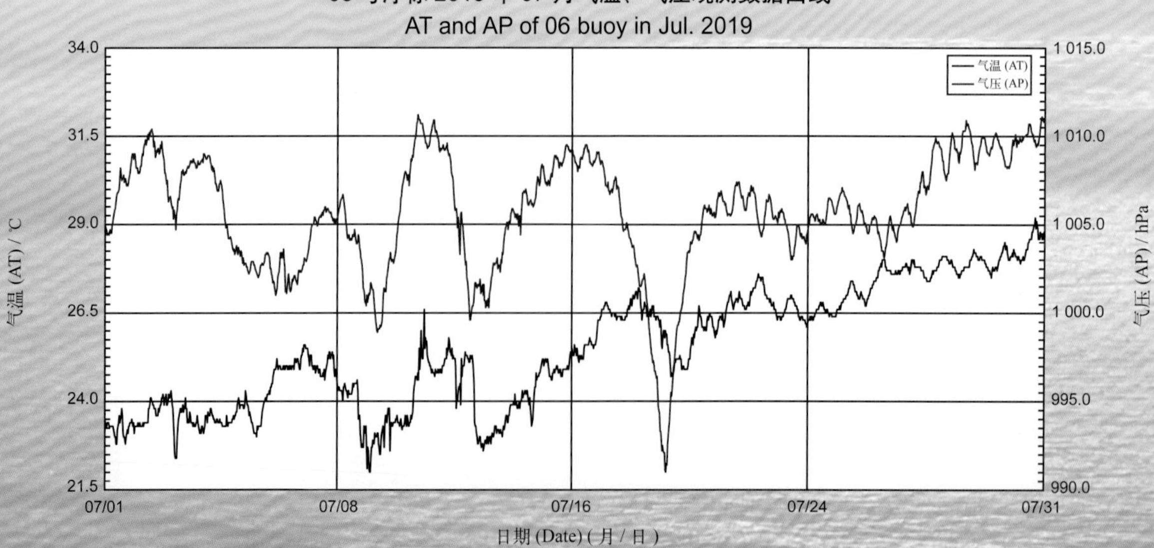

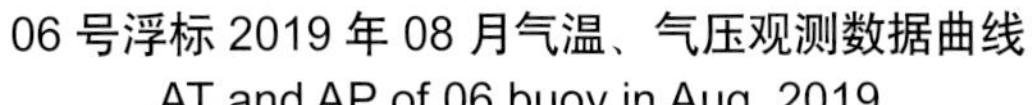

06 号浮标 2019 年 08 月气温、气压观测数据曲线
AT and AP of 06 buoy in Aug. 2019

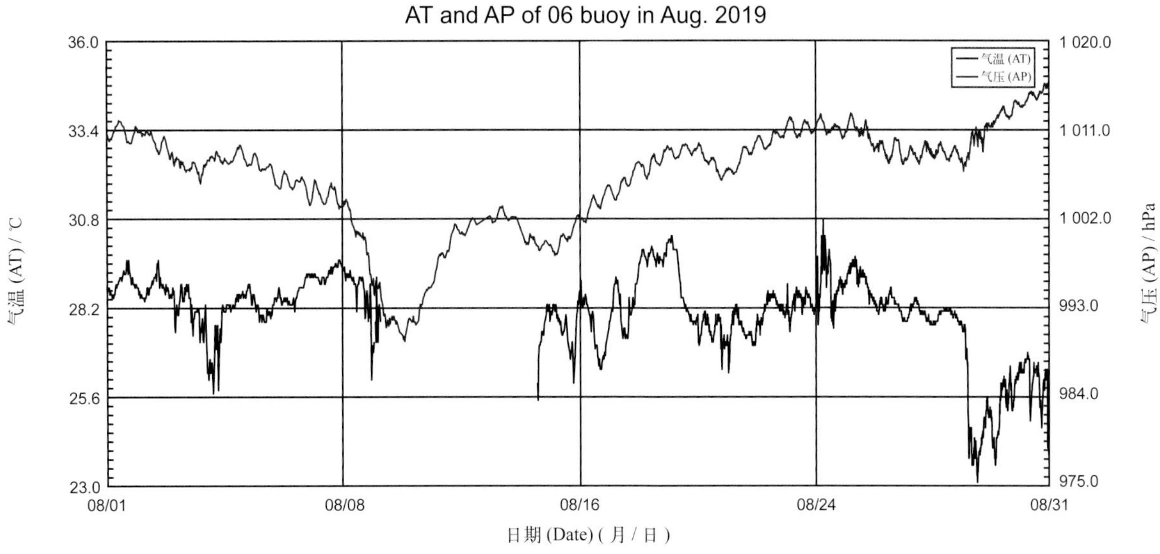


06 号浮标 2019 年 09 月气温、气压观测数据曲线
AT and AP of 06 buoy in Sep. 2019

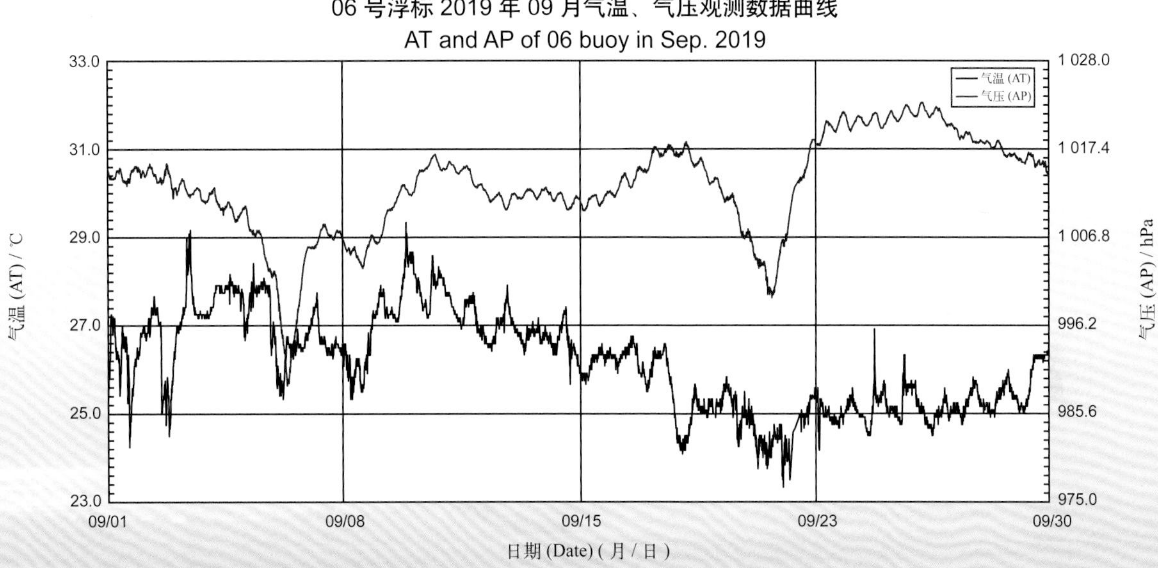


06 号浮标 2019 年 10 月气温、气压观测数据曲线
AT and AP of 06 buoy in Oct. 2019

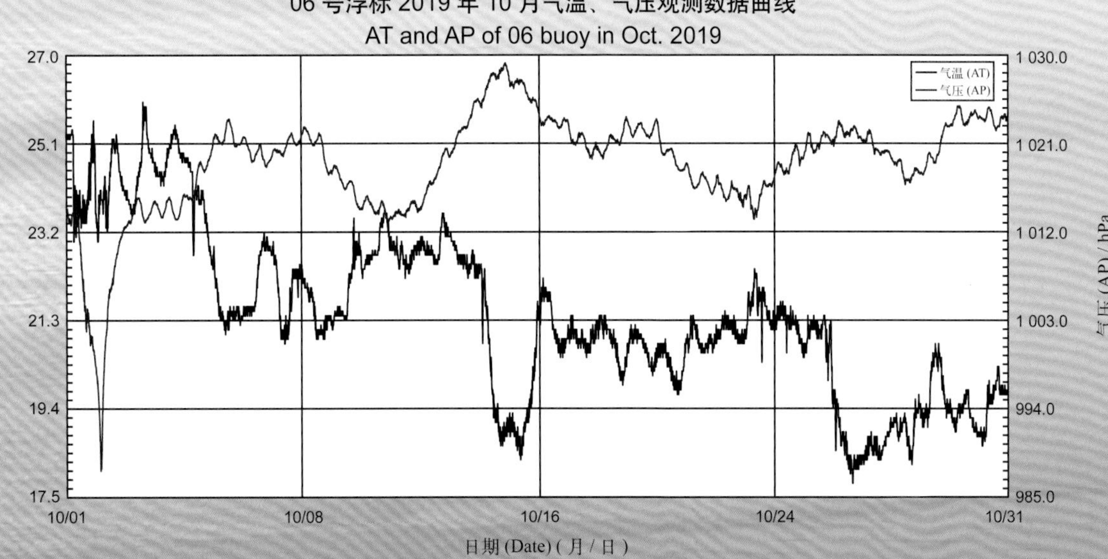

06 号浮标 2019 年 11 月气温、气压观测数据曲线
AT and AP of 06 buoy in Nov. 2019

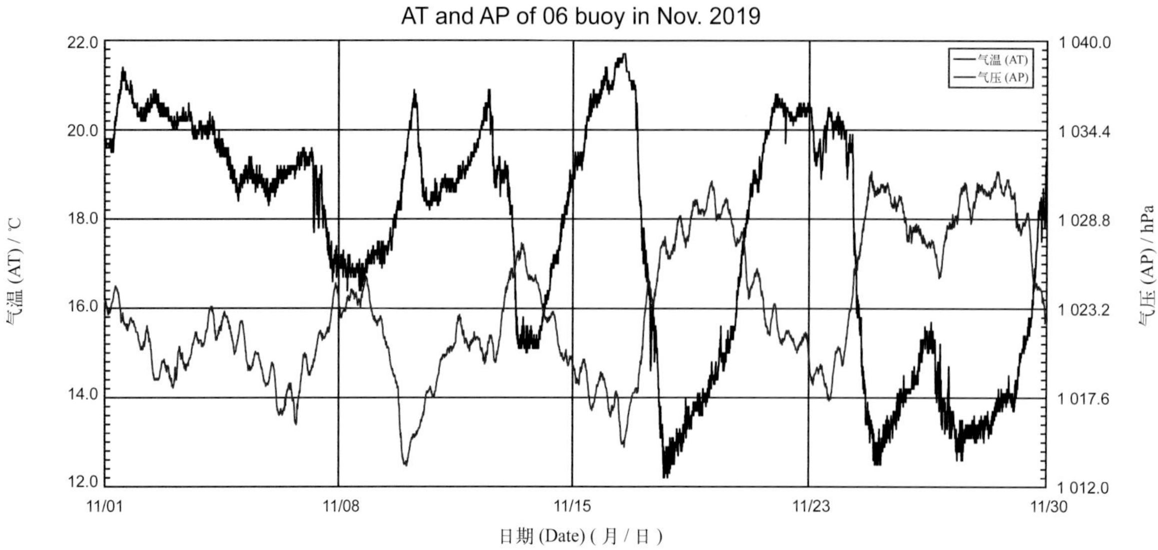


06 号浮标 2019 年 12 月气温、气压观测数据曲线
AT and AP of 06 buoy in Dec. 2019

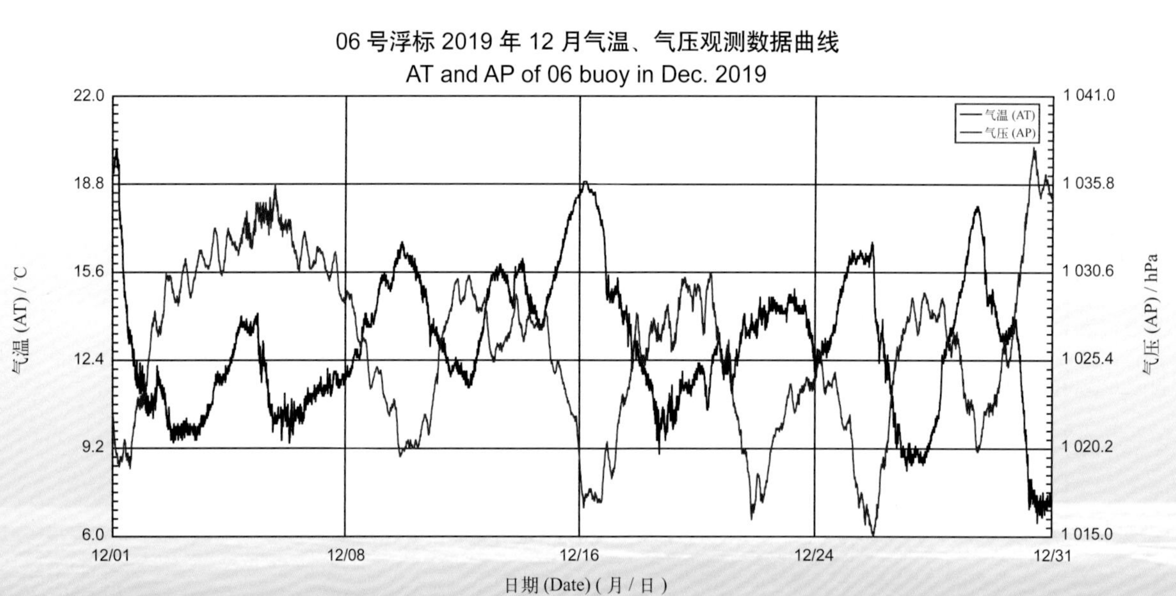

# 2019年度07号浮标观测数据概述及曲线（气温和气压）

2019年，07号浮标共获取337天的气温和气压长序列观测数据。获取数据的主要区间为1月29日09:30至12月31日23:30。通过对获取数据质量控制和分析，07号浮标观测海域2019年度气温、气压数据和季节数据特征如下。

年度气温平均值为13.78℃，年度气压平均值为1 016.58 hPa；测得的年度最高气温和最低气温分别为26.8℃和−5.4℃；测得的年度最高气压和最低气压分别为1 046.2 hPa和988.5 hPa。以2月为冬季代表月，观测海域冬季的平均气温是1.67℃，平均气压是1 028.33 hPa；以5月为春季代表月，观测海域春季的平均气温是15.02℃，平均气压是1 012.50 hPa；以8月为夏季代表月，观测海域夏季的平均气温是23.39℃，平均气压是1 006.67 hPa；以11月为秋季代表月，观测海域秋季的平均气温是10.88℃，平均气压是1 024.12 hPa。

2019年，07号浮标观测海域月度气温、气压变化特征与该海域常年季节气候变化特点基本吻合。07号浮标观测海域的气温、气压的月平均值、最高值和最低值数据参见表3。

2019年，07号浮标记录到3次寒潮过程和2次台风过程。第一次寒潮过程，2月5日14:00（7.1℃）至2月7日14:00（−5.0℃），48 h气温下降了12.1℃，之后最低气温下降到−5.4℃（2月7日15:30），寒潮期间气压最高值为1 034.5 hPa（2月4日09:00）。第二次寒潮过程，11月24日03:00（15.1℃）至11月25日03:00（3.1℃），24 h气温下降了12.0℃，之后最低气温下降到2.5℃（11月26日06:00），寒潮期间气压最高值为1 036.7 hPa（11月25日11:00）。第三次寒潮过程，12月29日23:30（8.7℃）至12月30日23:30（−3.4℃），24 h气温下降了12.1℃，寒潮期间气压最高值为1 046.2 hPa。第一次台风过程，8月10—13日，07号浮标获取到了第9号超强台风“利奇马”的相关数据，获取到的最低气压为988.5 hPa（8月12日01:30）。第二次台风过程，9月6—8日，07号浮标获取到了第13号超强台风“玲玲”的相关数据，获取到的最低气压为993.3 hPa（9月7日10:00）。

表3　07号浮标各月份气温、气压观测数据

| 月份 | 气温 / ℃ | | | 气压 / hPa | | | 备注 |
|---|---|---|---|---|---|---|---|
| | 平均 | 最高 | 最低 | 平均 | 最高 | 最低 | |
| 1 | — | — | — | — | — | — | 缺测数据 |
| 2 | 1.67 | 7.1 | −5.4 | 1 028.33 | 1 039.3 | 1 013.4 | 记录1次寒潮 |
| 3 | 5.84 | 13.9 | 1.5 | 1 018.79 | 1 027.8 | 998.7 | |
| 4 | 9.31 | 16.0 | 5.2 | 1 016.69 | 1 028.6 | 1 006.9 | |
| 5 | 15.02 | 24.2 | 9.8 | 1 012.50 | 1 023.9 | 1 002.5 | |
| 6 | 19.08 | 24.7 | 14.7 | 1 007.41 | 1 015.0 | 996.2 | |
| 7 | 22.45 | 26.7 | 18.6 | 1 005.24 | 1 011.1 | 999.8 | |
| 8 | 23.39 | 26.8 | 20.5 | 1 006.67 | 1 016.7 | 988.5 | 记录1次台风 |
| 9 | 22.49 | 26.1 | 18.4 | 1 015.33 | 1 024.9 | 993.3 | 记录1次台风 |
| 10 | 17.44 | 25.2 | 11.1 | 1 020.19 | 1 033.3 | 1 009.2 | |
| 11 | 10.88 | 18.2 | 2.5 | 1 024.12 | 1 036.8 | 1 004.1 | 记录1次寒潮 |
| 12 | 5.05 | 11.6 | −3.4 | 1 027.18 | 1 046.2 | 1 014.1 | 记录1次寒潮 |

07 号浮标 2019 年气温、气压观测数据曲线
AT and AP of 07 buoy in 2019

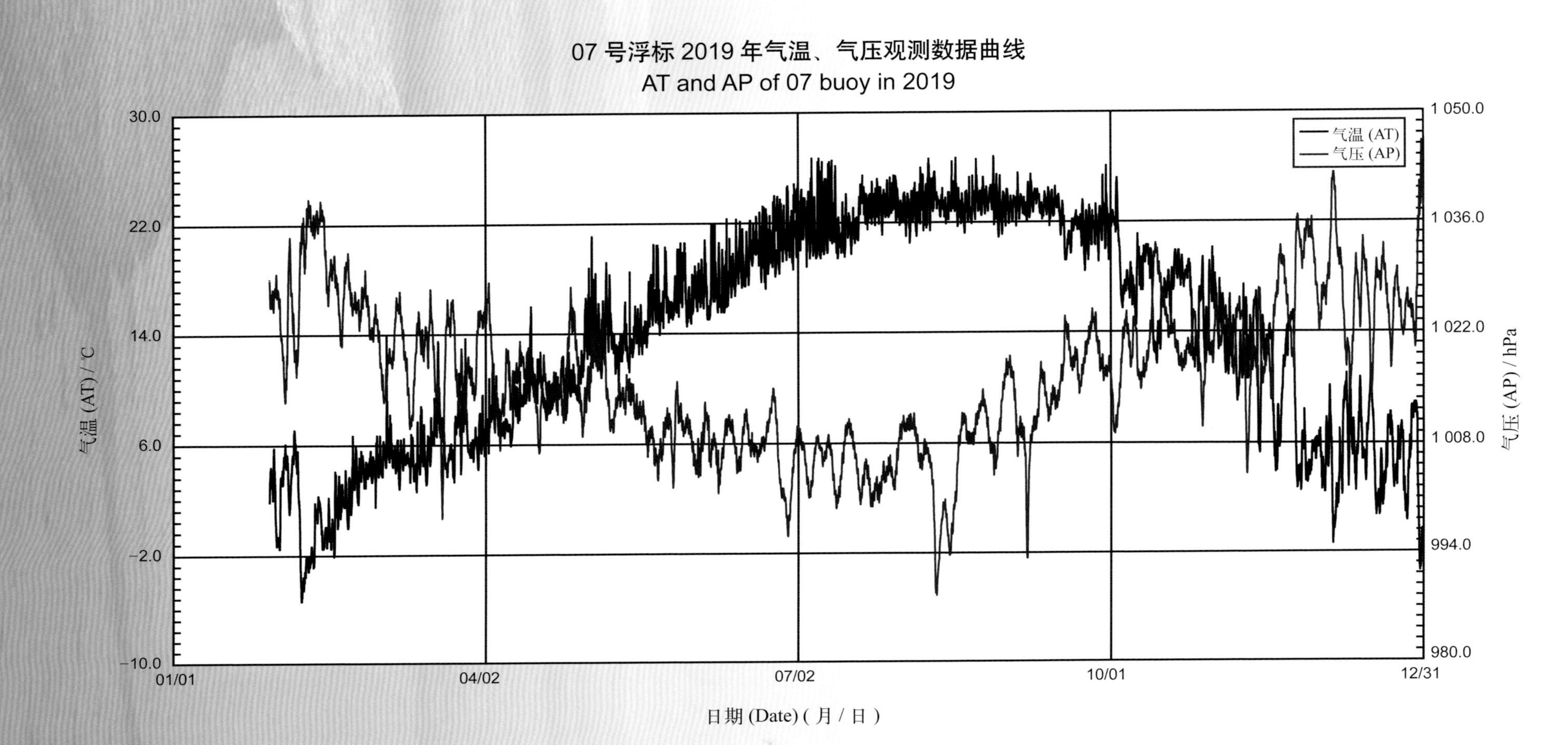

07 号浮标 2019 年 02 月气温、气压观测数据曲线
AT and AP of 07 buoy in Feb. 2019

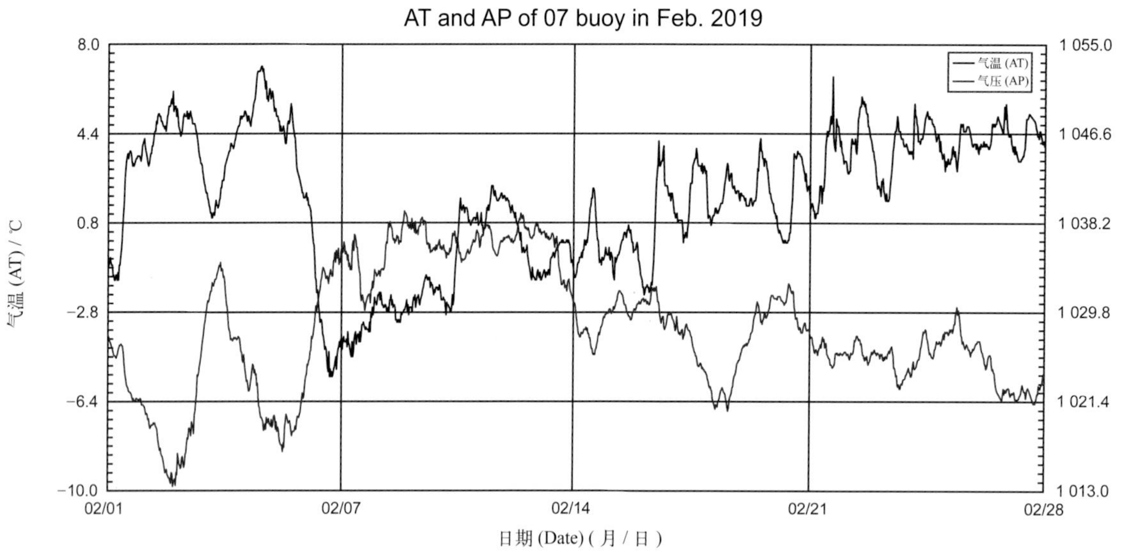

07 号浮标 2019 年 03 月气温、气压观测数据曲线
AT and AP of 07 buoy in Mar. 2019

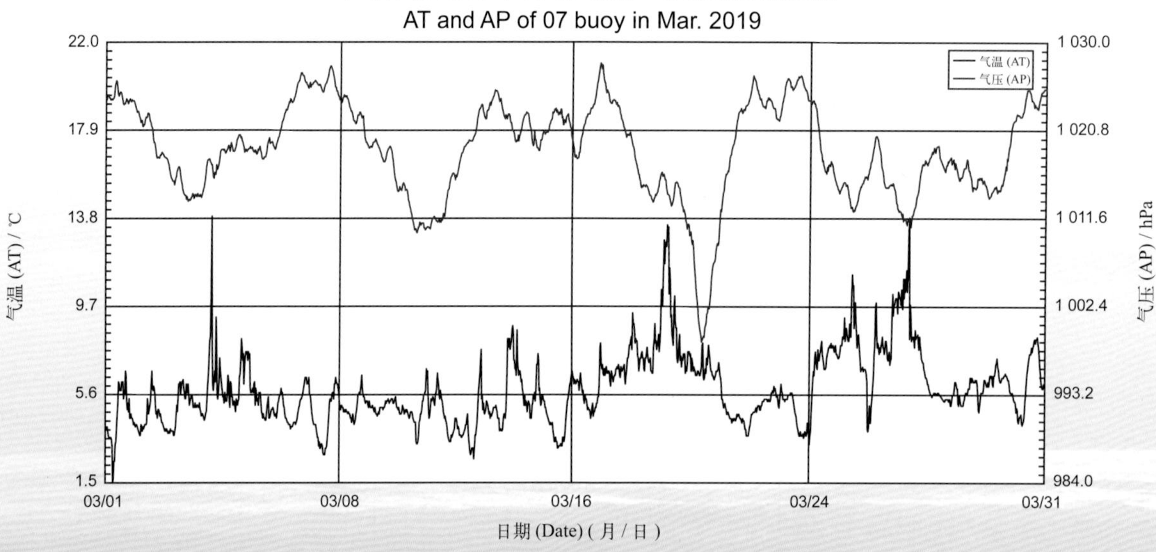


07 号浮标 2019 年 04 月气温、气压观测数据曲线
AT and AP of 07 buoy in Apr. 2019

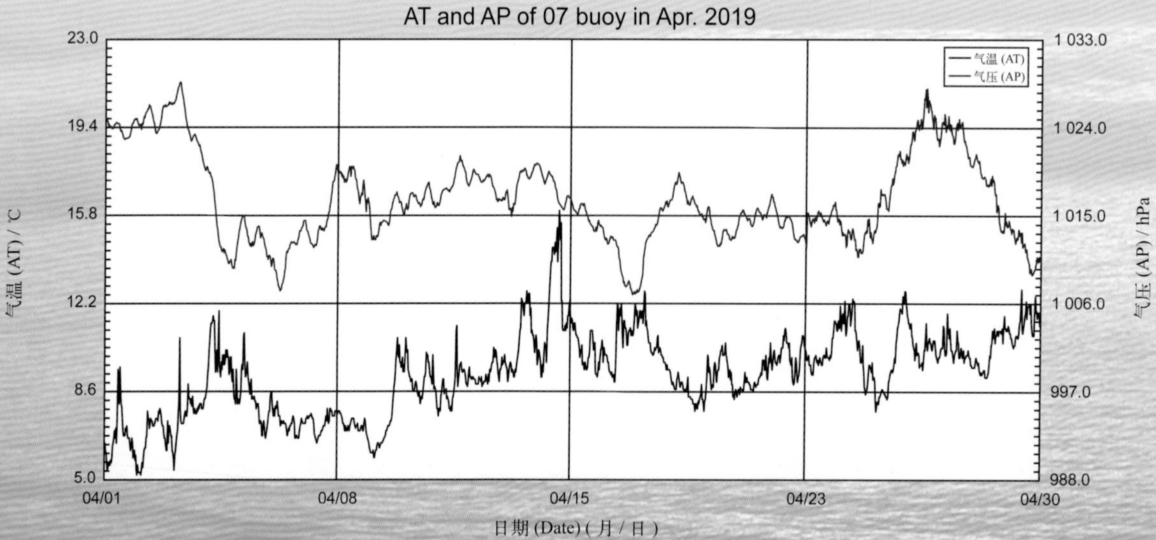

07 号浮标 2019 年 05 月气温、气压观测数据曲线
AT and AP of 07 buoy in May 2019

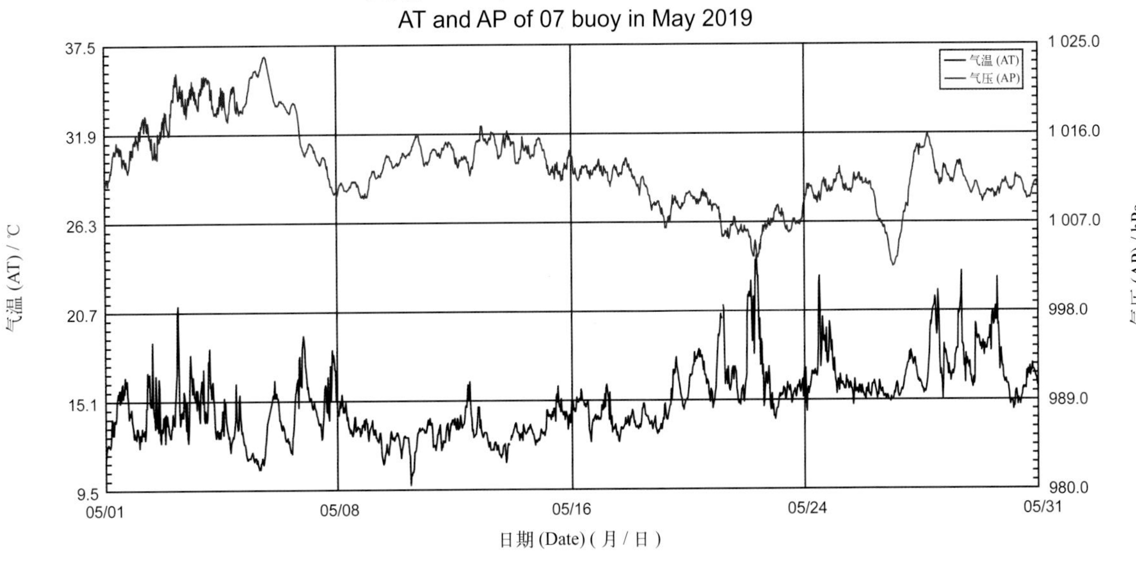

07 号浮标 2019 年 06 月气温、气压观测数据曲线
AT and AP of 07 buoy in Jun. 2019

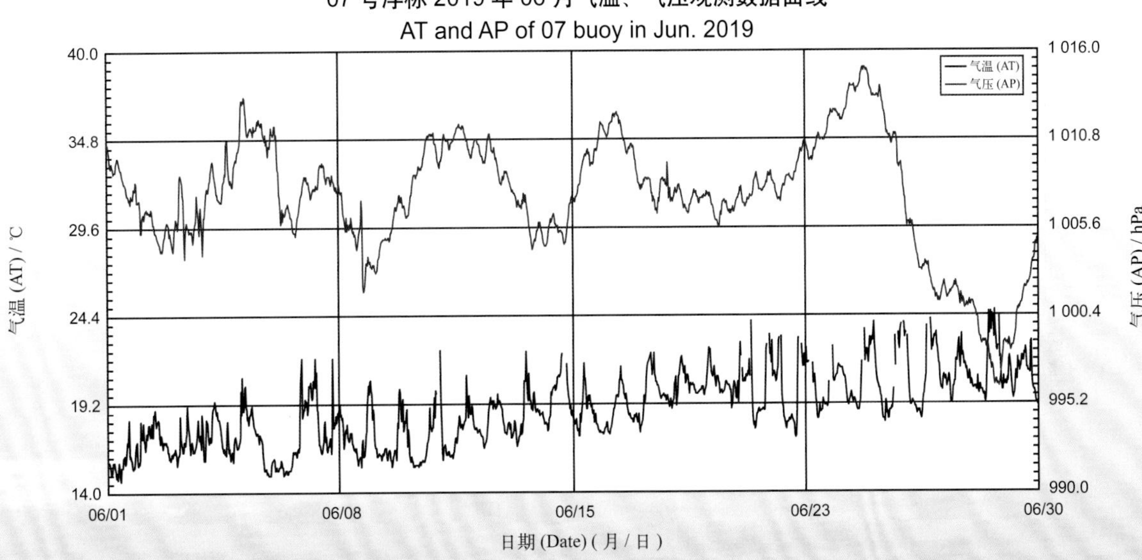


07 号浮标 2019 年 07 月气温、气压观测数据曲线
AT and AP of 07 buoy in Jul. 2019

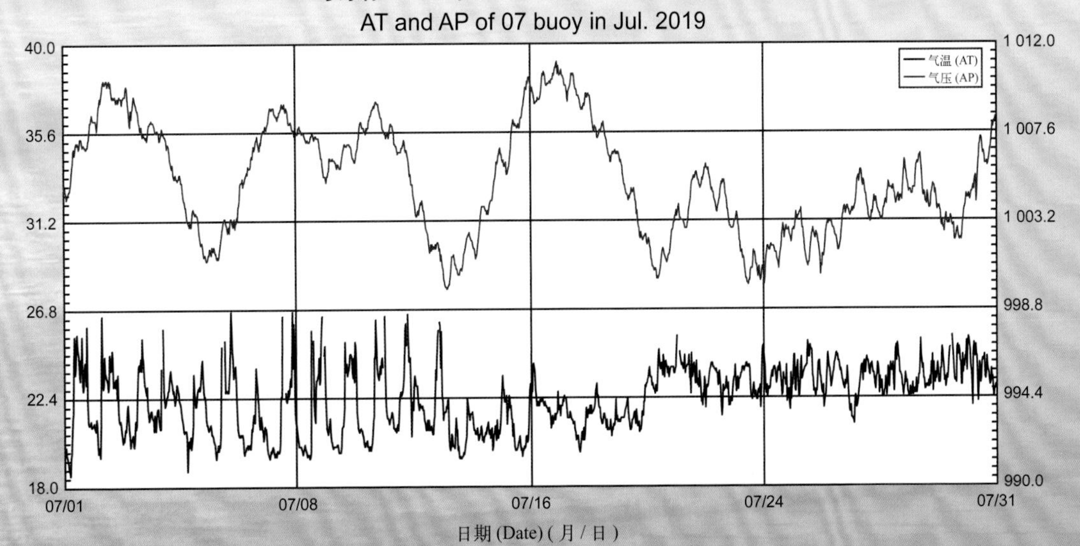

07 号浮标 2019 年 08 月气温、气压观测数据曲线
AT and AP of 07 buoy in Aug. 2019

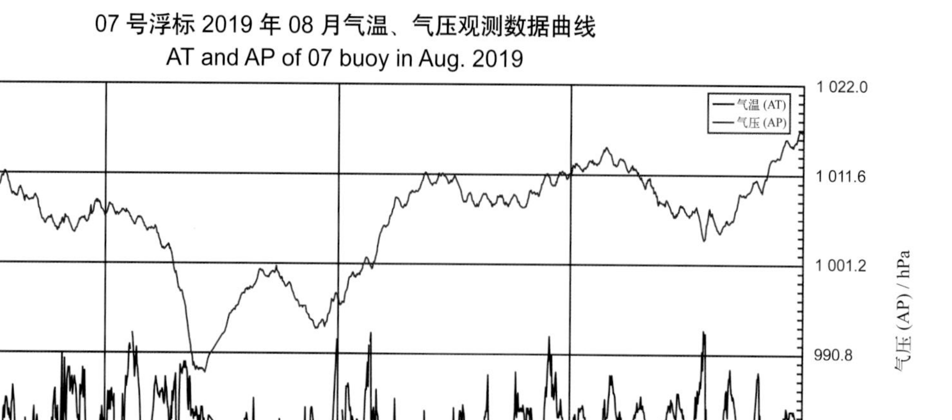


07 号浮标 2019 年 09 月气温、气压观测数据曲线
AT and AP of 07 buoy in Sep. 2019

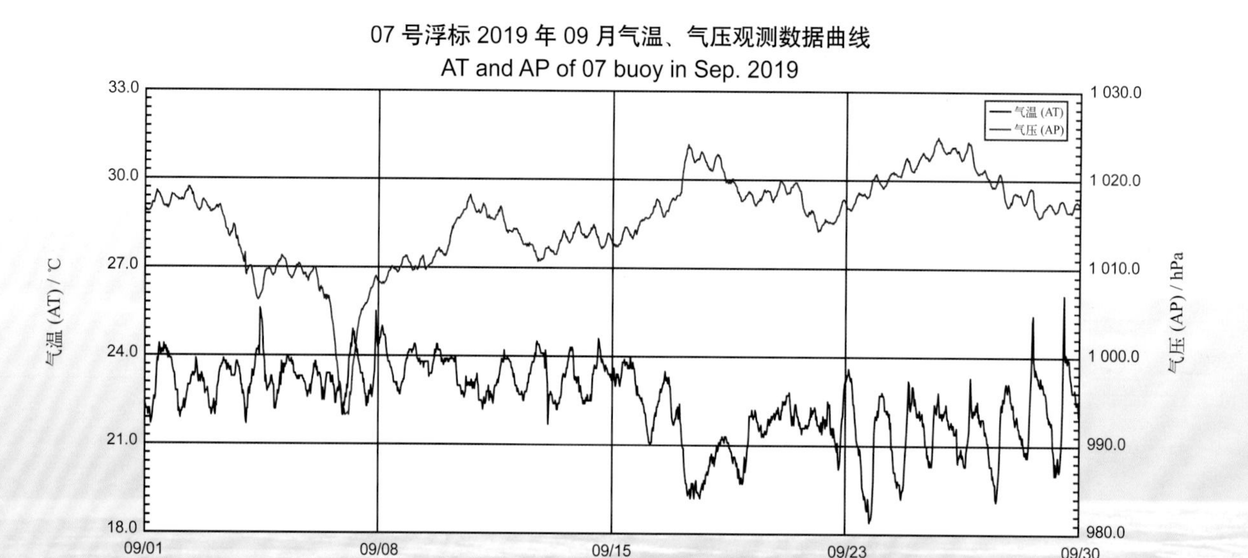


07 号浮标 2019 年 10 月气温、气压观测数据曲线
AT and AP of 07 buoy in Oct. 2019

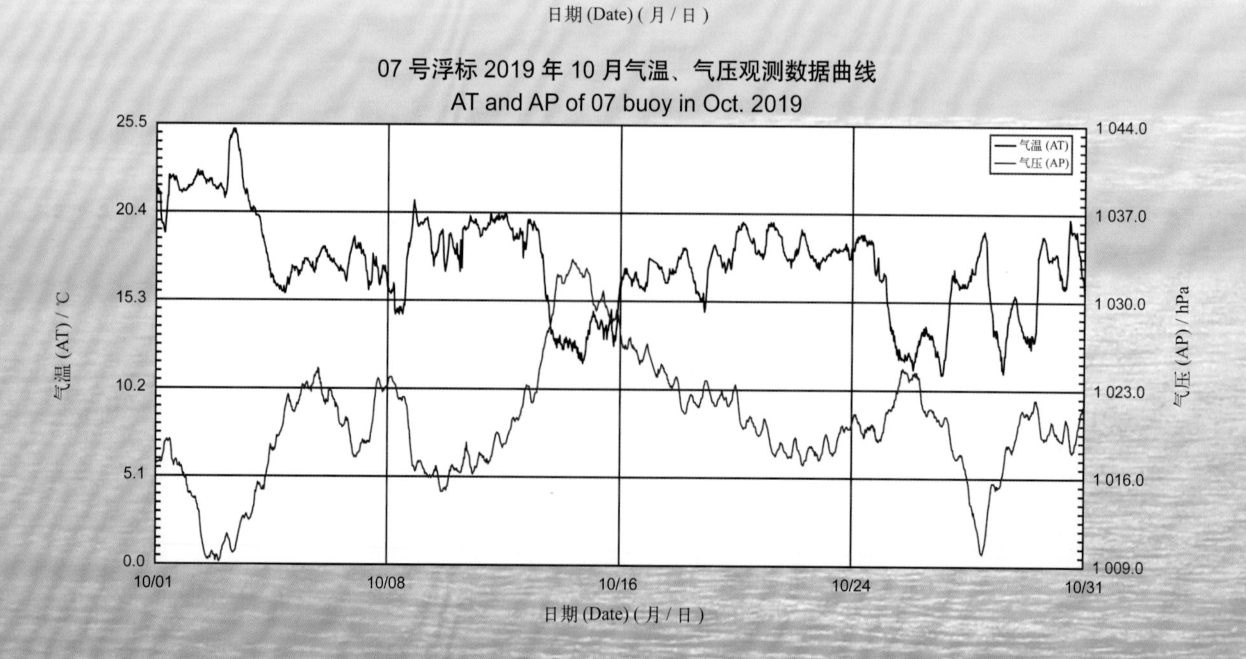

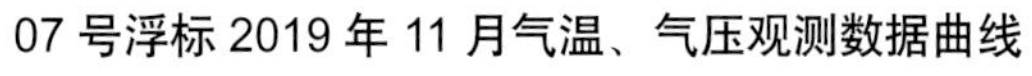

07 号浮标 2019 年 11 月气温、气压观测数据曲线
AT and AP of 07 buoy in Nov. 2019

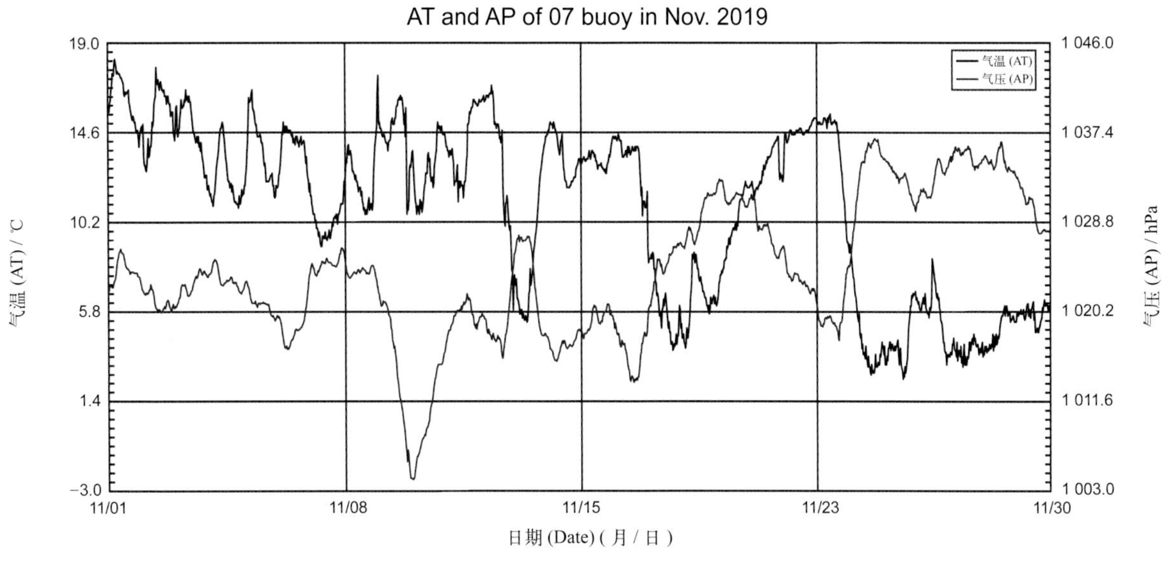


07 号浮标 2019 年 12 月气温、气压观测数据曲线
AT and AP of 07 buoy in Dec. 2019

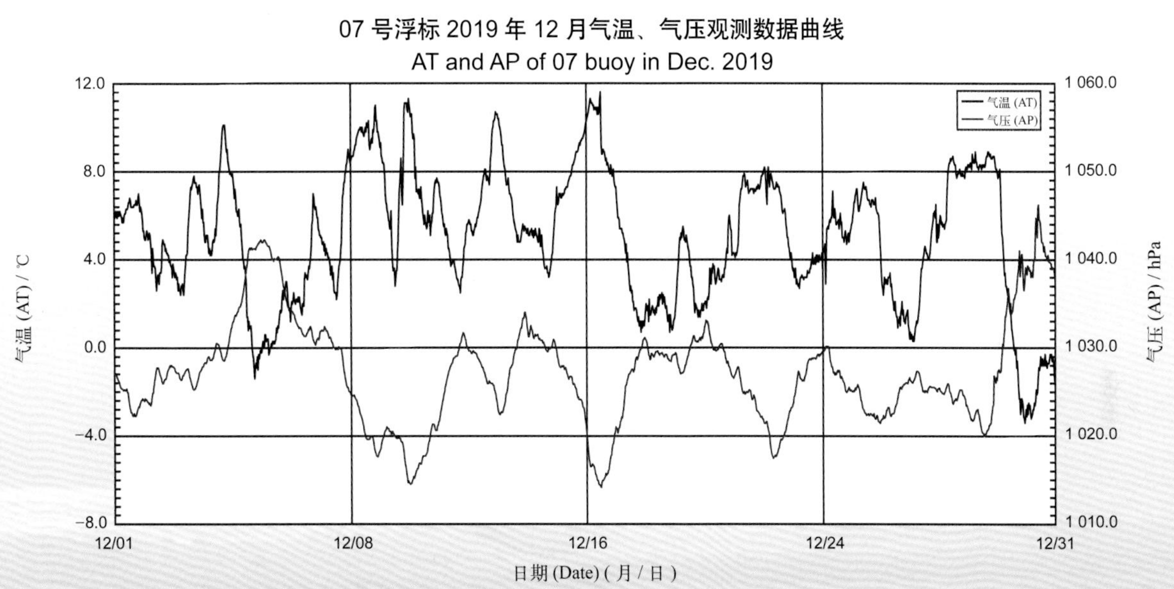

# 2019年度12号浮标观测数据概述及曲线
## （气温和气压）

2019年，12号浮标共获取365天的气温和气压长序列观测数据。通过对获取数据质量控制和分析，12号浮标观测海域2019年度气温、气压数据和季节数据特征如下。

年度气温平均值为17.40℃，年度气压平均值为1 013.86 hPa；测得的年度最高气温和最低气温分别为32.4℃和3.2℃；测得的年度最高气压和最低气压分别为1 036.7 hPa和983.1 hPa。以2月为冬季代表月，观测海域冬季的平均气温是7.81℃，平均气压是1 023.22 hPa；以5月为春季代表月，观测海域春季的平均气温是18.64℃，平均气压是1 010.40 hPa；以8月为夏季代表月，观测海域夏季的平均气温是27.07℃，平均气压是1 001.57 hPa；以11月为秋季代表月，观测海域秋季的平均气温是17.04℃，平均气压是1 020.29 hPa。

2019年，12号浮标布放海域月度气温、气压变化特征与该海域常年季节气候变化特点基本吻合。12号浮标观测海域的气温、气压的月平均值、最高值和最低值数据参见表4。

2019年，12号浮标记录到1次寒潮过程和5次台风过程。寒潮的具体过程中，1月31日06:00（12.2℃）至2月1日06:00（3.6℃），24 h气温下降了8.6℃，寒潮期间气压最高值为1 030.3 hPa（2月1日09:40）。第一次台风过程，7月18—20日，12号浮标获取到了第5号热带风暴“丹娜丝”的相关数据，获取到的最低气压为989.3 hPa（7月19日12:40）。第二次台风过程，8月9—12日，12号浮标获取到了第9号超强台风“利奇马”的相关数据，获取到的最低气压为983.1 hPa（8月10日14:50）。第三次台风过程，9月5—7日，12号浮标获取到了第13号超强台风“玲玲”的相关数据，获取到的最低气压为990.6 hPa（9月6日18:40）。第四次台风过程，9月20—23日，12号浮标获取到了第17号台风“塔巴”的相关数据，获取到的最低气压为999.1 hPa（9月22日02:40）。第五次台风过程，10月1—3日，12号浮标获取到了第18号台风“米娜”的相关数据，获取到的最低气压为984.1 hPa（10月2日00:40）。

表4 12号浮标各月份气温、气压观测数据

| 月份 | 气温 / ℃ | | | 气压 / hPa | | | 备注 |
|---|---|---|---|---|---|---|---|
| | 平均 | 最高 | 最低 | 平均 | 最高 | 最低 | |
| 1 | 8.36 | 12.6 | 3.8 | 1 026.06 | 1 036.7 | 1 010.9 | |
| 2 | 7.81 | 14.4 | 3.2 | 1 023.22 | 1 033.6 | 1 011.2 | 记录1次寒潮 |
| 3 | 10.47 | 16.7 | 6.9 | 1 018.27 | 1 027.5 | 1 001.2 | |
| 4 | 14.77 | 20.5 | 9.7 | 1 013.04 | 1 027.3 | 997.4 | |
| 5 | 18.64 | 23.3 | 14.4 | 1 010.40 | 1 018.7 | 1 000.6 | |
| 6 | 21.71 | 26.4 | 17.6 | 1 004.18 | 1 010.9 | 993.5 | |
| 7 | 24.83 | 28.9 | 21.4 | 1 001.37 | 1 007.2 | 989.3 | 记录1次台风 |
| 8 | 27.07 | 32.4 | 22.2 | 1 001.57 | 1 012.8 | 983.1 | 记录1次台风 |
| 9 | 24.41 | 28.2 | 20.3 | 1 009.37 | 1 019.7 | 990.6 | 记录2次台风 |
| 10 | 21.04 | 25.5 | 17.2 | 1 015.63 | 1 026.7 | 984.0 | 记录1次台风 |
| 11 | 17.04 | 21.1 | 10.1 | 1 020.29 | 1 029.9 | 1 009.5 | |
| 12 | 11.73 | 16.7 | 5.4 | 1 023.89 | 1 036.6 | 1 012.7 | |

12 号浮标 2019 年气温、气压观测数据曲线

AT and AP of 12 buoy in 2019

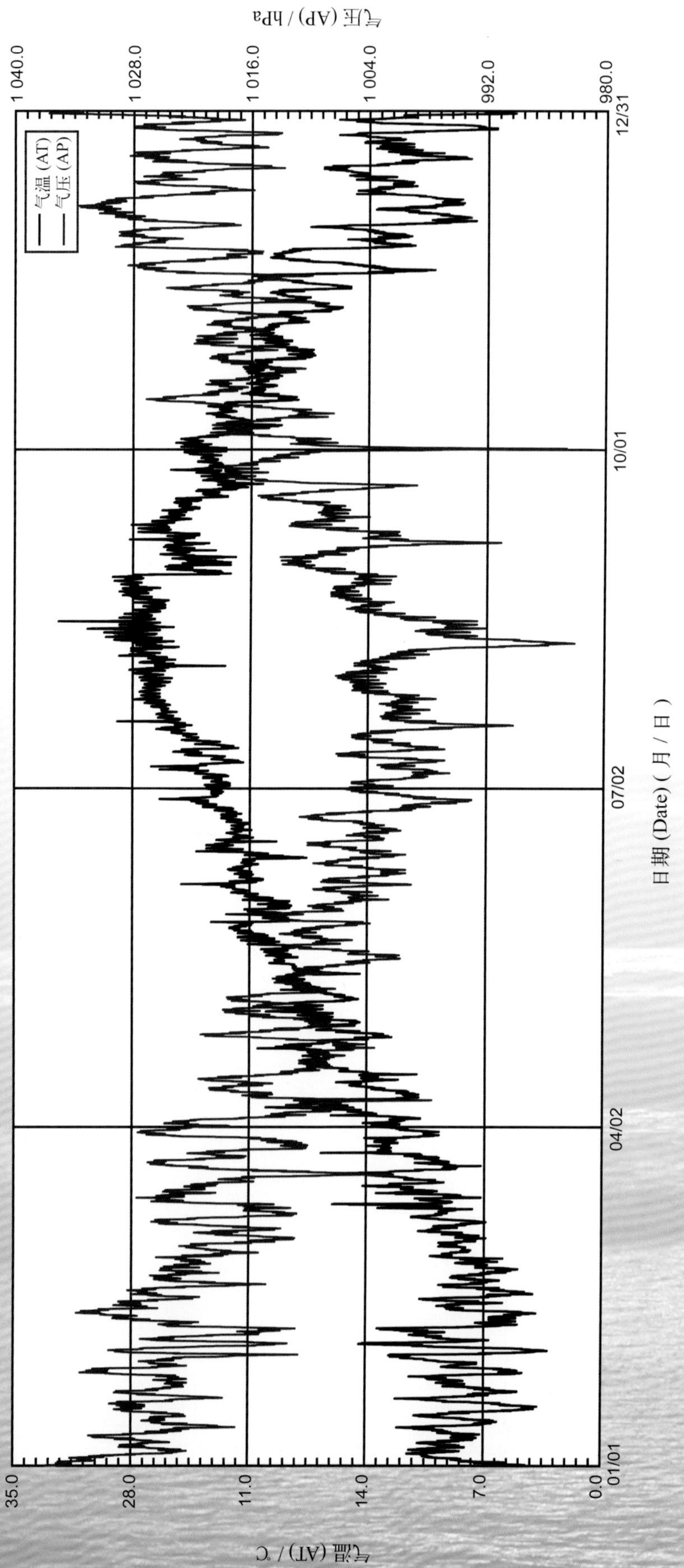

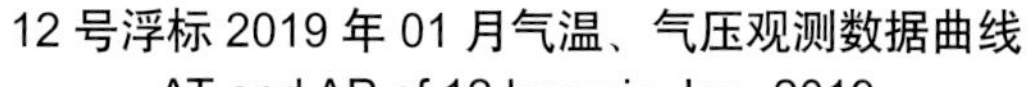

12 号浮标 2019 年 01 月气温、气压观测数据曲线
AT and AP of 12 buoy in Jan. 2019

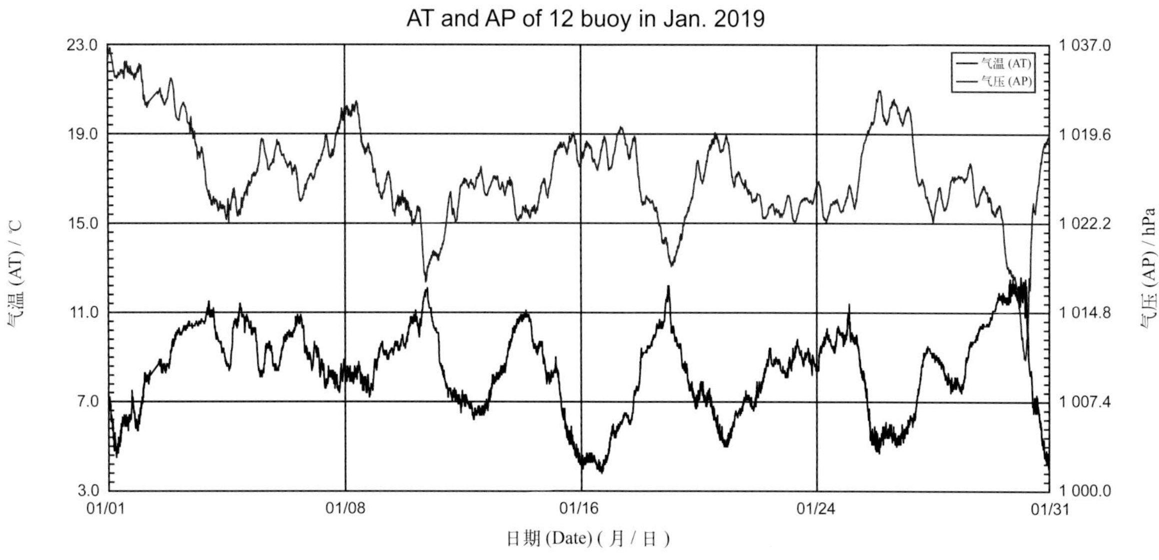


12 号浮标 2019 年 02 月气温、气压观测数据曲线
AT and AP of 12 buoy in Feb. 2019

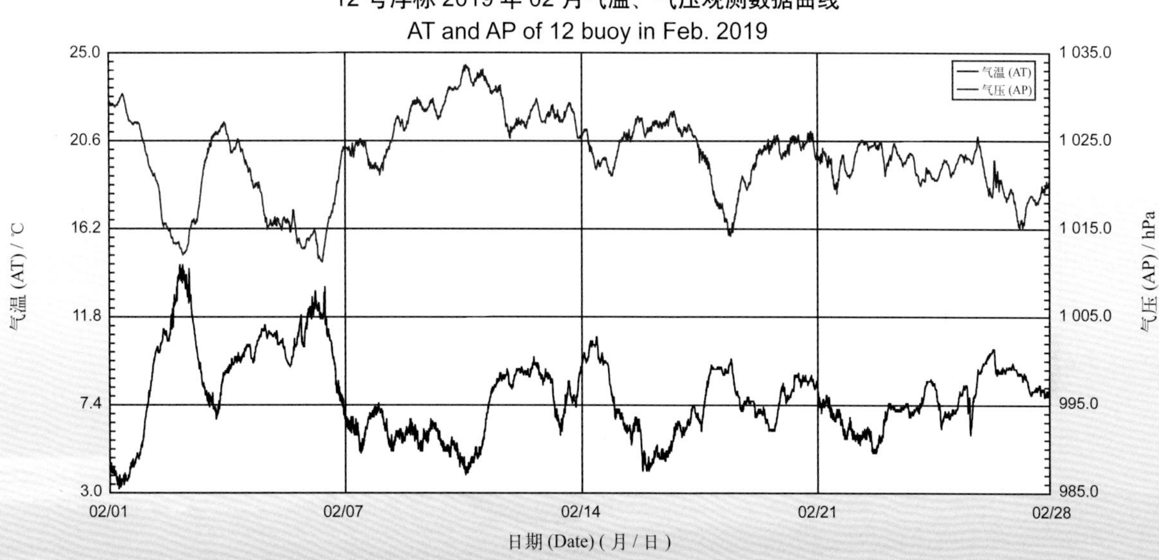


12 号浮标 2019 年 03 月气温、气压观测数据曲线
AT and AP of 12 buoy in Mar. 2019

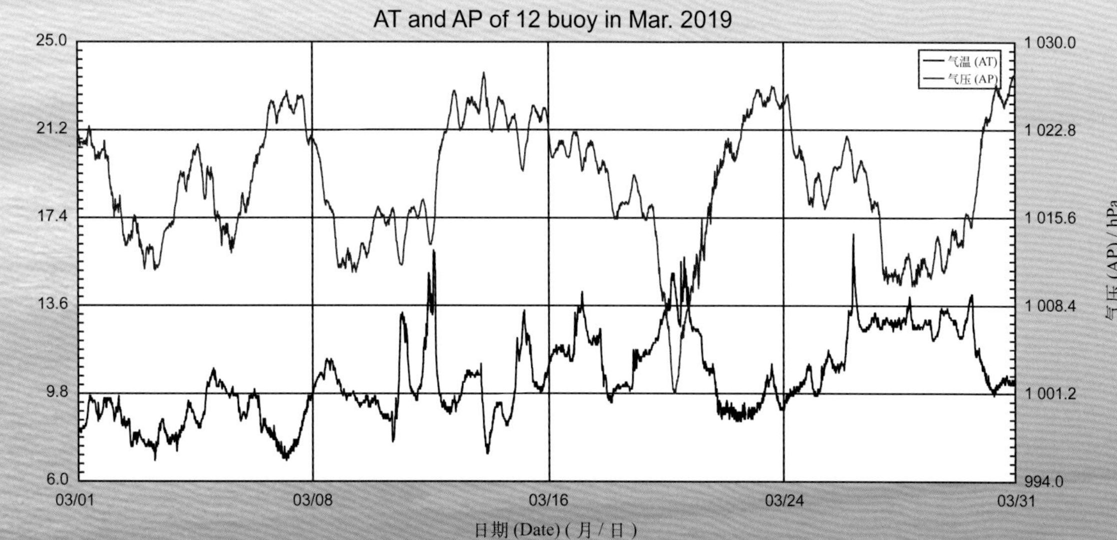

12 号浮标 2019 年 04 月气温、气压观测数据曲线
AT and AP of 12 buoy in Apr. 2019

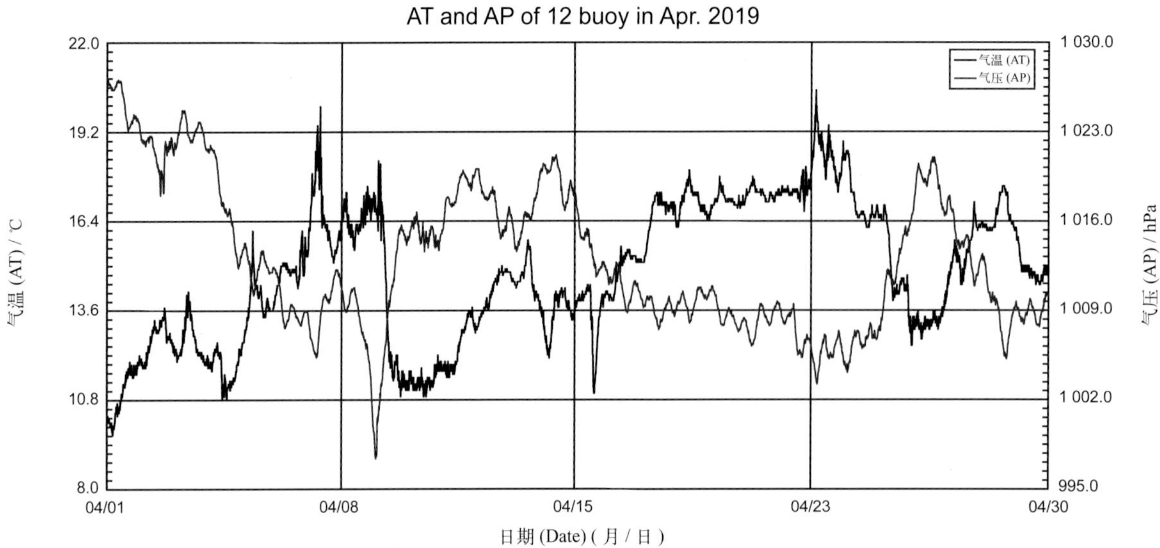


12 号浮标 2019 年 05 月气温、气压观测数据曲线
AT and AP of 12 buoy in May 2019

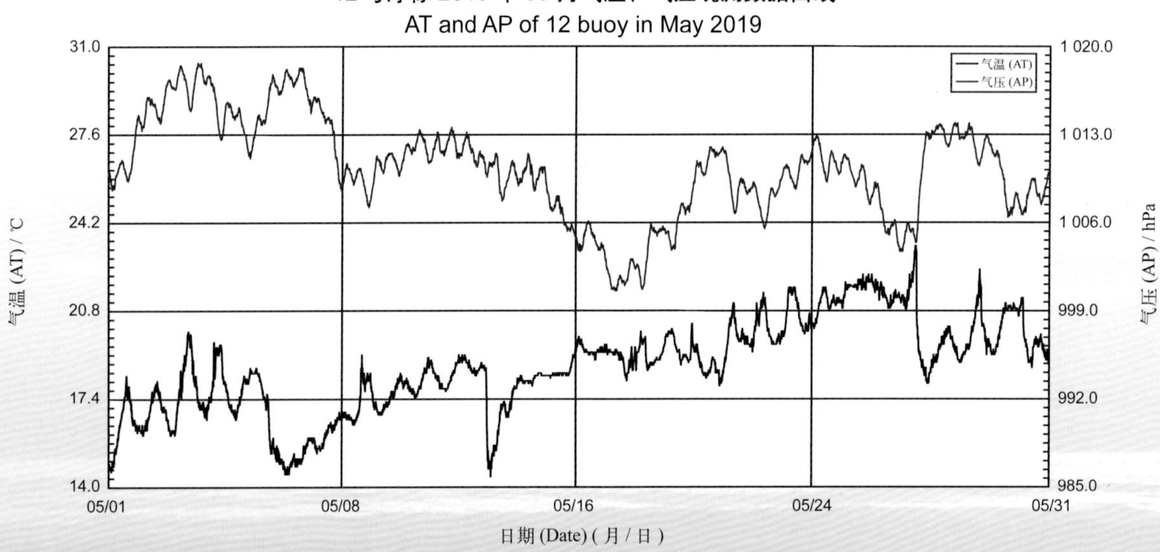


12 号浮标 2019 年 06 月气温、气压观测数据曲线
AT and AP of 12 buoy in Jun. 2019

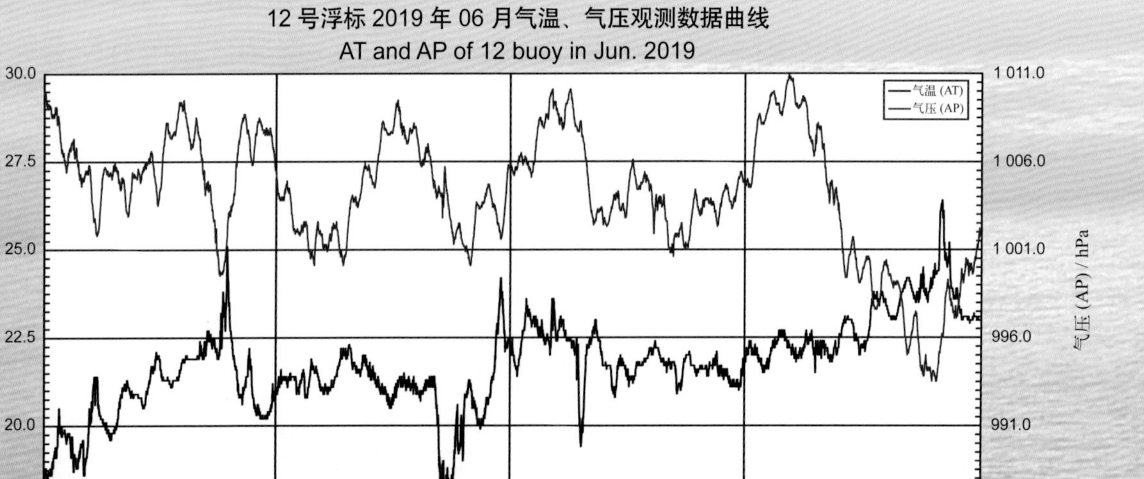

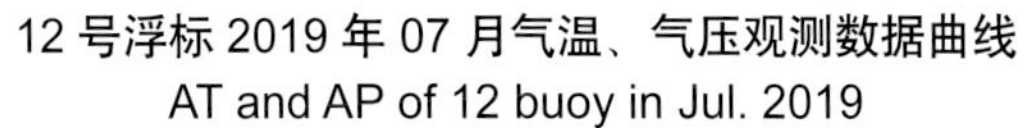
12 号浮标 2019 年 07 月气温、气压观测数据曲线
AT and AP of 12 buoy in Jul. 2019

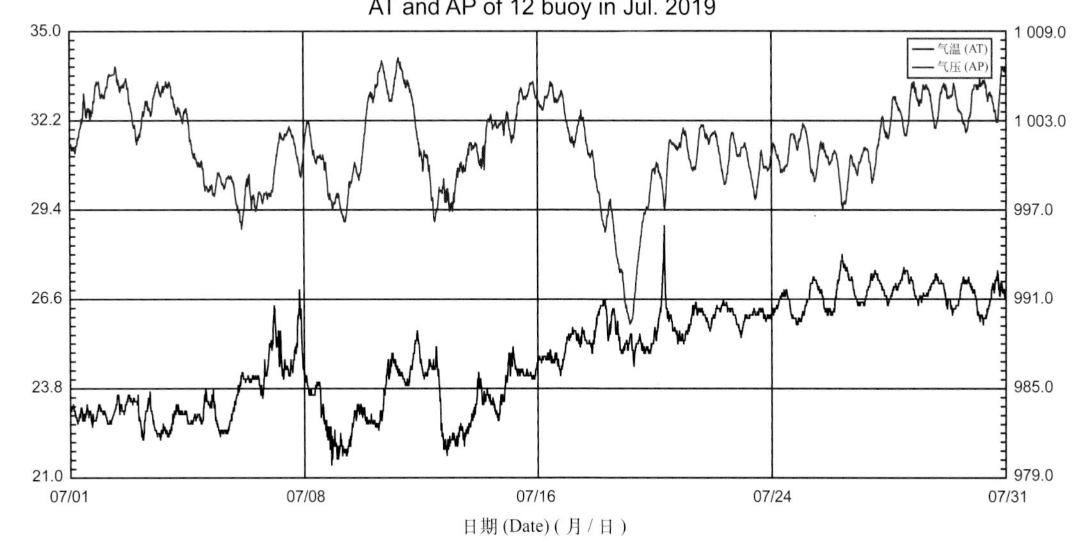


12 号浮标 2019 年 08 月气温、气压观测数据曲线
AT and AP of 12 buoy in Aug. 2019

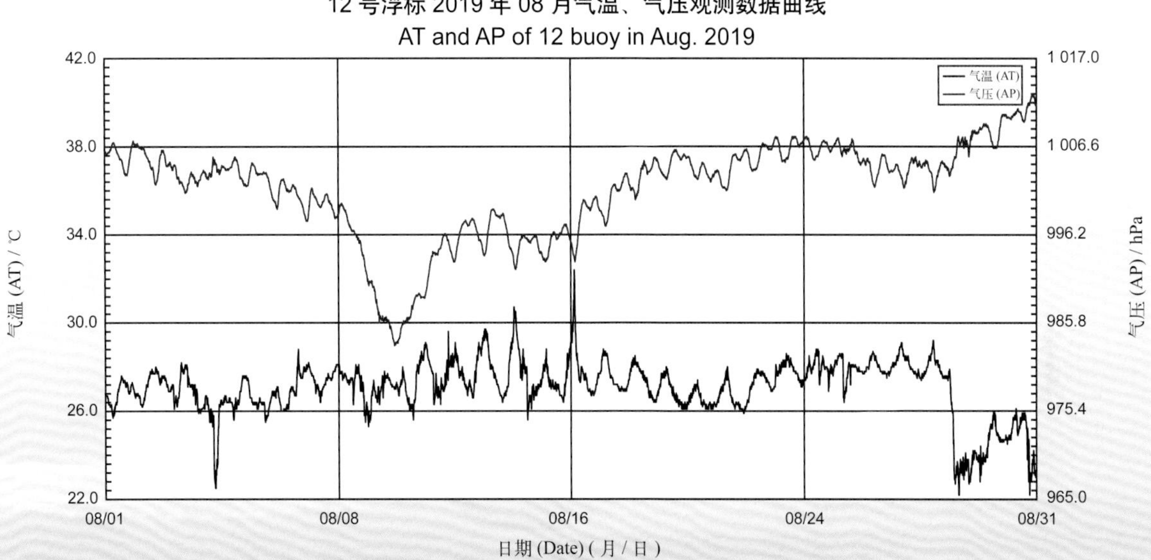


12 号浮标 2019 年 09 月气温、气压观测数据曲线
AT and AP of 12 buoy in Sep. 2019

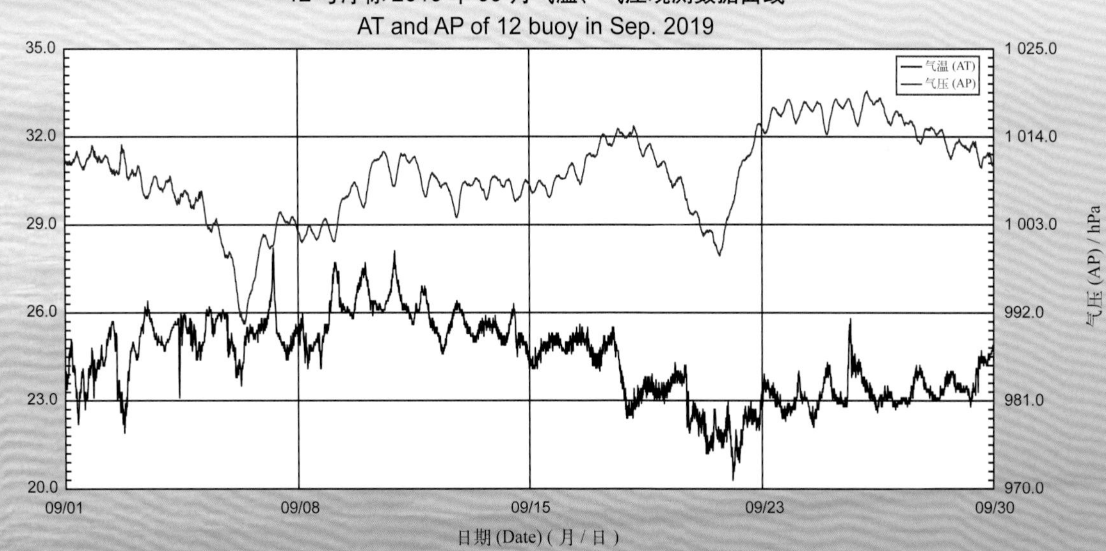

12 号浮标 2019 年 10 月气温、气压观测数据曲线
AT and AP of 12 buoy in Oct. 2019

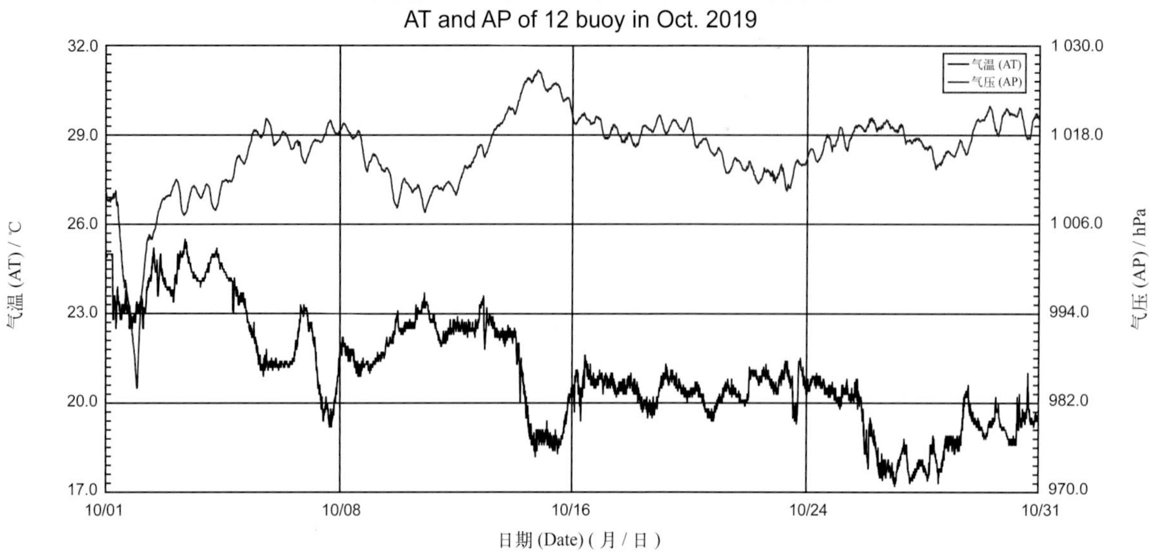


12 号浮标 2019 年 11 月气温、气压观测数据曲线
AT and AP of 12 buoy in Nov. 2019

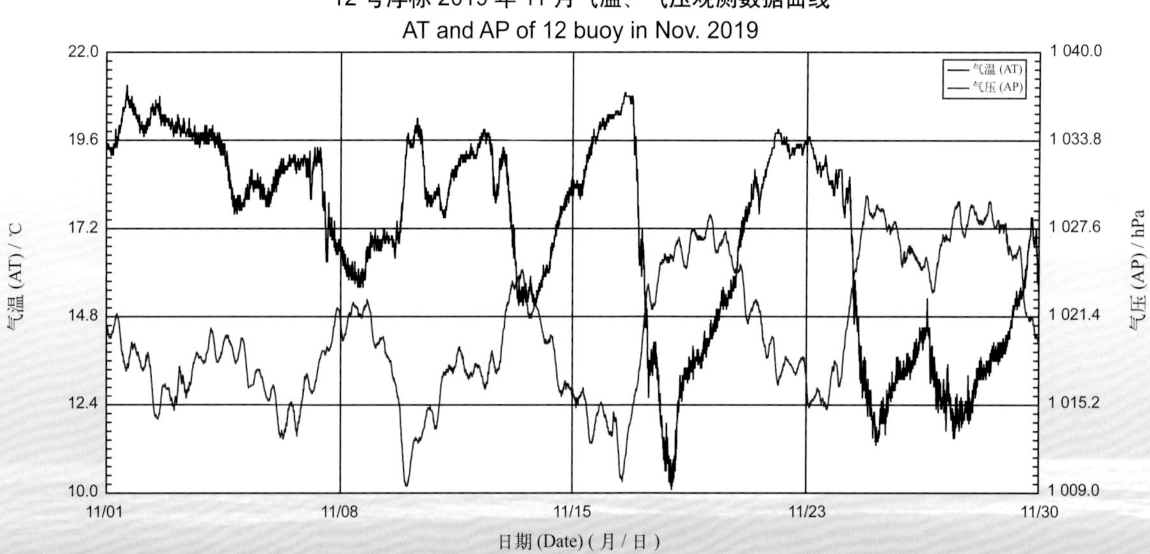


12 号浮标 2019 年 12 月气温、气压观测数据曲线
AT and AP of 12 buoy in Dec. 2019

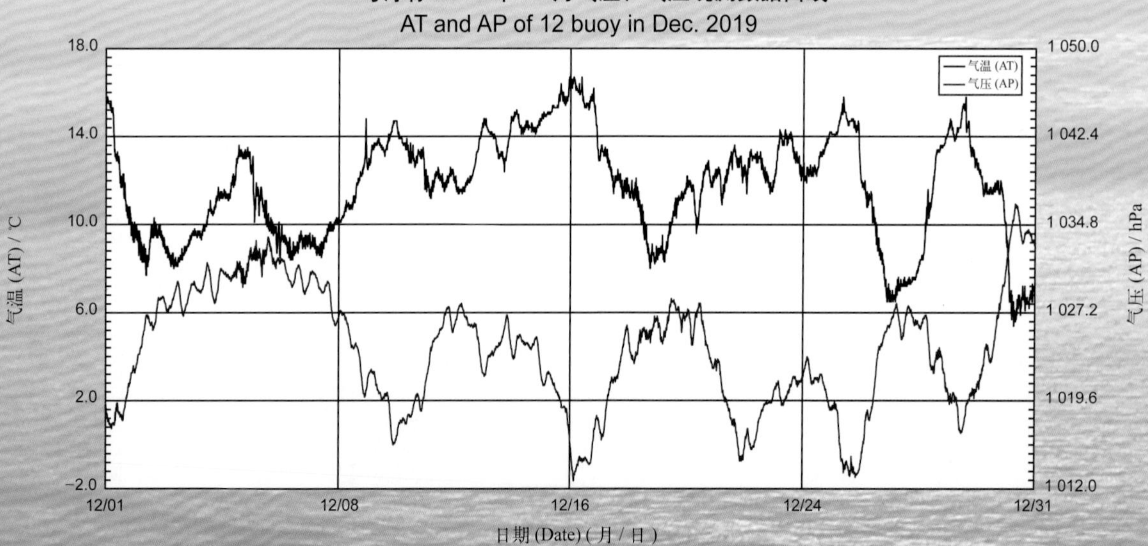

# 2019 年度 18 号浮标观测数据概述及曲线（气温和气压）

2019 年，18 号浮标共获取 314 天的气温和气压长序列观测数据。获取数据的主要区间共两个时间段，具体为 1 月 2 日 08:40 至 4 月 1 日 10:00 和 5 月 22 日 12:00 至 12 月 31 日 23:50。通过对获取数据质量控制和分析，18 号浮标观测海域 2019 年度气温、气压数据和季节数据特征如下。

年度气温平均值为 15.23℃，年度气压平均值为 1 017.10 hPa；测得的年度最高气温和最低气温分别为 30.1℃和 −4.4℃；测得的年度最高气压和最低气压分别为 1 043.3 hPa 和 979.0 hPa。以 2 月为冬季代表月，观测海域冬季的平均气温是 3.04℃，平均气压是 1 026.35 hPa；以 8 月为夏季代表月，观测海域夏季的平均气温是 26.59℃，平均气压是 1 005.49 hPa；以 11 月为秋季代表月，观测海域秋季的平均气温是 13.21℃，平均气压是 1 023.97 hPa。

2019 年，18 号浮标布放海域月度气温、气压变化特征与该海域常年季节气候变化特点基本吻合。18 号浮标观测海域的气温、气压的月平均值、最高值和最低值数据参见表 5。

2019 年，18 号浮标记录到 1 次寒潮过程和 2 次台风过程。寒潮的具体过程中，11 月 24 日 08:00（14.5℃）至 11 月 25 日 08:00（3.6℃），24 h 气温下降了 10.9℃，寒潮期间气压最高值为 1 039.2 hPa（11 月 25 日 09:40）。第一次台风过程，8 月 10—13 日，18 号浮标获取到了第 9 号超强台风“利奇马”的相关数据，获取到的最低气压为 979.0 hPa（8 月 11 日 15:00）。第二次台风过程，9 月 6—8 日，18 号浮标获取到了第 13 号超强台风“玲玲”的相关数据，获取到的最低气压为 993.0 hPa（9 月 7 日 04:00）。

表 5　18 号浮标各月份气温、气压观测数据

| 月份 | 气温 / ℃ | | | 气压 / hPa | | | 备注 |
|---|---|---|---|---|---|---|---|
| | 平均 | 最高 | 最低 | 平均 | 最高 | 最低 | |
| 1 | 3.33 | 9.8 | −3.9 | 1 028.67 | 1 039.5 | 1 019.3 | 缺测 1 天数据 |
| 2 | 3.04 | 7.6 | −4.4 | 1 026.35 | 1 036.1 | 1 011.5 | |
| 3 | 7.84 | 16.0 | 2.8 | 1 018.62 | 1 029.7 | 998.2 | |
| 4 | — | — | — | — | — | — | 缺测数据 |
| 5 | — | — | — | — | — | — | 缺测数据 |
| 6 | 20.70 | 25.9 | 17.5 | 1 005.76 | 1 012.9 | 995.3 | |
| 7 | 25.34 | 30.1 | 21.0 | 1 003.71 | 1 009.6 | 996.0 | |
| 8 | 26.59 | 29.1 | 23.5 | 1 005.49 | 1 016.3 | 979.0 | 记录 1 次台风 |
| 9 | 24.45 | 28.5 | 18.7 | 1 014.74 | 1 023.9 | 999.3 | 记录 1 次台风 |
| 10 | 18.85 | 26.6 | 10.9 | 1 020.09 | 1 035.4 | 1 009.0 | |
| 11 | 13.21 | 20.8 | 1.9 | 1 023.97 | 1 039.2 | 1 006.1 | 记录 1 次寒潮 |
| 12 | 6.74 | 13.9 | −4.0 | 1 027.19 | 1 043.3 | 1 013.3 | |

18 号浮标 2019 年气温、气压观测数据曲线
AT and AP of 18 buoy in 2019

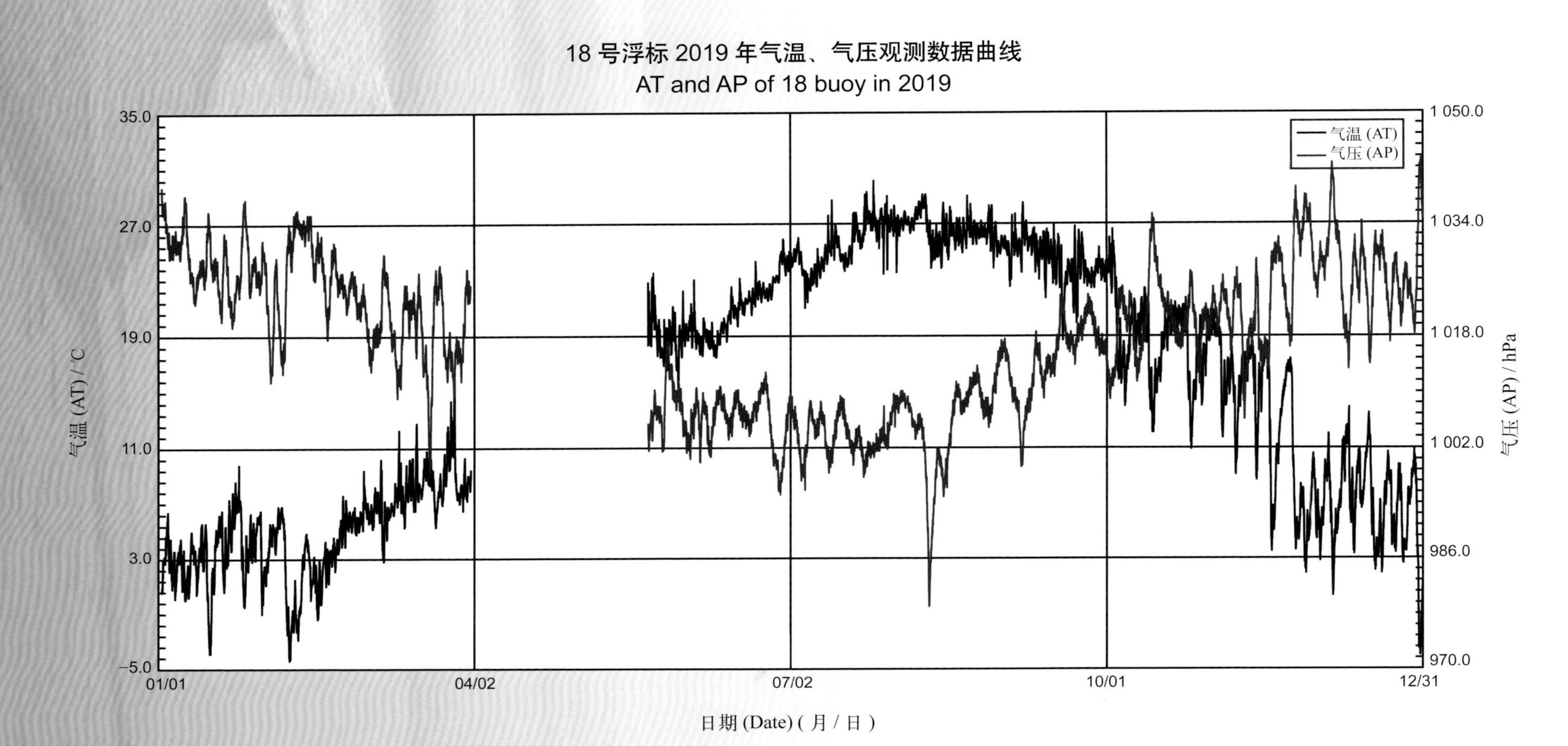

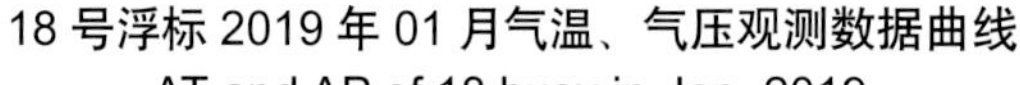

18 号浮标 2019 年 01 月气温、气压观测数据曲线

AT and AP of 18 buoy in Jan. 2019

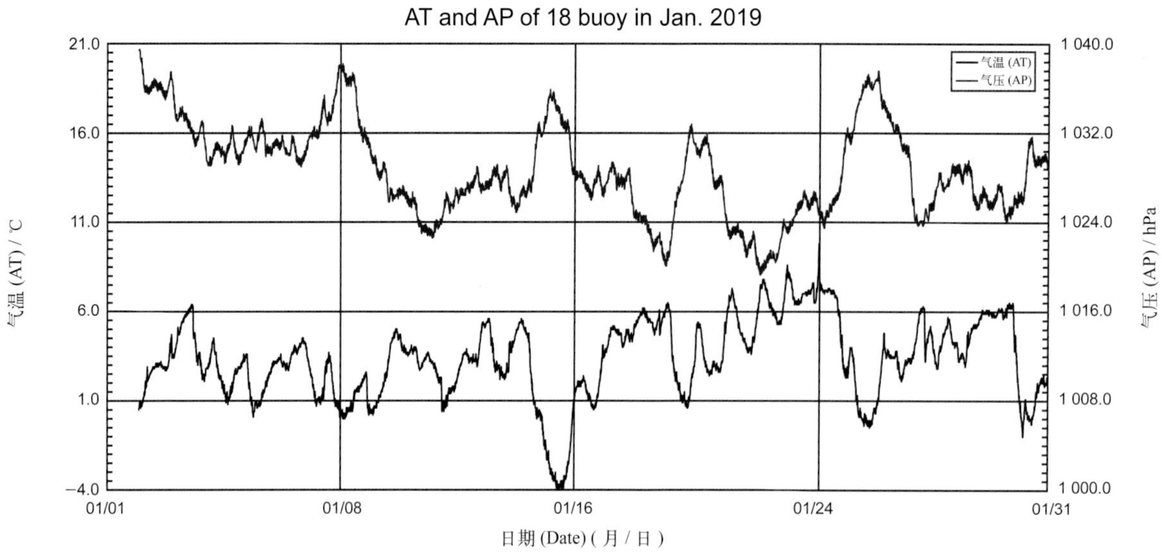


18 号浮标 2019 年 02 月气温、气压观测数据曲线

AT and AP of 18 buoy in Feb. 2019

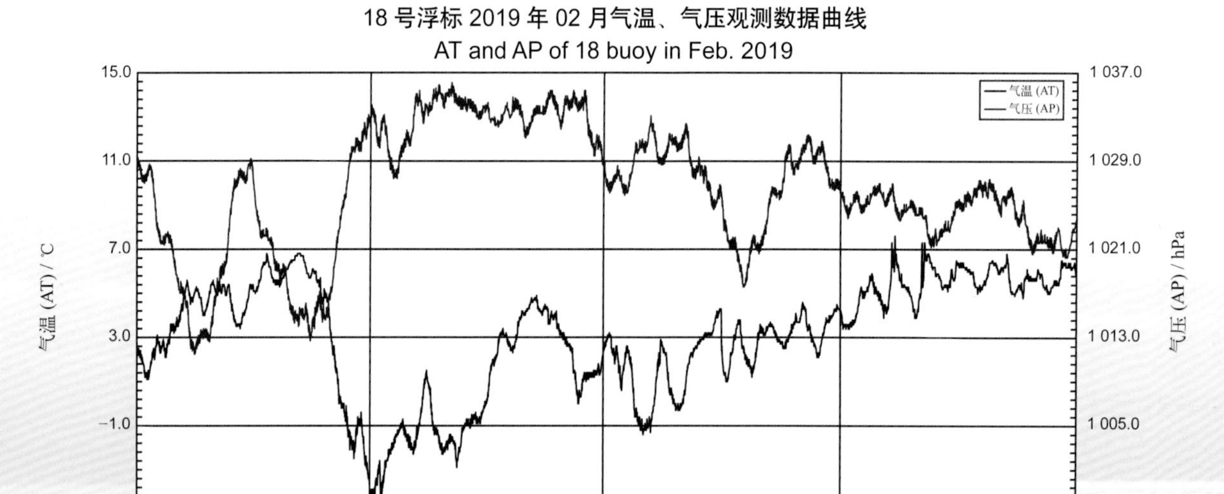


18 号浮标 2019 年 03 月气温、气压观测数据曲线

AT and AP of 18 buoy in Mar. 2019

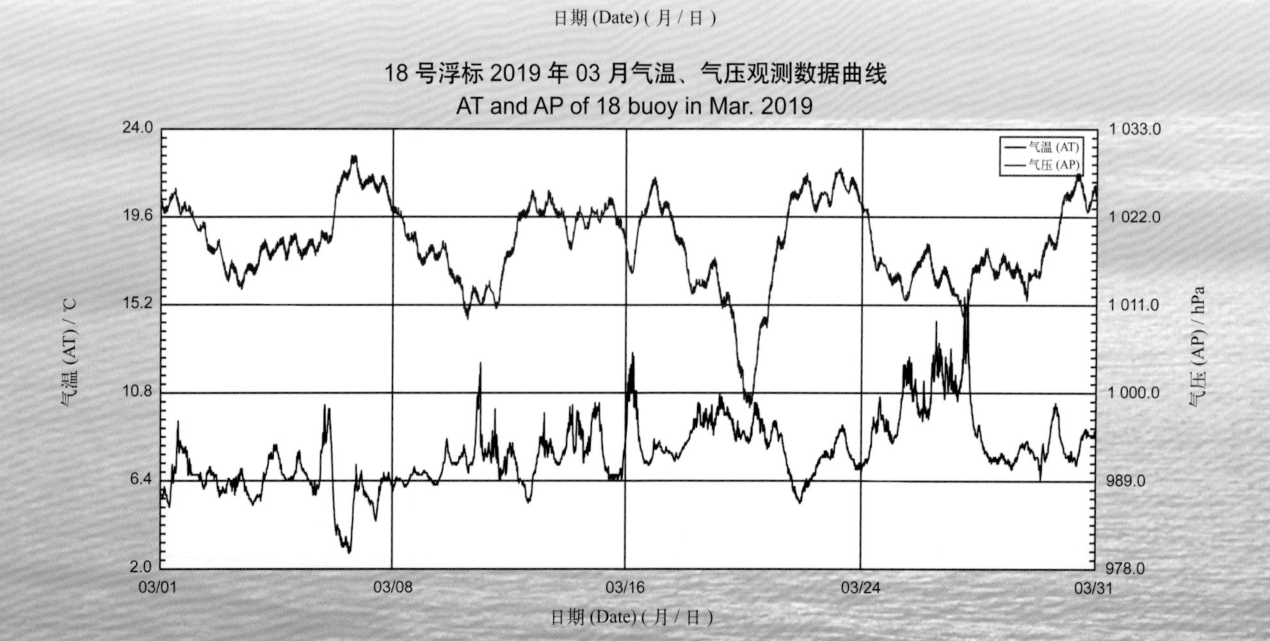

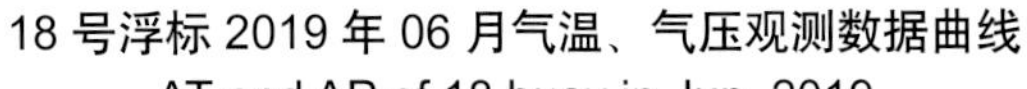
18 号浮标 2019 年 06 月气温、气压观测数据曲线
AT and AP of 18 buoy in Jun. 2019

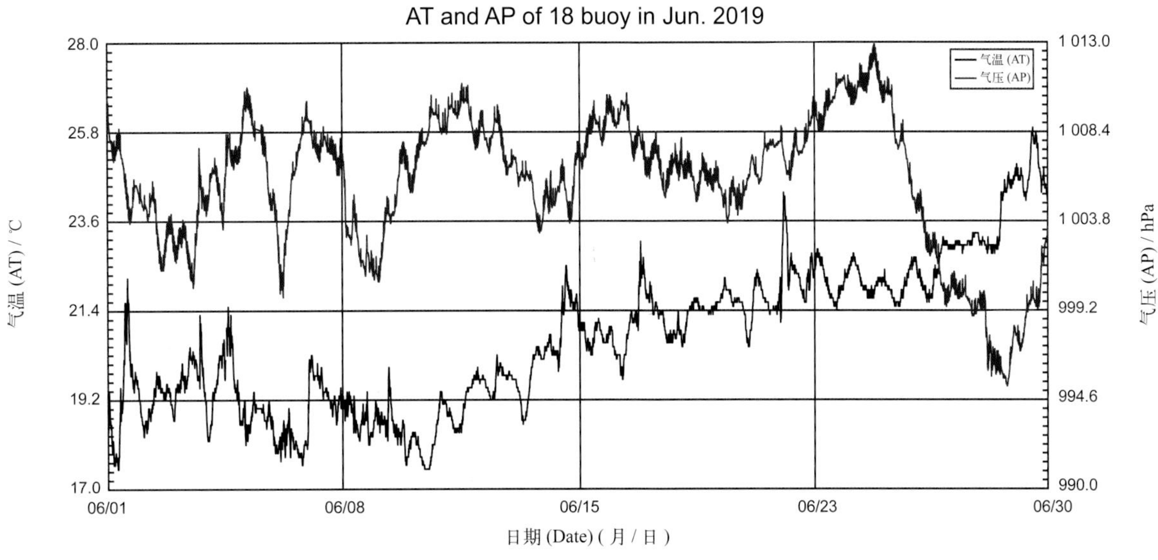


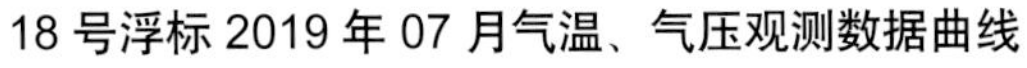
18 号浮标 2019 年 07 月气温、气压观测数据曲线
AT and AP of 18 buoy in Jul. 2019

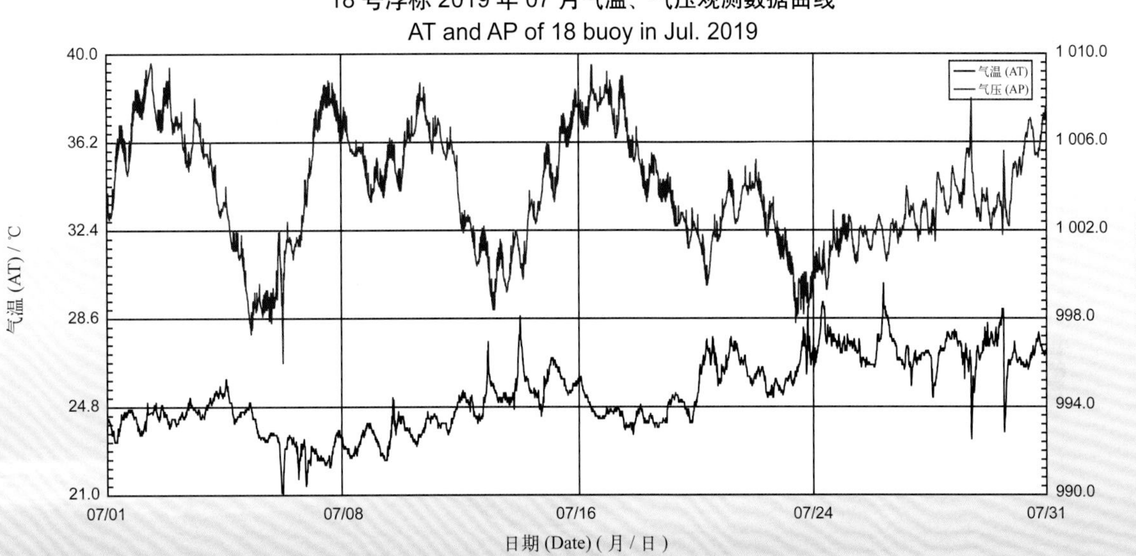


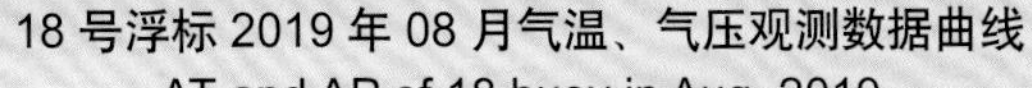
18 号浮标 2019 年 08 月气温、气压观测数据曲线
AT and AP of 18 buoy in Aug. 2019

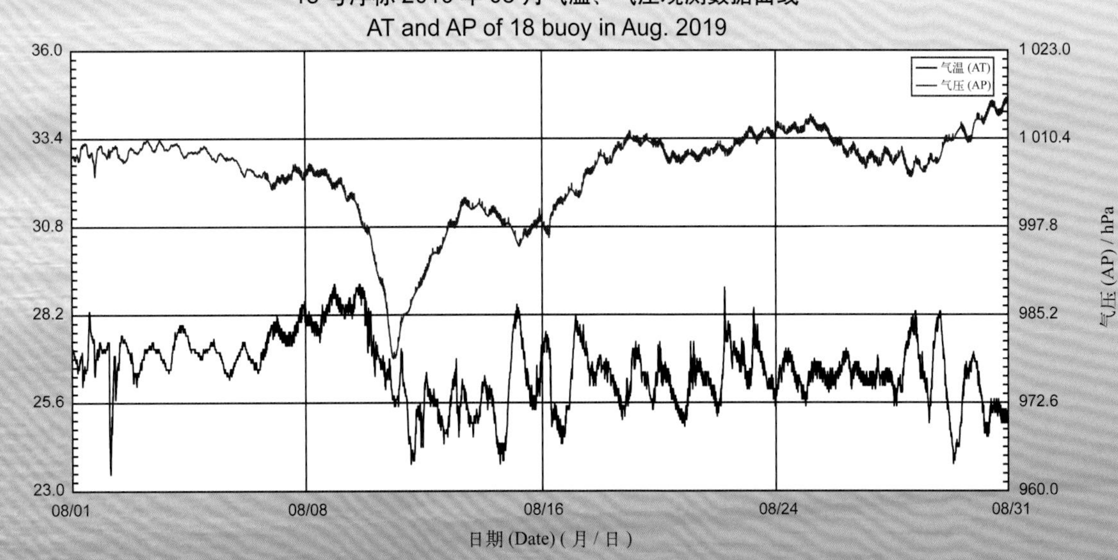

18 号浮标 2019 年 09 月气温、气压观测数据曲线
AT and AP of 18 buoy in Sep. 2019

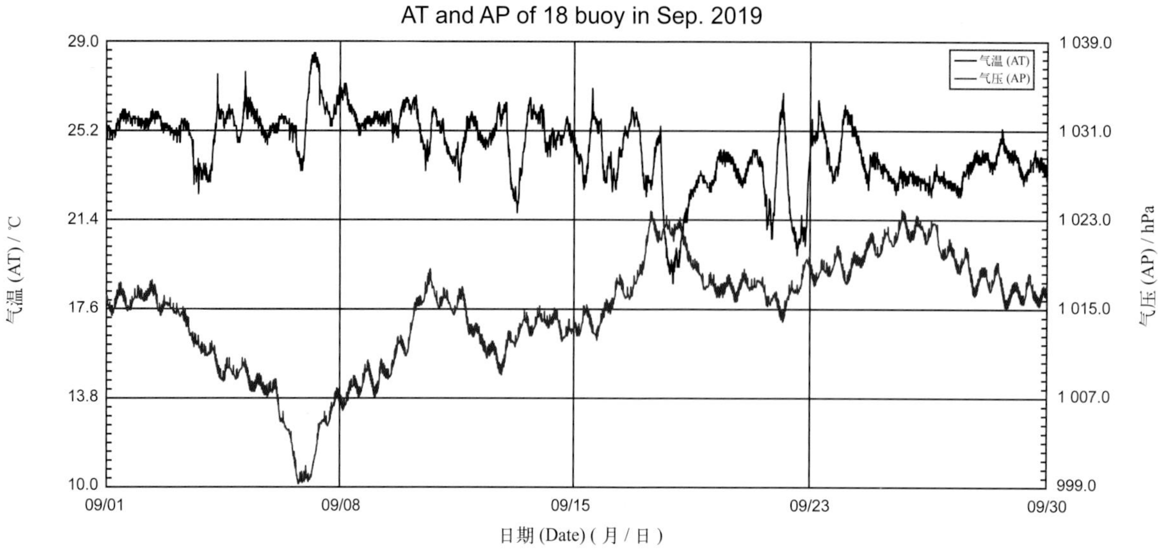


18 号浮标 2019 年 10 月气温、气压观测数据曲线
AT and AP of 18 buoy in Oct. 2019

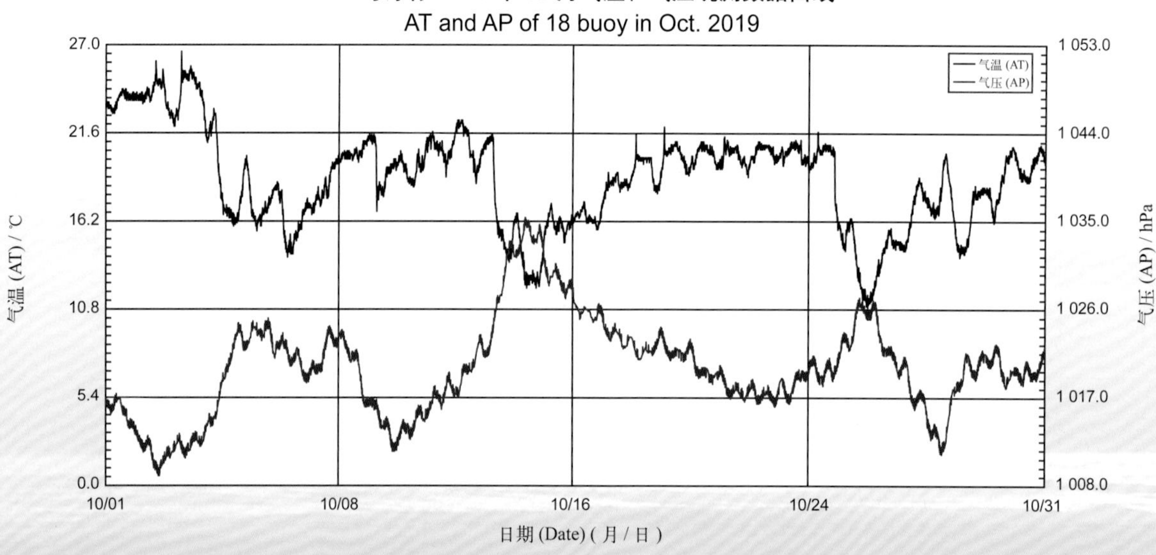


18 号浮标 2019 年 11 月气温、气压观测数据曲线
AT and AP of 18 buoy in Nov. 2019

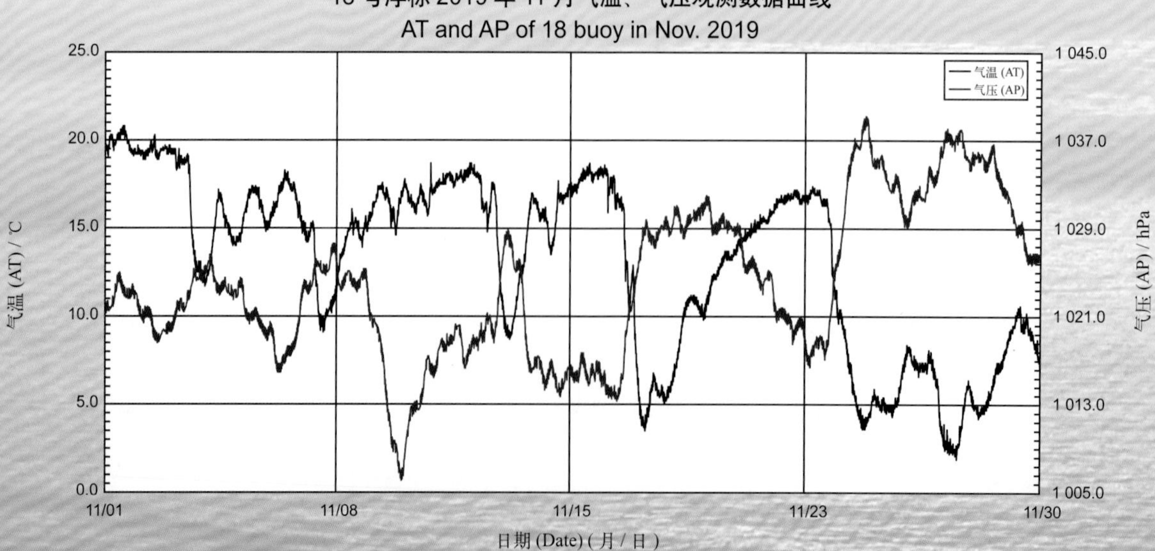

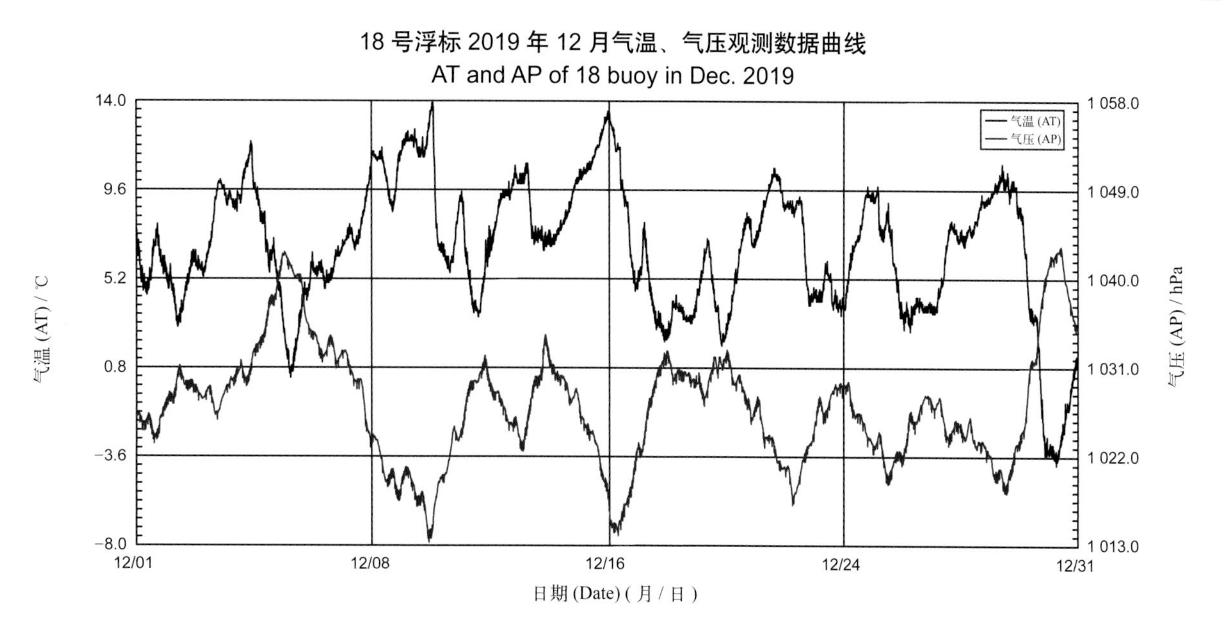
18 号浮标 2019 年 12 月气温、气压观测数据曲线
AT and AP of 18 buoy in Dec. 2019
气温 (AT)
气压 (AP)
14.0
9.6
5.2
0.8
−3.6
−8.0
1 058.0
1 049.0
1 040.0
1 031.0
1 022.0
1 013.0
气温 (AT) / ℃
气压 (AP) / hPa
12/01
12/08
12/16
12/24
12/31
日期 (Date) ( 月 / 日 )

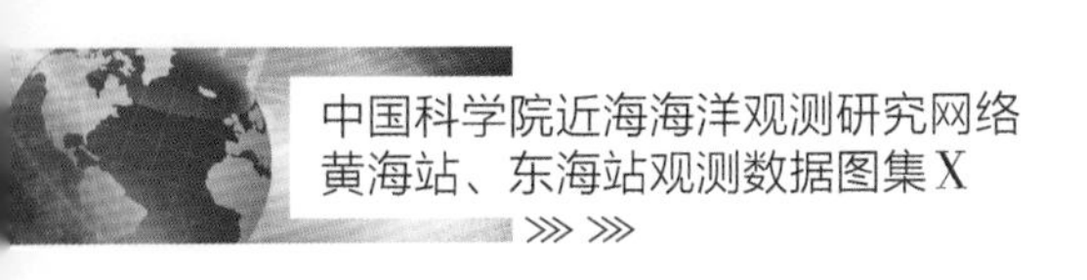


# 2019 年度 19 号浮标观测数据概述及曲线
## （气温和气压）

2019 年，19 号浮标共获取 365 天的气温和气压长序列观测数据。通过对获取数据质量控制和分析，19 号浮标观测海域 2019 年度气温、气压数据和季节数据特征如下。

年度气温平均值为 14.52℃，年度气压平均值为 1 017.10 hPa；测得的年度最高气温和最低气温分别为 30.4℃和 −5.1℃；测得的年度最高气压和最低气压分别为 1 043.6 hPa 和 980.4 hPa。以 2 月为冬季代表月，观测海域冬季的平均气温是 2.50℃，平均气压是 1 026.73 hPa；以 5 月为春季代表月，观测海域春季的平均气温是 17.08℃，平均气压是 1 011.55 hPa；以 8 月为夏季代表月，观测海域夏季的平均气温是 26.39℃，平均气压是 1 005.87 hPa；以 11 月为秋季代表月，观测海域秋季的平均气温是 12.21℃，平均气压是 1 024.41 hPa。

2019 年，19 号浮标布放海域月度气温、气压变化特征与该海域常年季节气候变化特点基本吻合。19 号浮标观测海域的气温、气压的月平均值、最高值和最低值数据参见表 6。

2019 年，19 号浮标记录到 1 次寒潮过程和 2 次台风过程。寒潮的具体过程中，11 月 24 日 08:10（13.3℃）至 11 月 25 日 08:10（2.6℃），24 h 气温下降了 10.7℃，寒潮期间气压最高值为 1 039.8 hPa（11 月 25 日 10:20）。第一次台风过程，8 月 10—13 日，19 号浮标获取到了第 9 号超强台风“利奇马”的相关数据，获取到的最低气压为 980.4 hPa（8 月 11 日 14:40）。第二次台风过程，9 月 6—8 日，19 号浮标获取到了第 13 号超强台风“玲玲”的相关数据，获取到的最低气压为 1 000.5 hPa（9 月 7 日 13:30）。

表6　19号浮标各月份气温、气压观测数据

| 月份 | 气温 / ℃ | | | 气压 / hPa | | | 备注 |
|---|---|---|---|---|---|---|---|
| | 平均 | 最高 | 最低 | 平均 | 最高 | 最低 | |
| 1 | 2.42 | 8.8 | −5.0 | 1 029.41 | 1 041.5 | 1 019.8 | |
| 2 | 2.50 | 7.2 | −5.1 | 1 026.73 | 1 036.3 | 1 011.8 | |
| 3 | 8.12 | 20.5 | 3.2 | 1 018.98 | 1 029.8 | 999.5 | |
| 4 | 11.26 | 18.7 | 6.4 | 1 015.37 | 1 029.0 | 1 004.3 | |
| 5 | 17.08 | 23.2 | 12.2 | 1 011.55 | 1 025.2 | 1 002.1 | |
| 6 | 21.08 | 28.8 | 17.5 | 1 006.26 | 1 012.7 | 995.8 | |
| 7 | 25.19 | 30.2 | 20.9 | 1 004.08 | 1 009.4 | 996.0 | |
| 8 | 26.39 | 30.4 | 22.2 | 1 005.87 | 1 016.2 | 980.4 | 记录 1 次台风 |
| 9 | 24.06 | 29.5 | 17.2 | 1 015.33 | 1 024.0 | 1 000.5 | 记录 1 次台风 |
| 10 | 17.80 | 25.5 | 9.2 | 1 020.61 | 1 036.0 | 1 009.9 | |
| 11 | 12.21 | 20.0 | 0.7 | 1 024.41 | 1 039.8 | 1 006.5 | 记录 1 次寒潮 |
| 12 | 5.58 | 12.2 | −5.0 | 1 027.38 | 1 043.6 | 1 013.9 | |

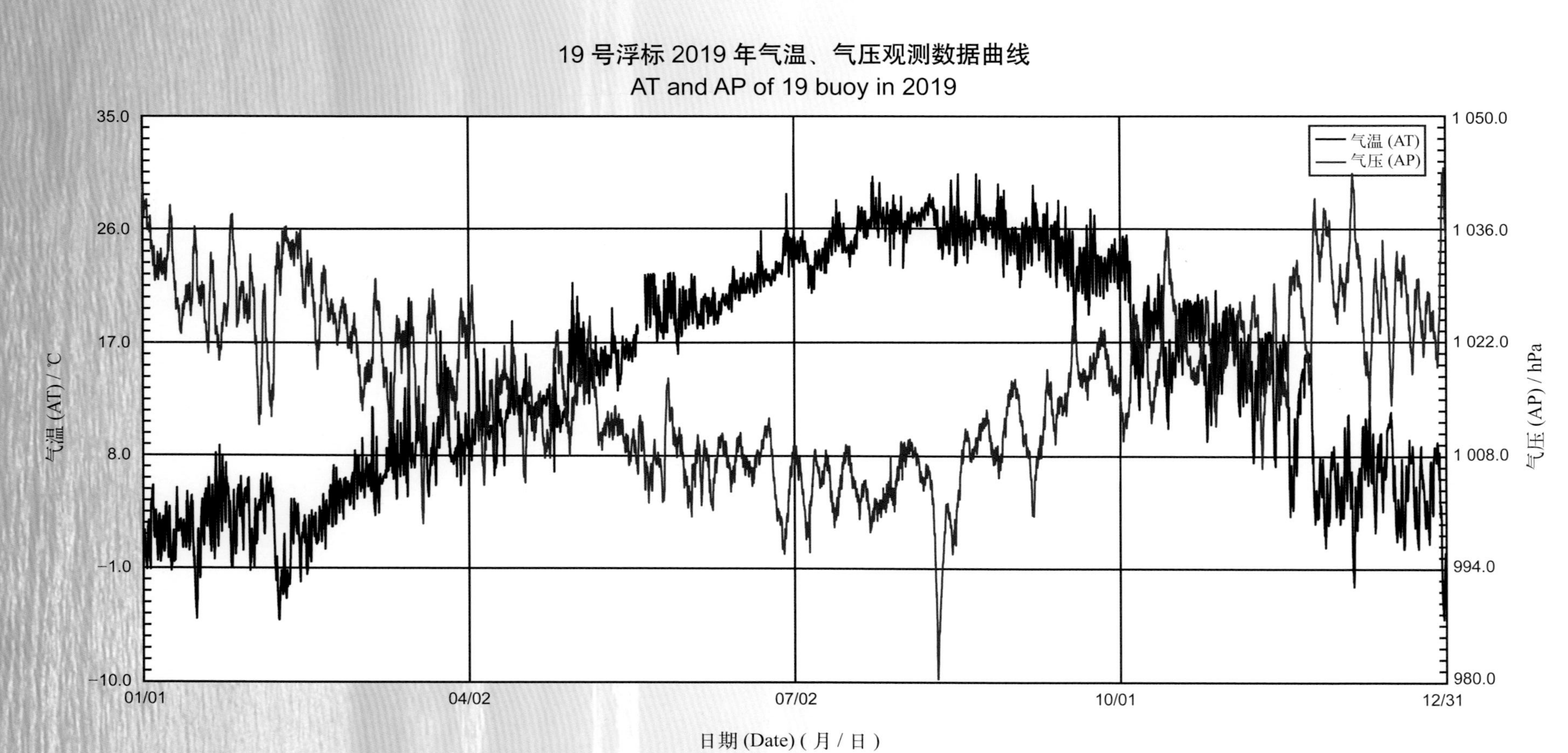
19 号浮标 2019 年气温、气压观测数据曲线
AT and AP of 19 buoy in 2019
气温 (AT)
气压 (AP)
气温 (AT) / ℃
35.0
26.0
17.0
8.0
−1.0
−10.0
气压 (AP) / hPa
1 050.0
1 036.0
1 022.0
1 008.0
994.0
980.0
01/01
04/02
07/02
10/01
12/31
日期 (Date) ( 月 / 日 )

19 号浮标 2019 年 01 月气温、气压观测数据曲线
AT and AP of 19 buoy in Jan. 2019

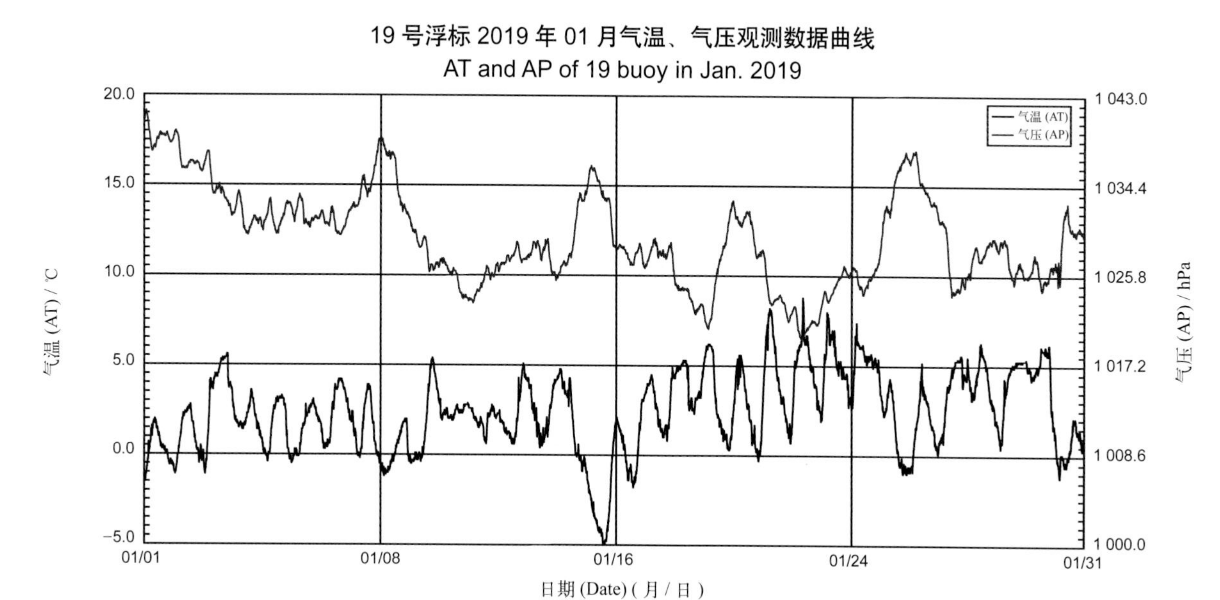


19 号浮标 2019 年 02 月气温、气压观测数据曲线
AT and AP of 19 buoy in Feb. 2019

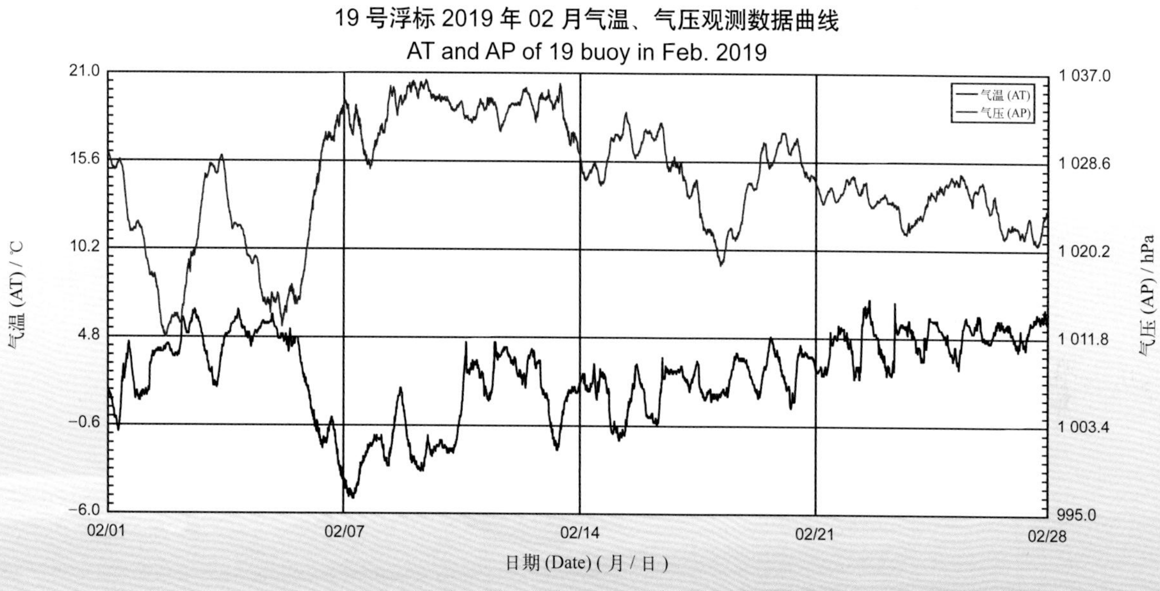


19 号浮标 2019 年 03 月气温、气压观测数据曲线
AT and AP of 19 buoy in Mar. 2019

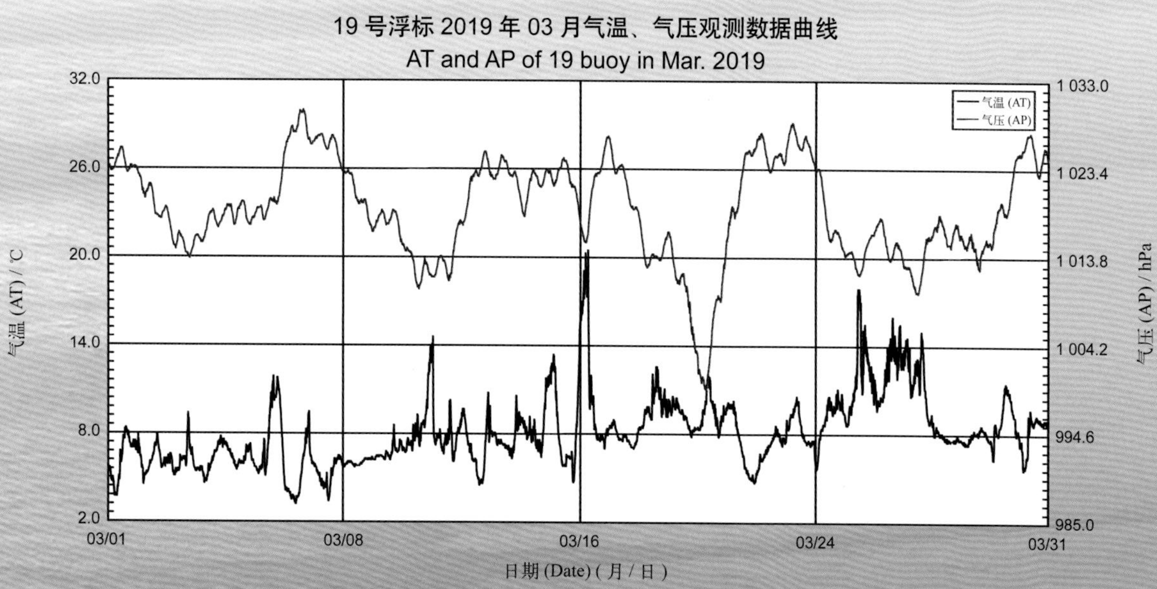

19号浮标2019年04月气温、气压观测数据曲线
AT and AP of 19 buoy in Apr. 2019

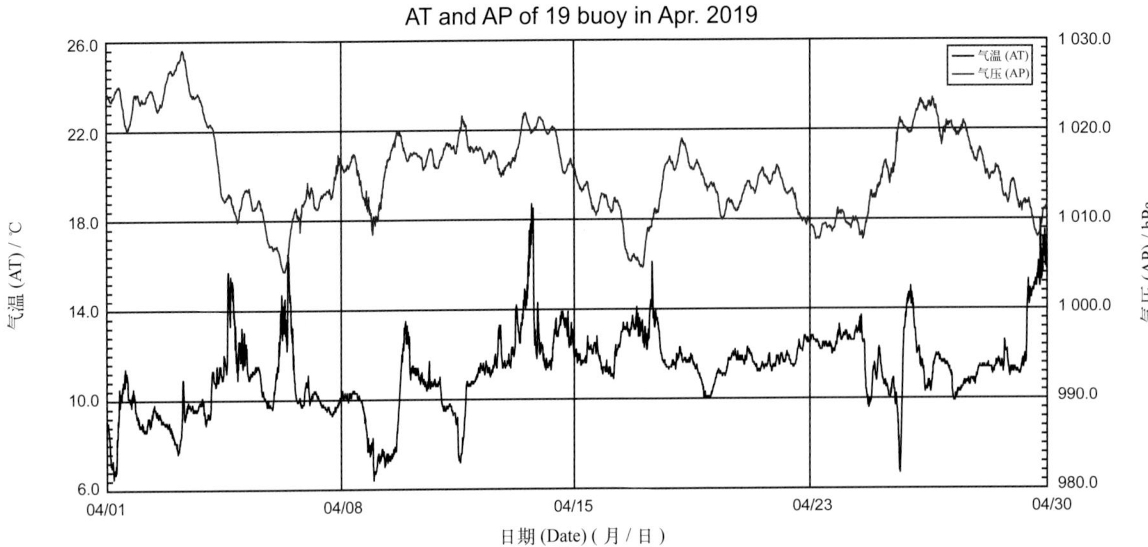


19号浮标2019年05月气温、气压观测数据曲线
AT and AP of 19 buoy in May 2019

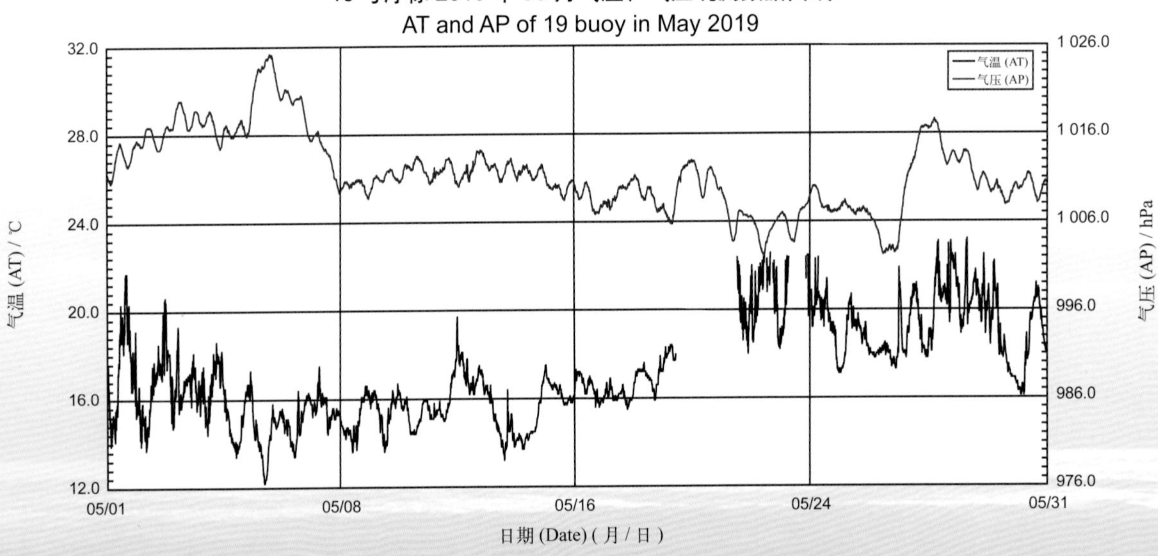


19号浮标2019年06月气温、气压观测数据曲线
AT and AP of 19 buoy in Jun. 2019

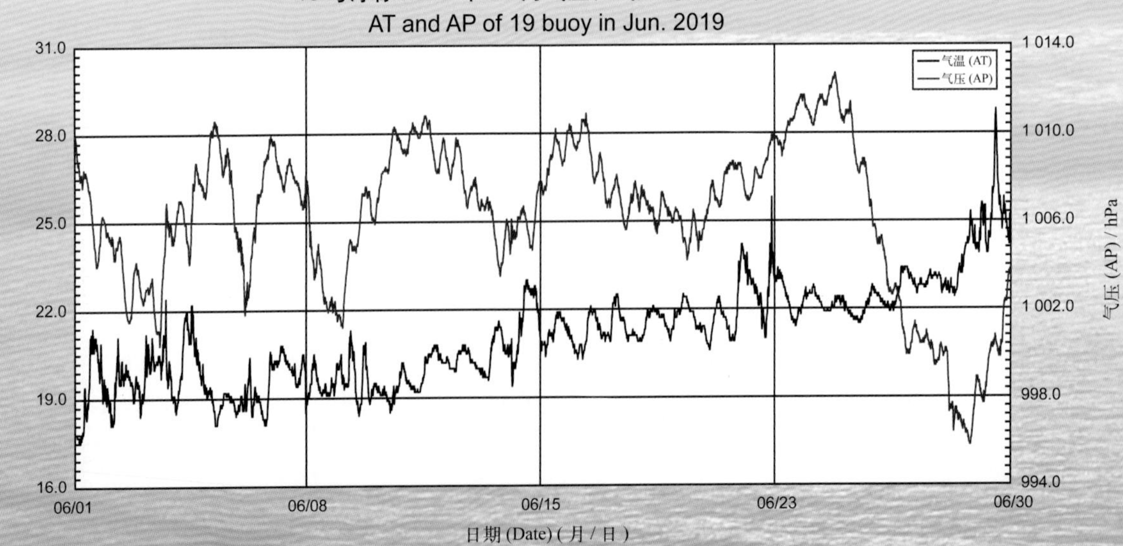

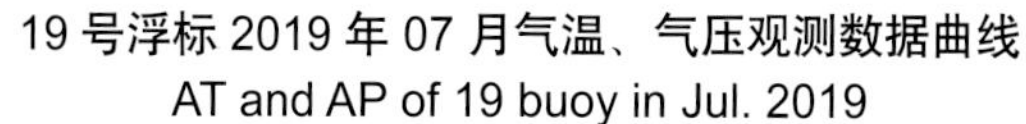


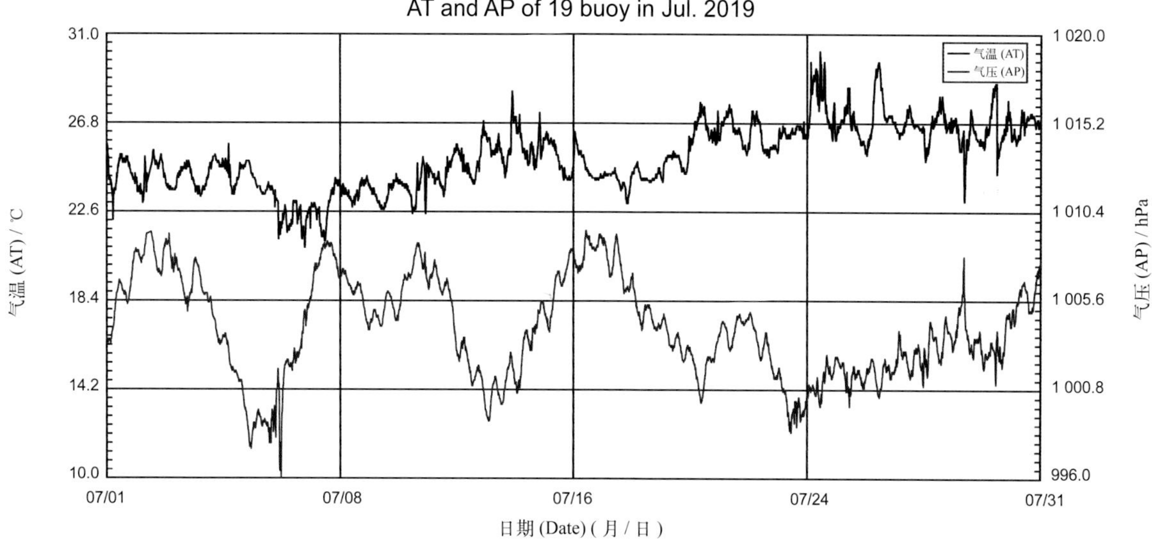


19 号浮标 2019 年 08 月气温、气压观测数据曲线
AT and AP of 19 buoy in Aug. 2019

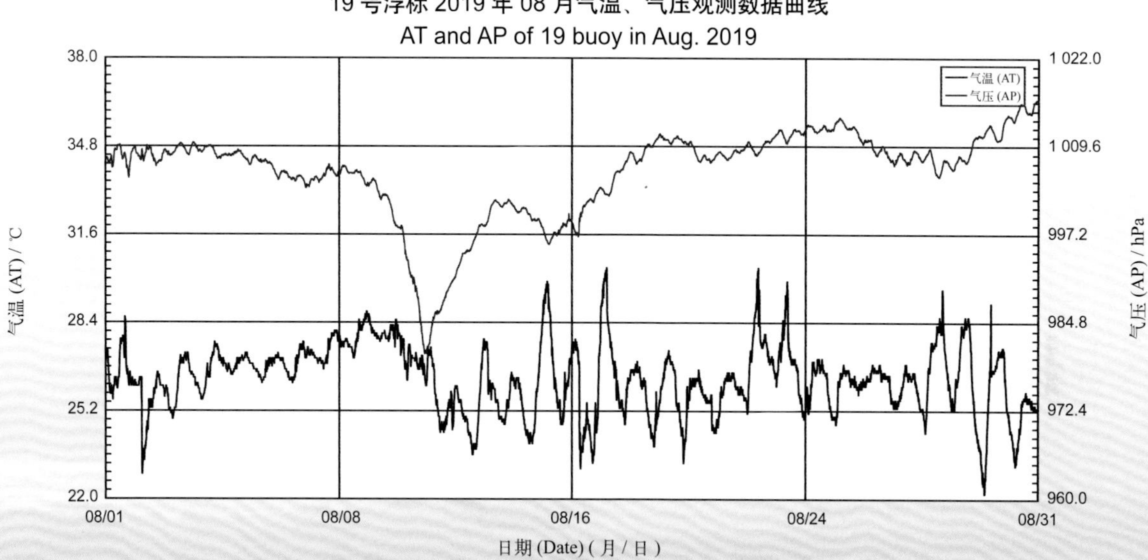


19 号浮标 2019 年 09 月气温、气压观测数据曲线
AT and AP of 19 buoy in Sep. 2019

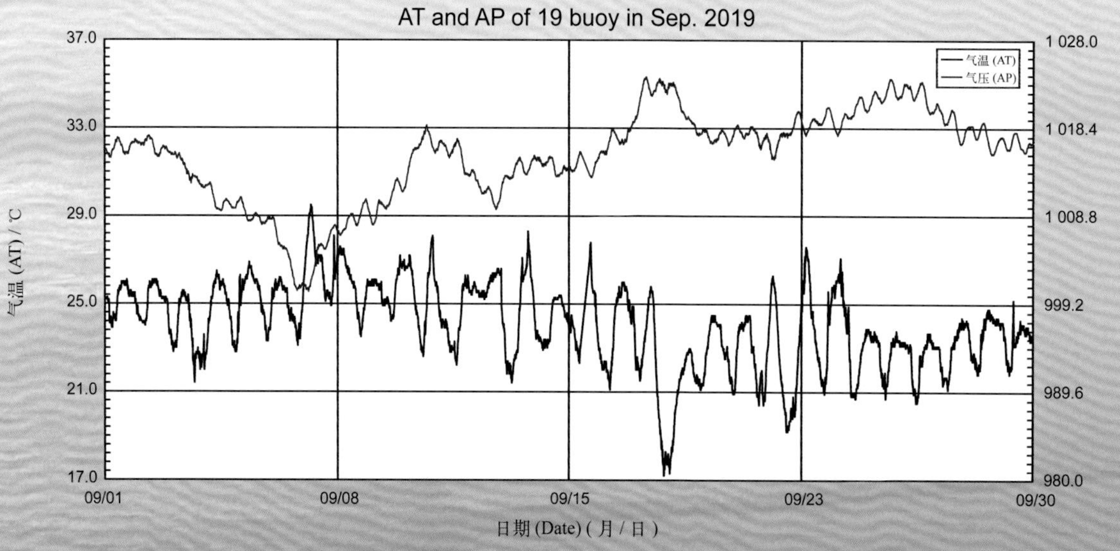

19 号浮标 2019 年 10 月气温、气压观测数据曲线
AT and AP of 19 buoy in Oct. 2019

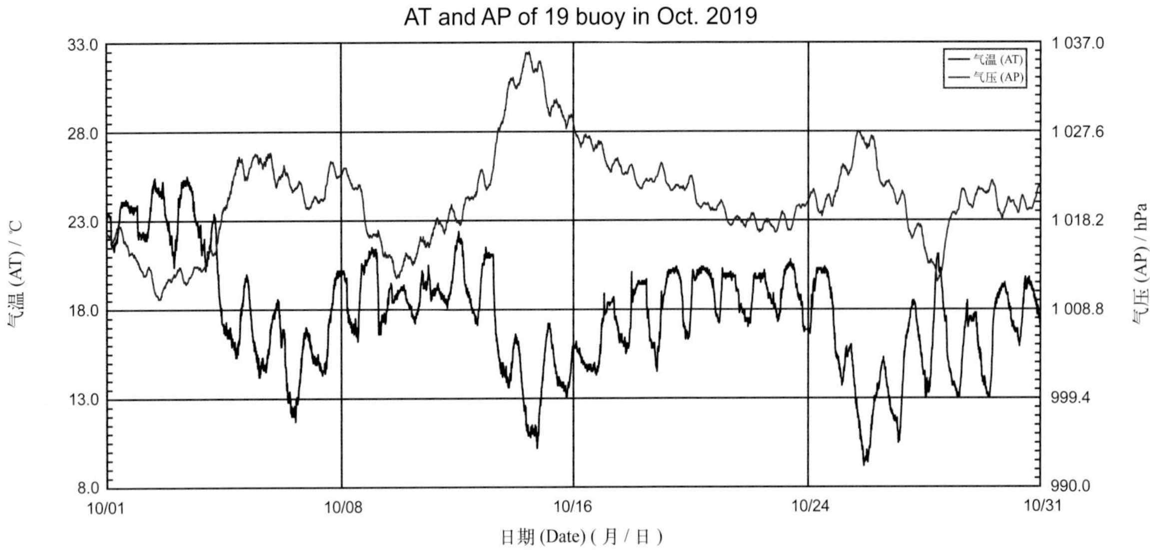


19 号浮标 2019 年 11 月气温、气压观测数据曲线
AT and AP of 19 buoy in Nov. 2019

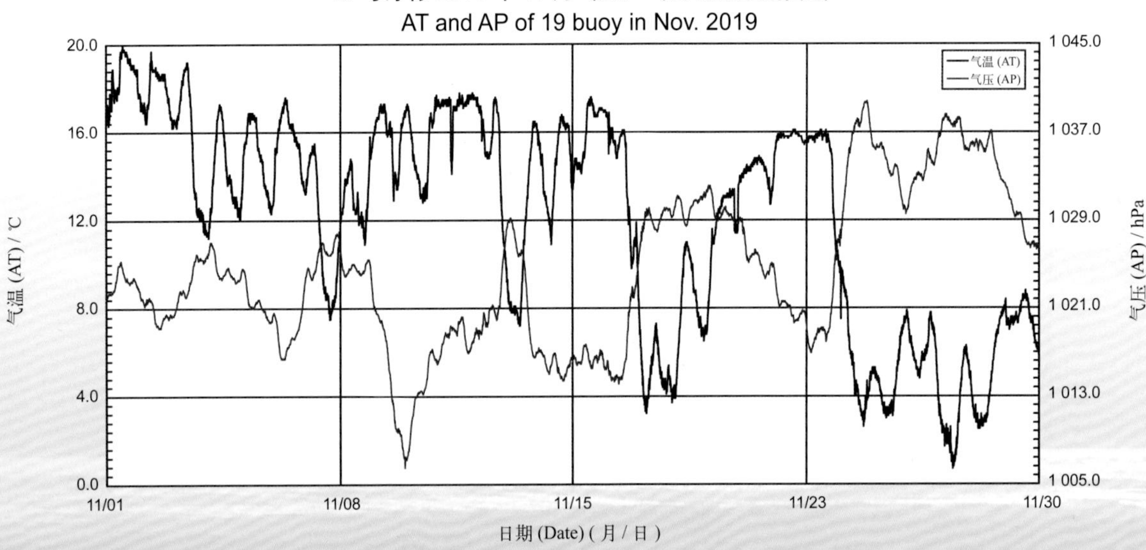


19 号浮标 2019 年 12 月气温、气压观测数据曲线
AT and AP of 19 buoy in Dec. 2019

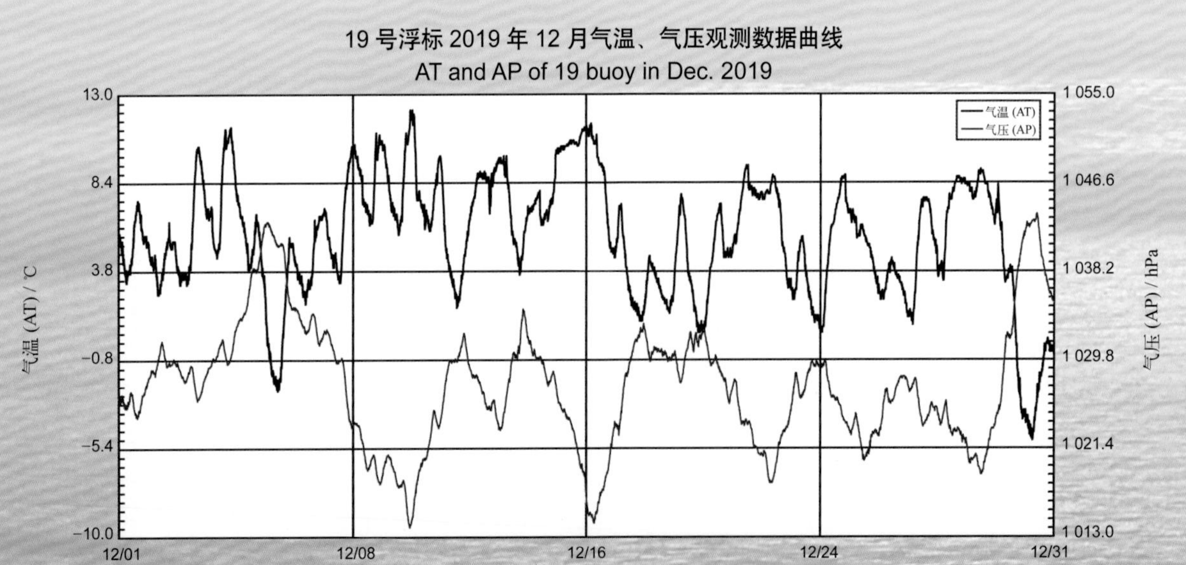

# 2019 年度 20 号浮标观测数据概述及曲线
## （气温和气压）

2019 年，20 号浮标共获取 365 天的气温和气压长序列观测数据。通过对获取数据质量控制和分析，20 号浮标观测海域 2019 年度气温、气压数据和季节数据特征如下。

年度气温平均值为 18.65℃，年度气压平均值为 1 015.64 hPa，测得的年度最高气温和最低气温分别为 31.6℃和 4.8℃，测得的年度最高气压和最低气压分别为 1 036.7 hPa 和 986.4 hPa。以 2 月为冬季代表月，观测海域冬季的平均气温是 9.51℃，平均气压是 1 023.47 hPa；以 5 月为春季代表月，观测海域春季的平均气温是 19.29℃，平均气压是 1 012.40 hPa；以 8 月为夏季代表月，观测海域夏季的平均气温是 28.46℃，平均气压是 1 004.88 hPa；以 11 月为秋季代表月，观测海域秋季的平均气温是 18.22℃，平均气压是 1 021.74 hPa。

2019 年，20 号浮标观测海域月度气温、气压变化特征与该海域常年季节气候变化特点基本吻合。20 号浮标观测海域的气温、气压的月平均值、最高值和最低值数据参见表 7。

2019 年，20 号浮标记录到 1 次寒潮过程和 5 次台风过程。寒潮的具体过程中，1 月 30 日 08:30（15.0℃）至 2 月 1 日 08:30（4.8℃），48 h 气温下降了 10.2℃，寒潮期间气压最高值为 1 031.0 hPa（2 月 1 日 09:50）。第一次台风过程，7 月 18—20 日，20 号浮标获取到了第 5 号热带风暴“丹娜丝”的相关数据，获取到的最低气压为 989.9 hPa（7 月 19 日 10:00）。第二次台风过程，8 月 8—12 日，20 号浮标获取到了第 9 号超强台风“利奇马”的相关数据，获取到的最低气压为 986.4 hPa（8 月 10 日 04:00）。第三次台风过程，9 月 5—7 日，20 号浮标获取到了第 13 号超强台风“玲玲”的相关数据，获取到的最低气压为 991.3 hPa（9 月 6 日 14:50）。第四次台风过程，9 月 19—23 日，20 号浮标获取到了第 17 号台风“塔巴”的相关数据，获取到的最低气压为 999.3 hPa（9 月 22 日 01:10）。第五次台风过程，10 月 1—2 日，20 号浮标获取到了第 18 号台风“米娜”的相关数据，获取到的最低气压为 989.2 hPa（10 月 1 日 18:50）。

表7　20号浮标各月份气温、气压观测数据

| 月份 | 气温 / ℃ | | | 气压 / hPa | | | 备注 |
|---|---|---|---|---|---|---|---|
| | 平均 | 最高 | 最低 | 平均 | 最高 | 最低 | |
| 1 | 10.22 | 15.5 | 5.3 | 1 026.41 | 1 036.3 | 1 012.3 | |
| 2 | 9.51 | 15.9 | 4.8 | 1 023.47 | 1 033.8 | 1 012.7 | 记录1次寒潮 |
| 3 | 11.36 | 16.7 | 7.7 | 1 019.23 | 1 028.0 | 1 004.8 | |
| 4 | 15.42 | 21.5 | 10.3 | 1 014.75 | 1 028.9 | 1 000.8 | |
| 5 | 19.29 | 22.8 | 14.6 | 1 012.40 | 1 020.9 | 1 001.9 | |
| 6 | 22.61 | 26.0 | 17.5 | 1 006.71 | 1 013.6 | 997.9 | |
| 7 | 25.90 | 29.9 | 22.2 | 1 004.75 | 1 010.4 | 989.9 | 记录1次台风 |
| 8 | 28.46 | 31.6 | 21.4 | 1 004.88 | 1 013.6 | 986.4 | 记录1次台风 |
| 9 | 25.27 | 29.1 | 20.6 | 1 011.81 | 1 022.1 | 991.3 | 记录2次台风 |
| 10 | 21.95 | 26.6 | 17.5 | 1 017.65 | 1 028.0 | 989.2 | 记录1次台风 |
| 11 | 18.22 | 21.9 | 12.0 | 1 021.74 | 1 030.5 | 1 012.9 | |
| 12 | 13.39 | 20.8 | 6.5 | 1 024.72 | 1 036.7 | 1 014.0 | |

20 号浮标 2019 年气温、气压观测数据曲线
AT and AP of 20 buoy in 2019

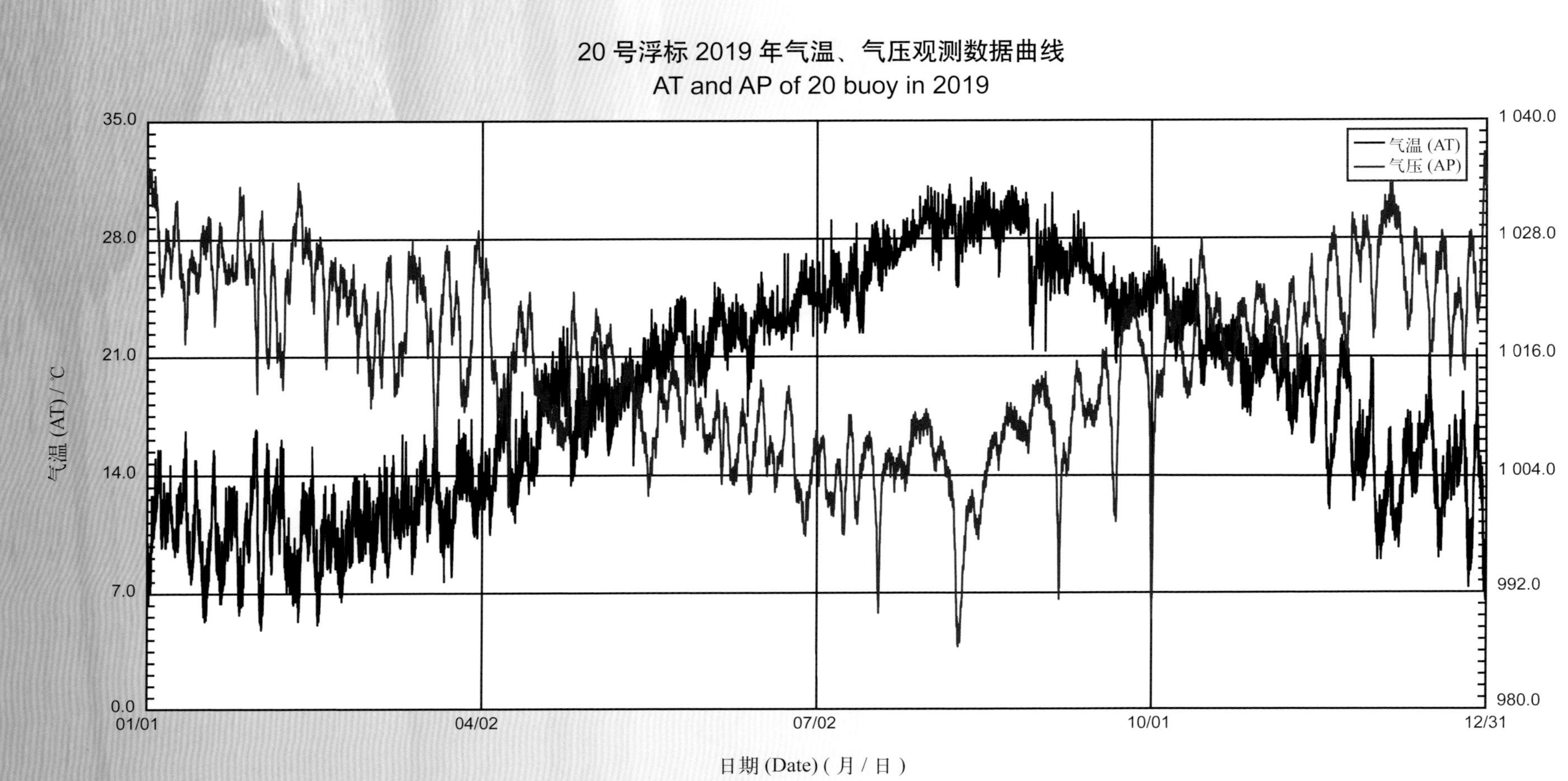

20 号浮标 2019 年 01 月气温、气压观测数据曲线
AT and AP of 20 buoy in Jan. 2019

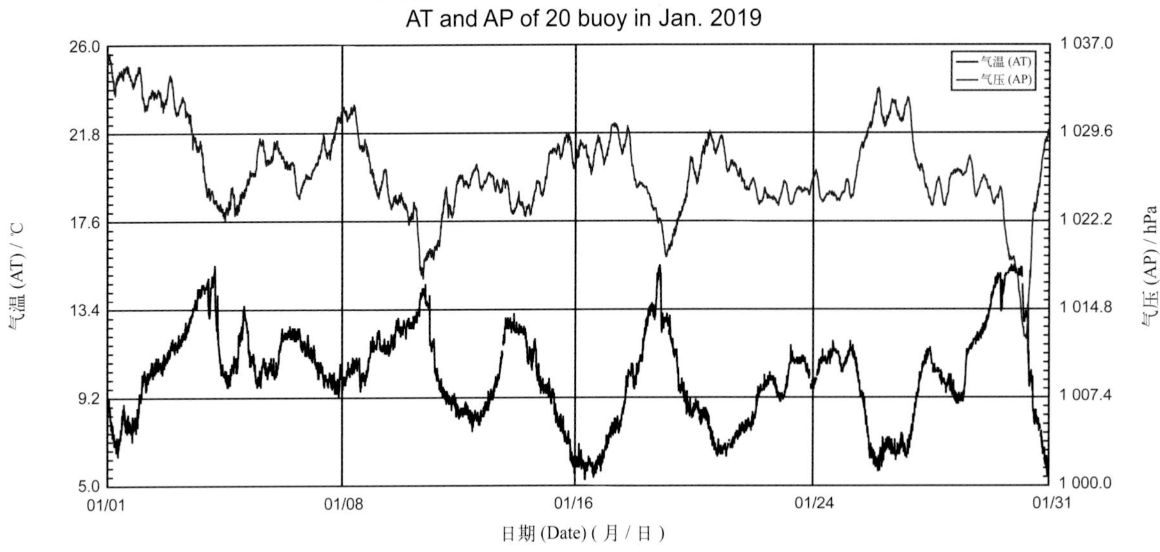


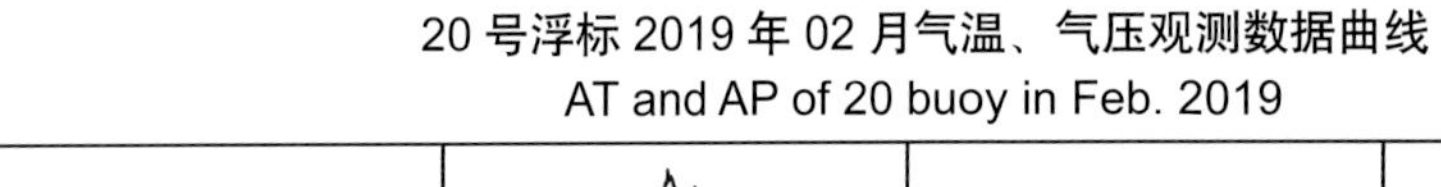
20 号浮标 2019 年 02 月气温、气压观测数据曲线
AT and AP of 20 buoy in Feb. 2019

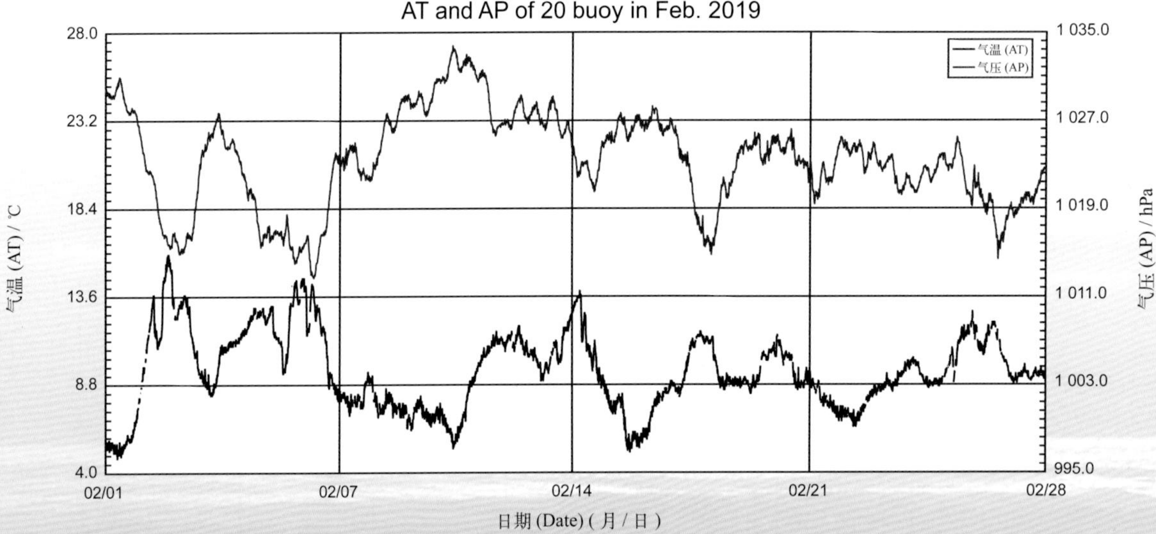


20 号浮标 2019 年 03 月气温、气压观测数据曲线
AT and AP of 20 buoy in Mar. 2019

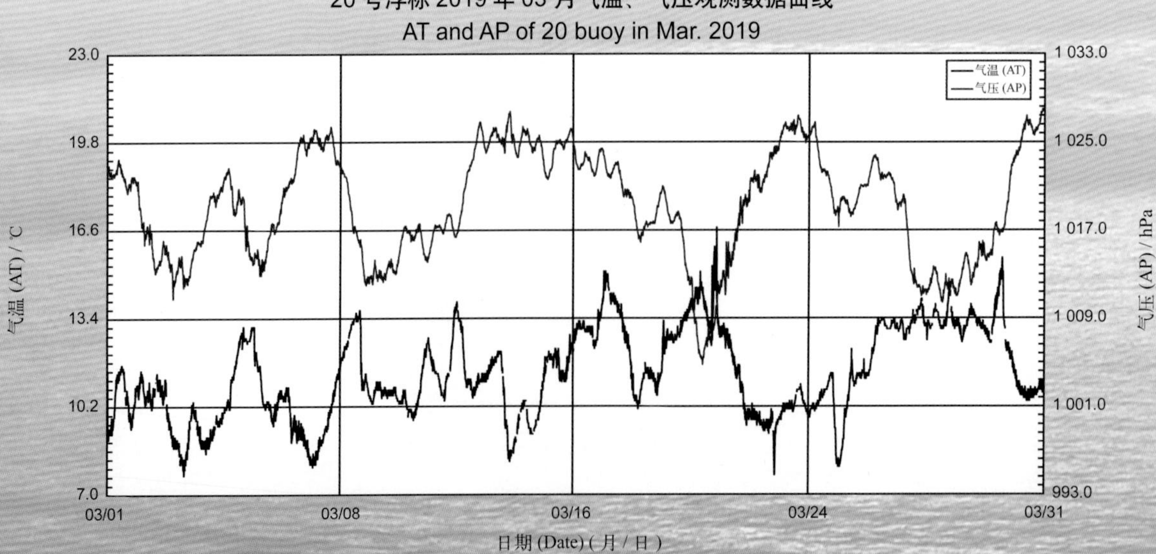

20号浮标2019年04月气温、气压观测数据曲线
AT and AP of 20 buoy in Apr. 2019

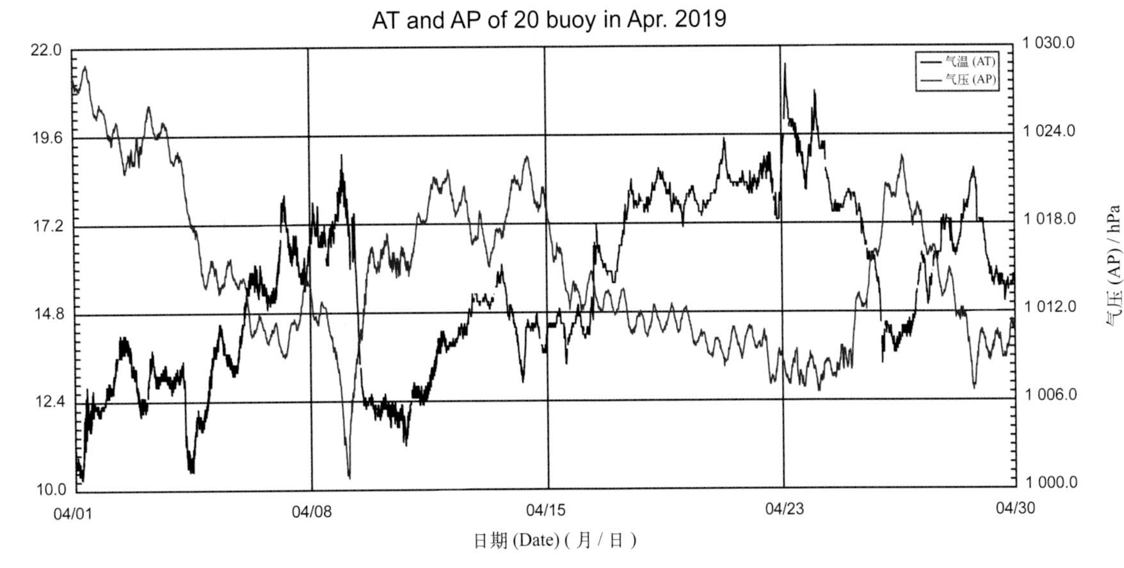
气温 (AT)
气压 (AP)
22.0
19.6
17.2
14.8
12.4
10.0
1 030.0
1 024.0
1 018.0
1 012.0
1 006.0
1 000.0
04/01
04/08
04/15
04/23
04/30
气温 (AT) / ℃
气压 (AP) / hPa
日期 (Date) ( 月 / 日 )

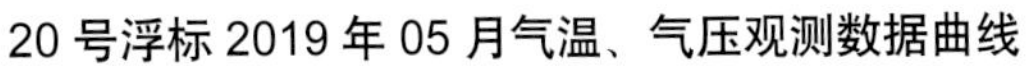
20号浮标2019年05月气温、气压观测数据曲线
AT and AP of 20 buoy in May 2019

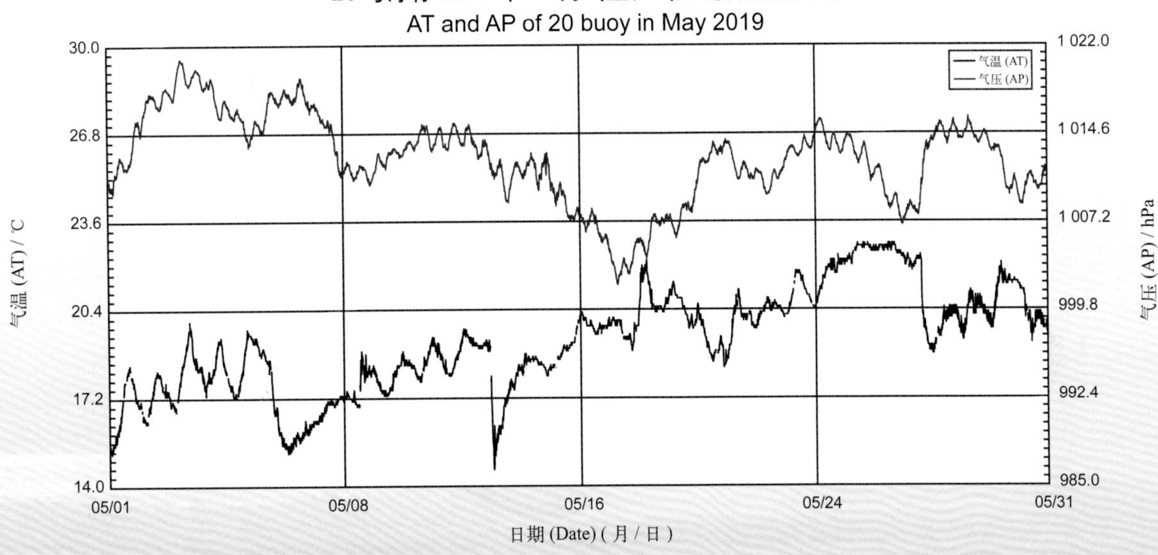
气温 (AT)
气压 (AP)
30.0
26.8
23.6
20.4
17.2
14.0
1 022.0
1 014.6
1 007.2
999.8
992.4
985.0
05/01
05/08
05/16
05/24
05/31
气温 (AT) / ℃
气压 (AP) / hPa
日期 (Date) ( 月 / 日 )

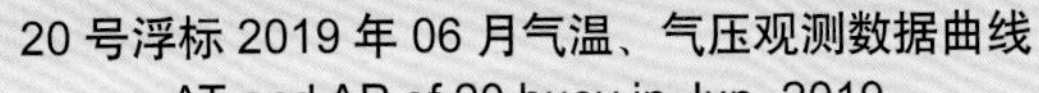
20号浮标2019年06月气温、气压观测数据曲线
AT and AP of 20 buoy in Jun. 2019

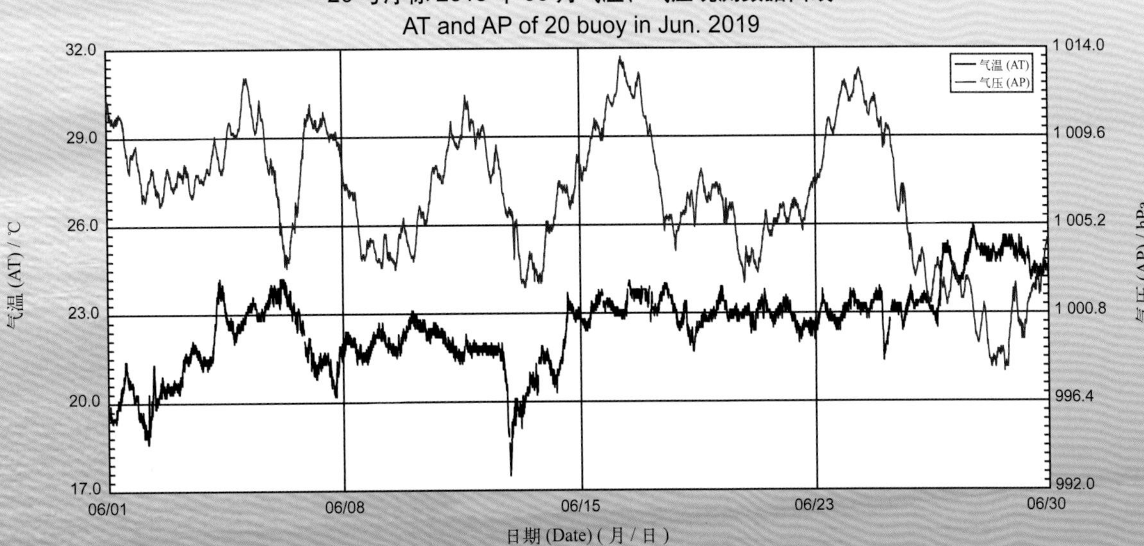
气温 (AT)
气压 (AP)
32.0
29.0
26.0
23.0
20.0
17.0
1 014.0
1 009.6
1 005.2
1 000.8
996.4
992.0
06/01
06/08
06/15
06/23
06/30
气温 (AT) / ℃
气压 (AP) / hPa
日期 (Date) ( 月 / 日 )

20号浮标2019年07月气温、气压观测数据曲线
AT and AP of 20 buoy in Jul. 2019

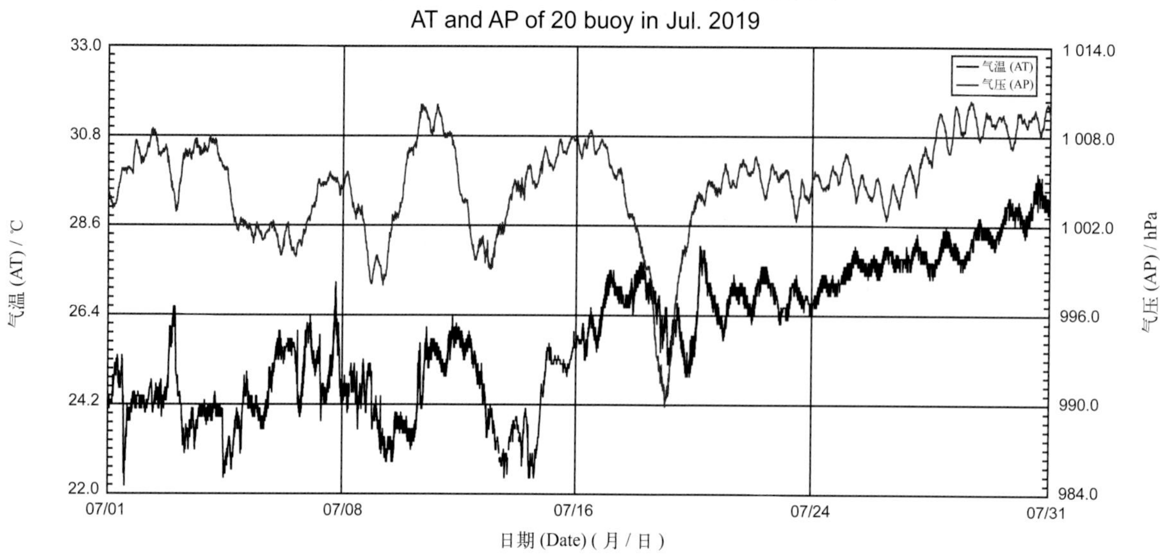


20号浮标2019年08月气温、气压观测数据曲线
AT and AP of 20 buoy in Aug. 2019

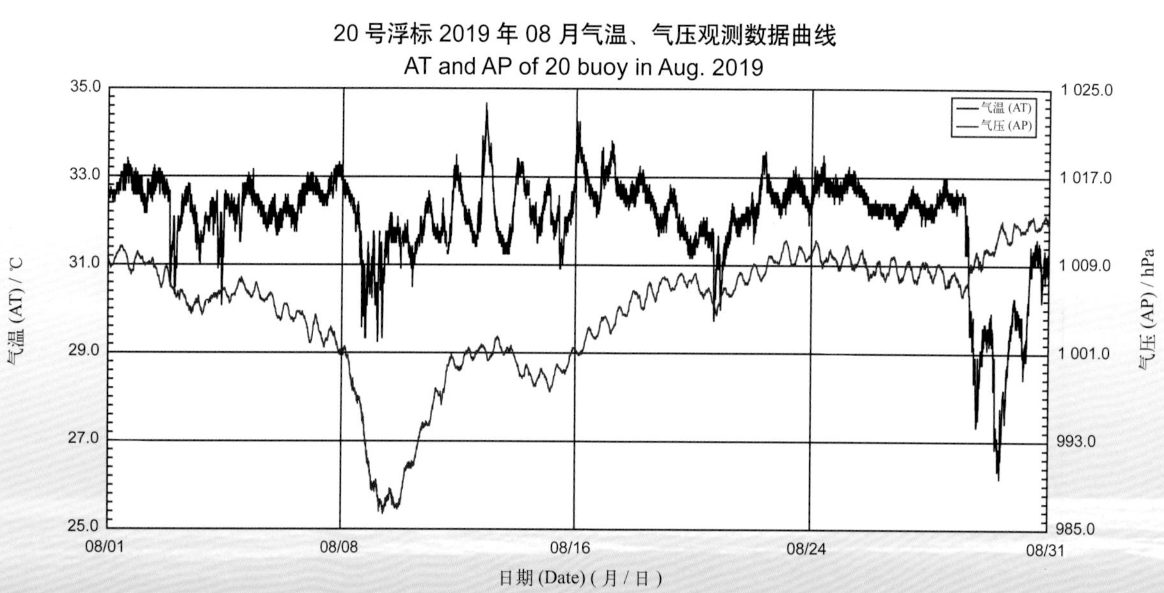


20号浮标2019年09月气温、气压观测数据曲线
AT and AP of 20 buoy in Sep. 2019

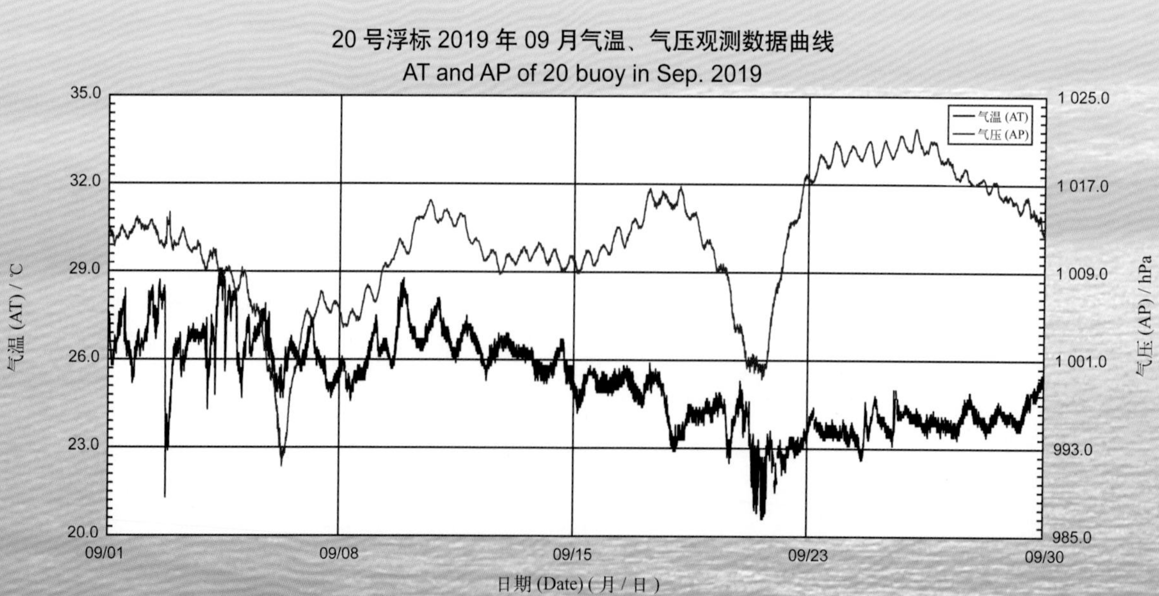

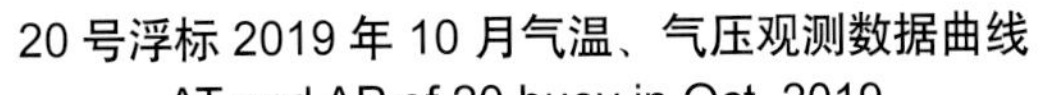
20 号浮标 2019 年 10 月气温、气压观测数据曲线
AT and AP of 20 buoy in Oct. 2019

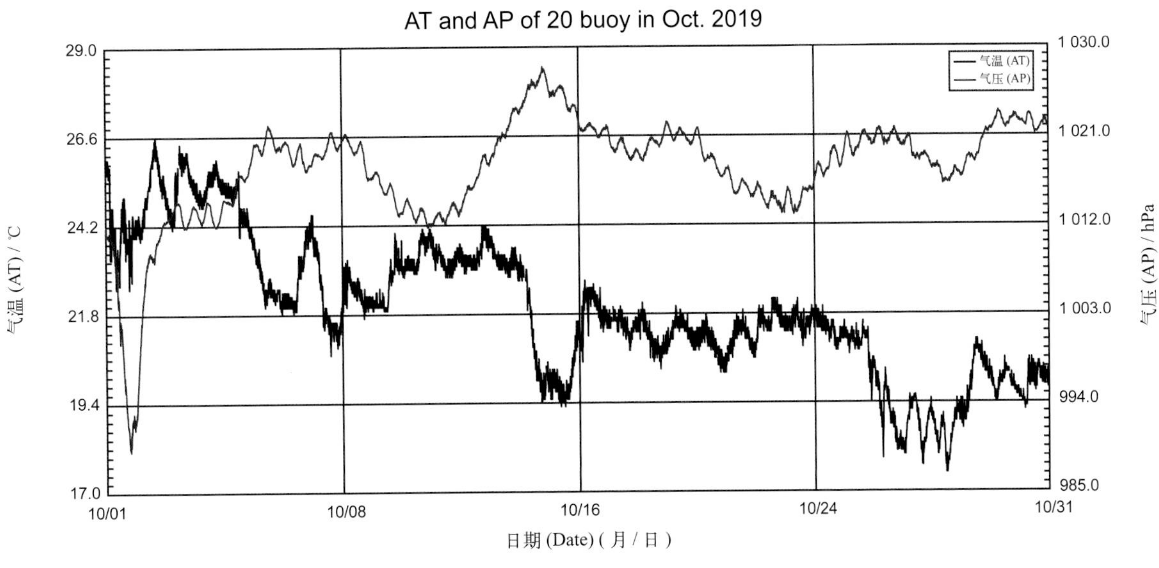
气温 (AT)
气压 (AP)
气温 (AT) / ℃
气压 (AP) / hPa
29.0
26.6
24.2
21.8
19.4
17.0
1 030.0
1 021.0
1 012.0
1 003.0
994.0
985.0
10/01
10/08
10/16
10/24
10/31
日期 (Date) ( 月 / 日 )

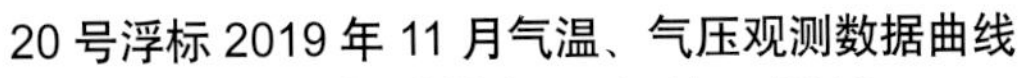
20 号浮标 2019 年 11 月气温、气压观测数据曲线
AT and AP of 20 buoy in Nov. 2019

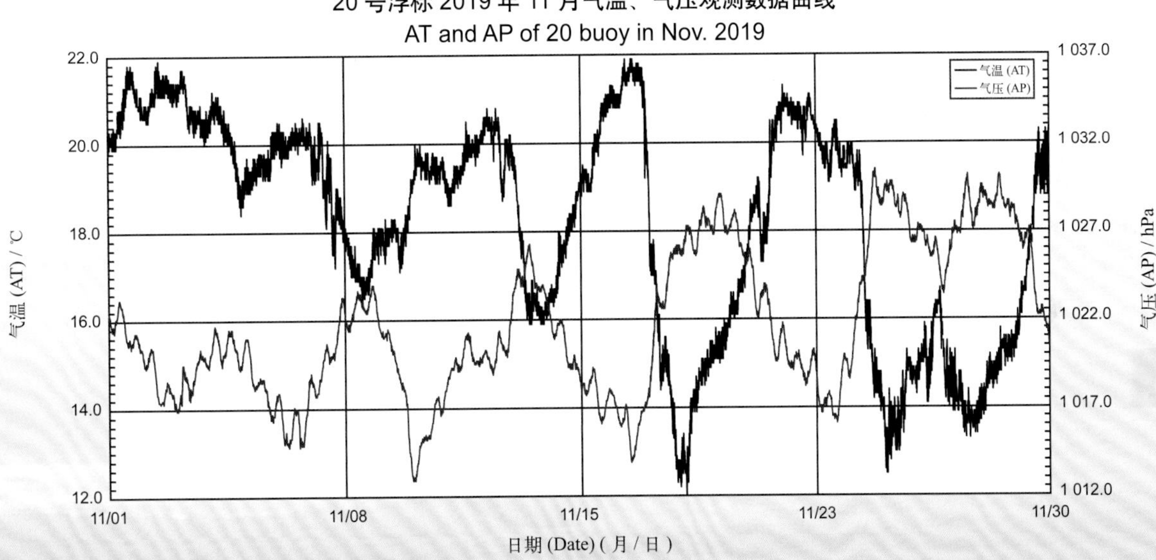
气温 (AT)
气压 (AP)
气温 (AT) / ℃
气压 (AP) / hPa
22.0
20.0
18.0
16.0
14.0
12.0
1 037.0
1 032.0
1 027.0
1 022.0
1 017.0
1 012.0
11/01
11/08
11/15
11/23
11/30
日期 (Date) ( 月 / 日 )

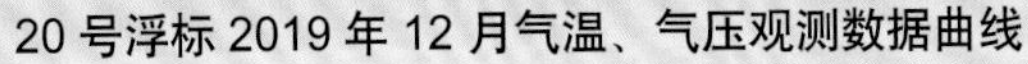
20 号浮标 2019 年 12 月气温、气压观测数据曲线
AT and AP of 20 buoy in Dec. 2019

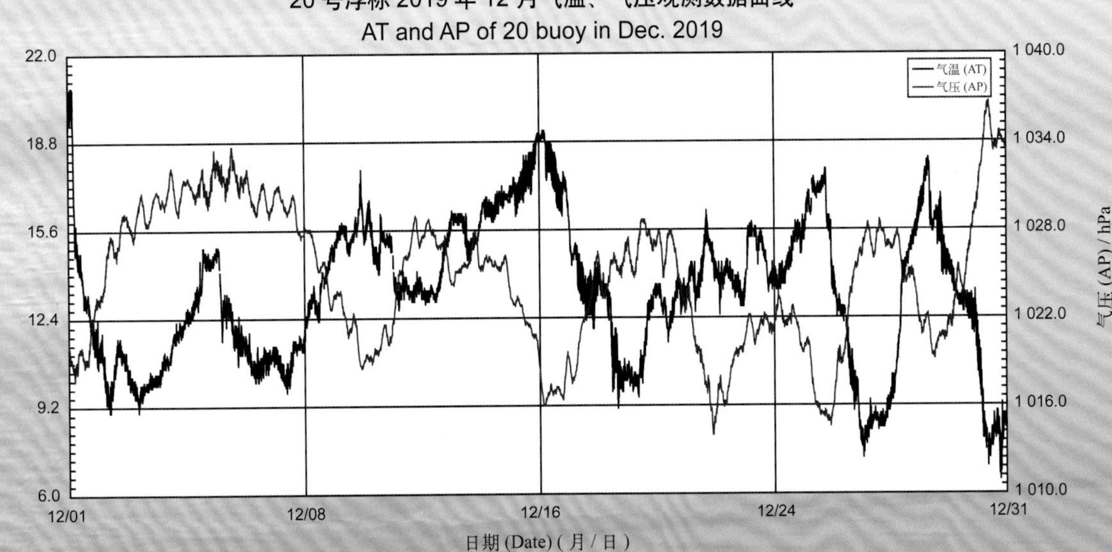
气温 (AT)
气压 (AP)
气温 (AT) / ℃
气压 (AP) / hPa
22.0
18.8
15.6
12.4
9.2
6.0
1 040.0
1 034.0
1 028.0
1 022.0
1 016.0
1 010.0
12/01
12/08
12/16
12/24
12/31
日期 (Date) ( 月 / 日 )

# 2019年度01号浮标观测数据概述及玫瑰图（风速和风向）

2019年，01号浮标共获取240天的风速和风向长序列观测数据。获取数据的主要区间共两个时间段，具体为1月1日00:00至7月20日08:30和8月28日08:00至10月5日23:30。通过对获取数据质量控制和分析，01号浮标观测海域2019年度风速、风向数据和季节数据特征如下。

年度最大风速为15.8 m/s（3月30日），对应风向为94°。2019年，01号浮标记录到的6级以上大风日数总计24天，其中6级以上大风日数最多的月份为1月（8天）。观测海域冬季代表月（2月）的6级以上大风日数为5天，大风主要风向为N；观测海域春季代表月（5月）的6级以上大风日数为2天，大风主要风向为NNW。

表8　01号浮标各月份6级以上大风日数及主要风向观测数据

| 月份 | 6级以上大风日数 | 6级以上大风主要风向 | 备注 |
|---|---|---|---|
| 1 | 8天 | N | |
| 2 | 5天 | N | 记录1次寒潮 |
| 3 | 3天 | NNW | |
| 4 | 1天 | S | |
| 5 | 2天 | NNW | |
| 6 | 0天 | — | |
| 7 | 0天 | — | 缺测11天数据 |
| 8 | — | — | 缺测数据 |
| 9 | 5天 | NE | 记录1次台风 |
| 10 | — | — | 缺测数据 |
| 11 | — | — | 缺测数据 |
| 12 | — | — | 缺测数据 |

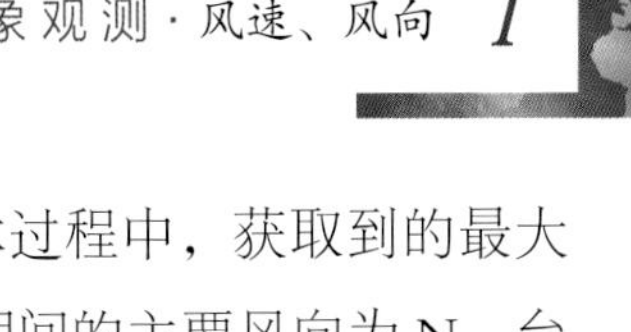

2019 年，01 号浮标记录到 1 次寒潮过程和 1 次台风过程。寒潮的具体过程中，获取到的最大风速为 14.3 m/s（2 月 7 日 08:30 和 09:30），对应风向为 348°，寒潮影响期间的主要风向为 N。台风的具体过程中，受第 13 号超强台风“玲玲”的影响，获取到的最大风速达 13.4 m/s（9 月 7 日 13:00），对应的风向为 30°，台风影响期间的主要风向为 NNW。

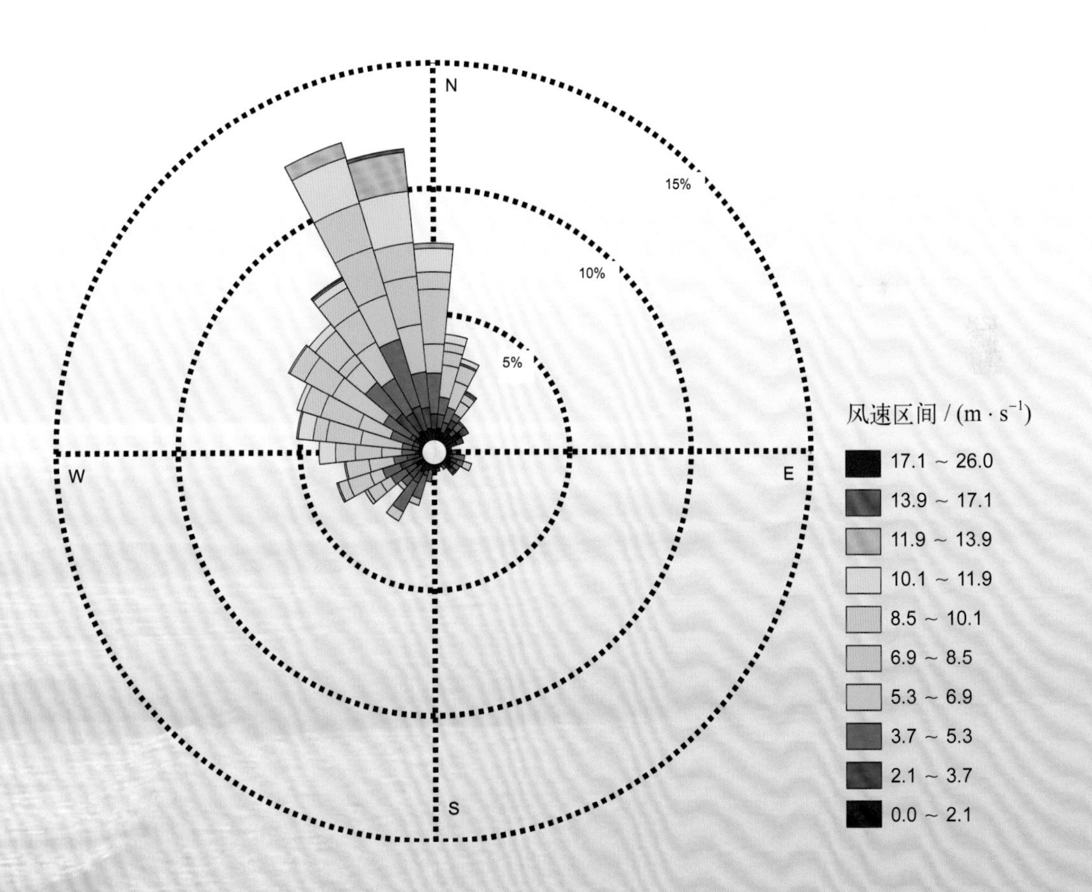

01 号浮标 2019 年 01 月风速、风向观测数据玫瑰图
WS and WD of 01 buoy in Jan. 2019

01 号浮标 2019 年 02 月风速、风向观测数据玫瑰图
WS and WD of 01 buoy in Feb. 2019

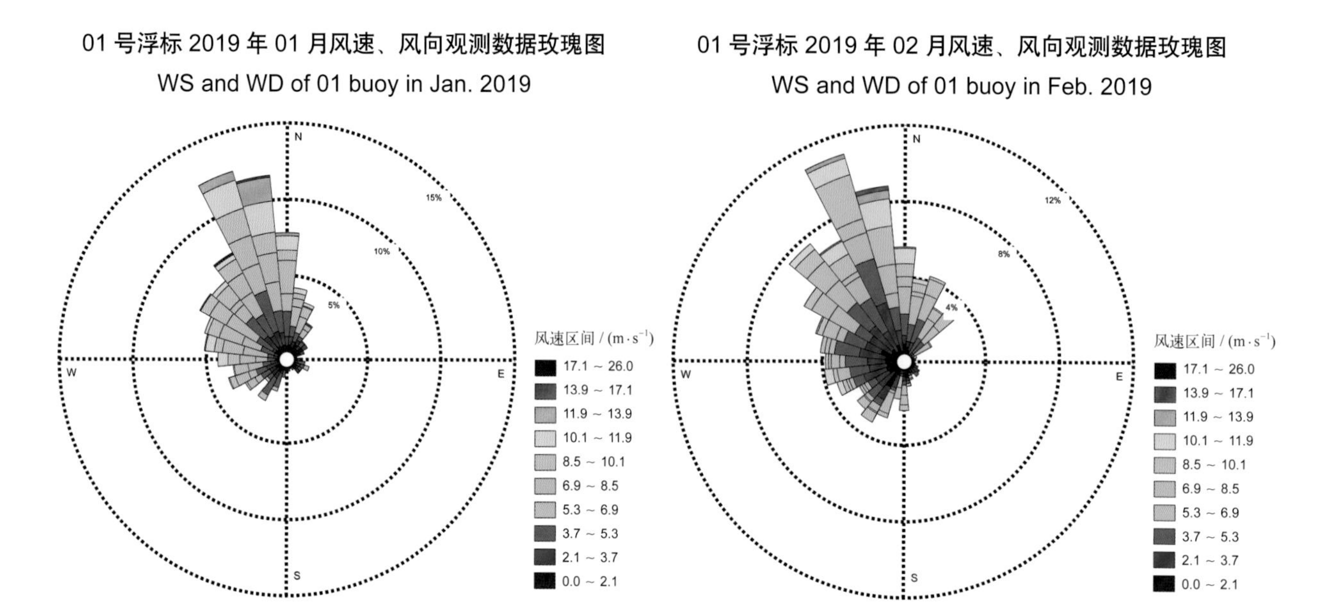


01 号浮标 2019 年 03 月风速、风向观测数据玫瑰图
WS and WD of 01 buoy in Mar. 2019

01 号浮标 2019 年 04 月风速、风向观测数据玫瑰图
WS and WD of 01 buoy in Apr. 2019

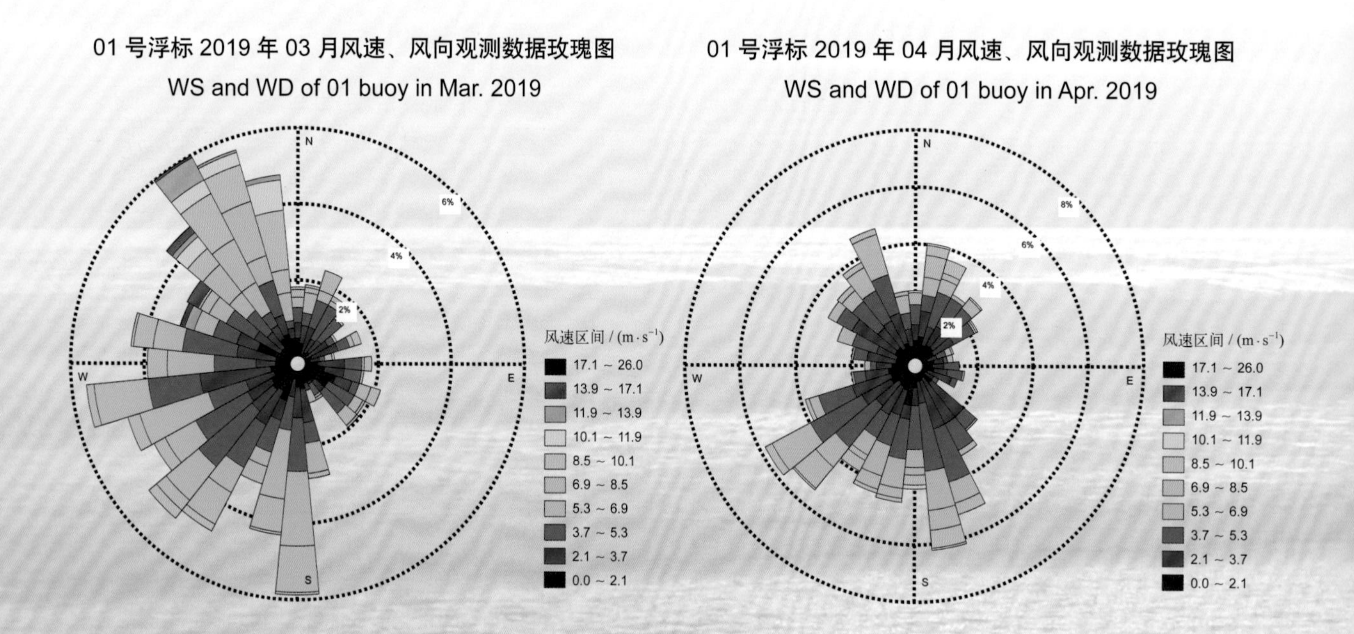

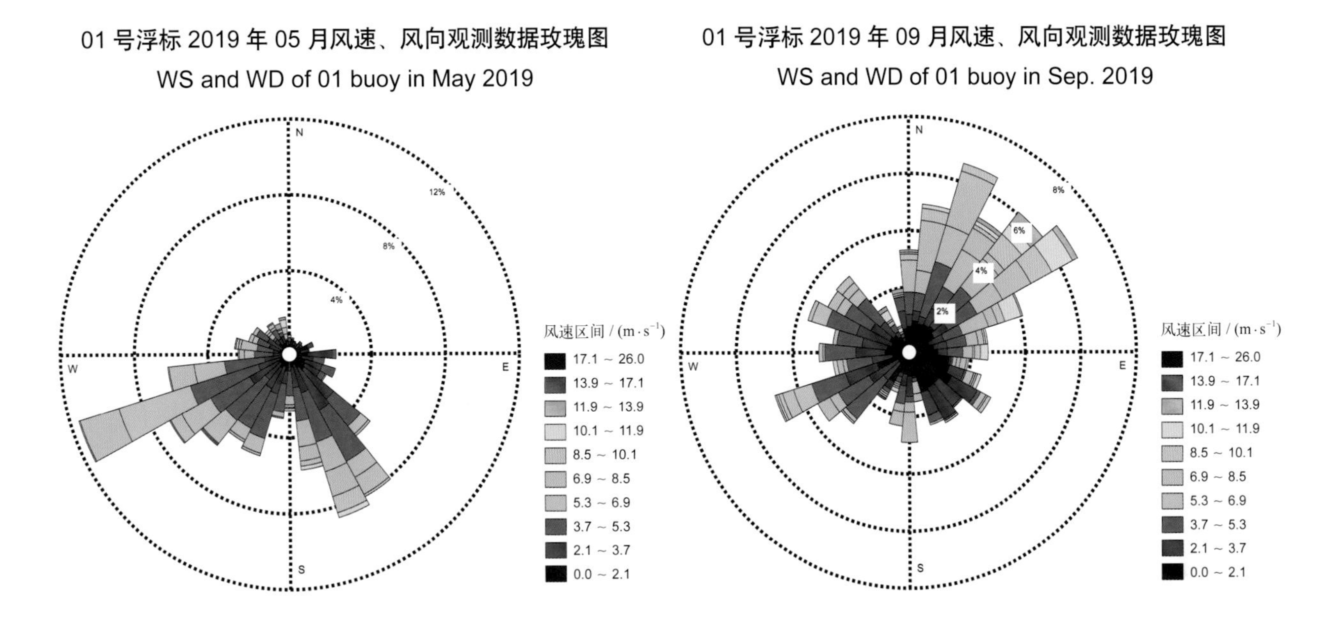


01 号浮标 2019 年 05 月风速、风向观测数据玫瑰图

WS and WD of 01 buoy in May 2019

01 号浮标 2019 年 09 月风速、风向观测数据玫瑰图

WS and WD of 01 buoy in Sep. 2019

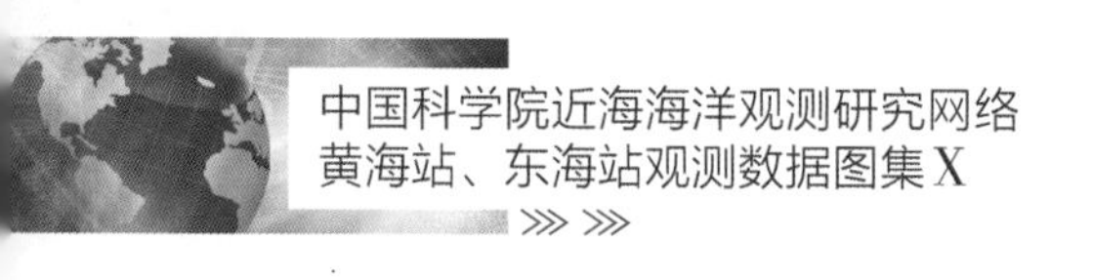


# 2019 年度 06 号浮标观测数据概述及玫瑰图（风速和风向）

2019 年，06 号浮标共获取 327 天的风速和风向长序列观测数据。获取数据的主要区间共两个时间段，具体为 1 月 1 日 00:00 至 3 月 17 日 17:00 和 4 月 25 日 10:00 至 12 月 31 日 23:30。通过对获取数据质量控制和分析，观测海域 2019 年度的风速、风向数据和季节数据特征如下。

年度最大风速为 22.3 m/s（9 月 6 日），对应风向为 94°。2019 年，06 号浮标记录到的 6 级以上大风日数总计 94 天，其中 6 级以上大风日数最多的月份为 12 月（16 天）。观测海域冬季代表月（2 月）的 6 级以上大风日数为 8 天，大风主要风向为 WNW；观测海域春季代表月（5 月）的 6 级以上大风日数为 5 天，大风主要风向为 SSE；观测海域夏季代表月（8 月）的 6 级以上大风日数为 9 天，大风主要风向为 ESE；观测海域秋季代表月（11 月）的 6 级以上大风日数为 13 天，大风主要风向为 NE。

表 9　06 号浮标各月份 6 级以上大风日数及主要风向观测数据

| 月份 | 6 级以上大风日数 | 6 级以上大风主要风向 | 备注 |
| --- | --- | --- | --- |
| 1 | 7 天 | NNW | 记录 1 次寒潮 |
| 2 | 8 天 | WNW | |
| 3 | 5 天 | WNW | 缺测 14 天数据 |
| 4 | — | — | 缺测数据 |
| 5 | 5 天 | SSE | |
| 6 | 6 天 | E | |
| 7 | 7 天 | E | 记录 1 次台风 |
| 8 | 9 天 | ESE | 记录 1 次台风 |
| 9 | 12 天 | ENE | 记录 2 次台风 |
| 10 | 6 天 | NE | 记录 1 次台风 |
| 11 | 13 天 | NE | |
| 12 | 16 天 | NNW | |

2019 年，06 号浮标记录到 1 次寒潮过程和 5 次台风过程。寒潮的具体过程中，获取到的最大风速为 17.3 m/s（1 月 31 日 11:30），对应风向为 317°，寒潮影响期间的主要风向为 NW。第一次台风过程，受第 5 号热带风暴“丹娜丝”的影响，获取到的最大风速达 15.4 m/s（7 月 19 日 10:00），对应的风向为 97°，台风影响期间的主要风向为 ESE。第二次台风过程，受第 9 号超强台风“利奇马”的影响，获取到的最大风速达 21.0 m/s（8 月 9 日 17:30），对应的风向为 108°，台风影响期间的主要风向为 ESE。第三次台风过程，受第 13 号超强台风“玲玲”的影响，获取到的最大风速达 22.3 m/s（9 月 6 日 17:20），对应的风向为 94°，台风影响期间的主要风向为 ENE。第四次台风过程，受第 17 号台风“塔巴”的影响，获取到的最大风速达 21.9 m/s（9 月 21 日 19:00），对应的风向为 137°，台风影响期间的主要风向为 ESE。第五次台风过程，受第 18 号台风“米娜”的影响，获取到的最大风速达 22.2 m/s（10 月 1 日 15:10），对应的风向为 161°，台风影响期间的主要风向为 ENE。

06 号浮标 2019 年风速、风向观测数据玫瑰图

WS and WD of 06 buoy in 2019

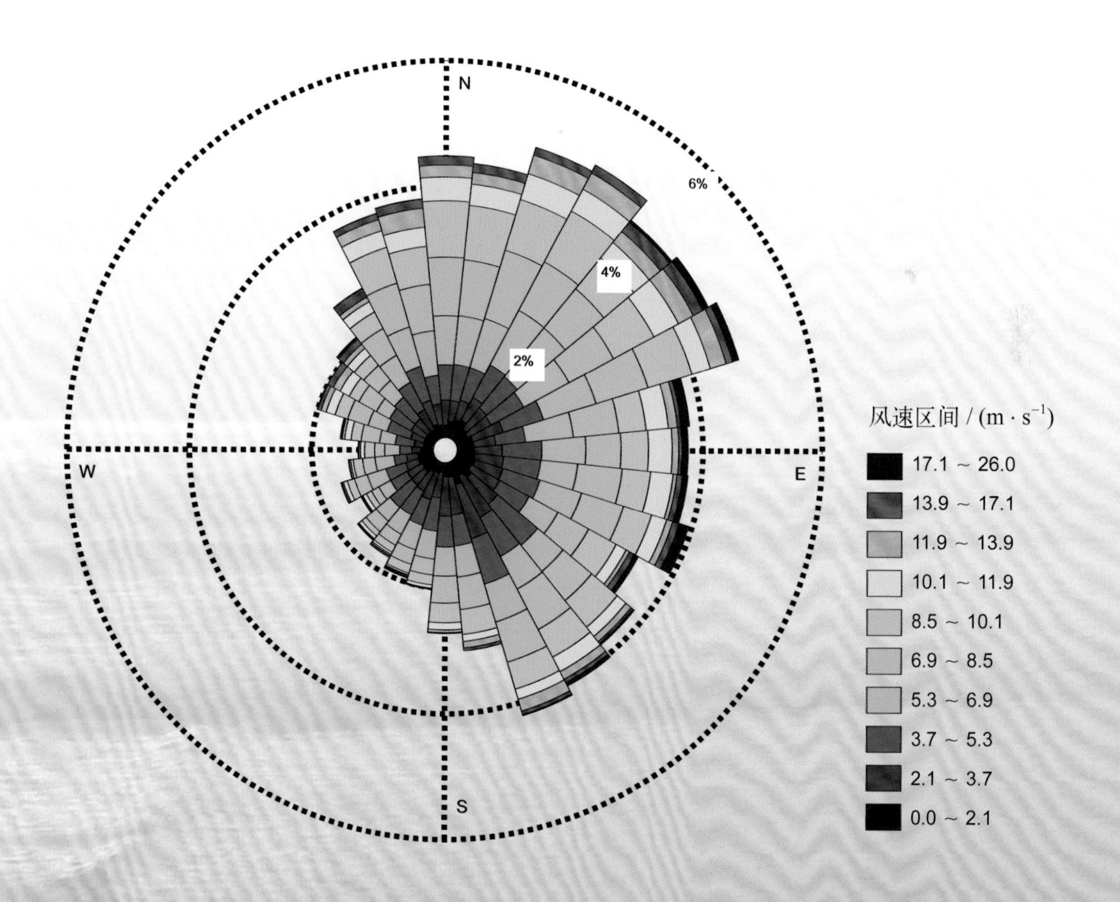

06 号浮标 2019 年 01 月风速、风向观测数据玫瑰图
WS and WD of 06 buoy in Jan. 2019

06 号浮标 2019 年 02 月风速、风向观测数据玫瑰图
WS and WD of 06 buoy in Feb. 2019

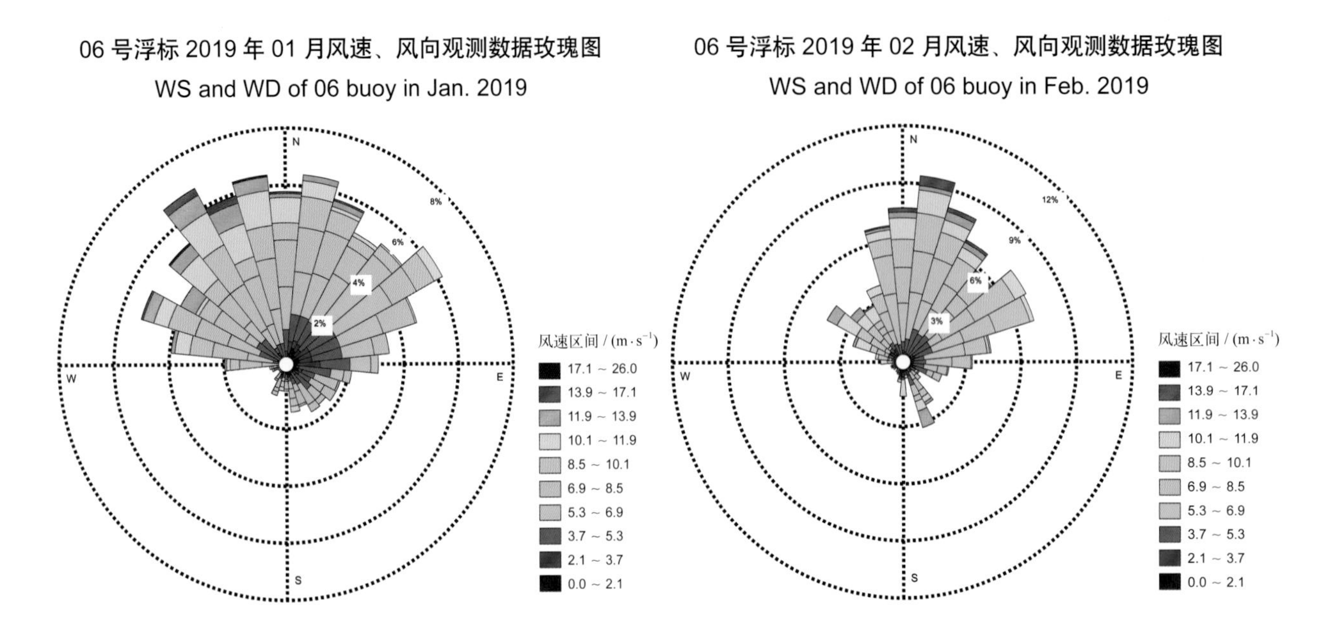


06 号浮标 2019 年 05 月风速、风向观测数据玫瑰图
WS and WD of 06 buoy in May 2019

06 号浮标 2019 年 06 月风速、风向观测数据玫瑰图
WS and WD of 06 buoy in Jun. 2019

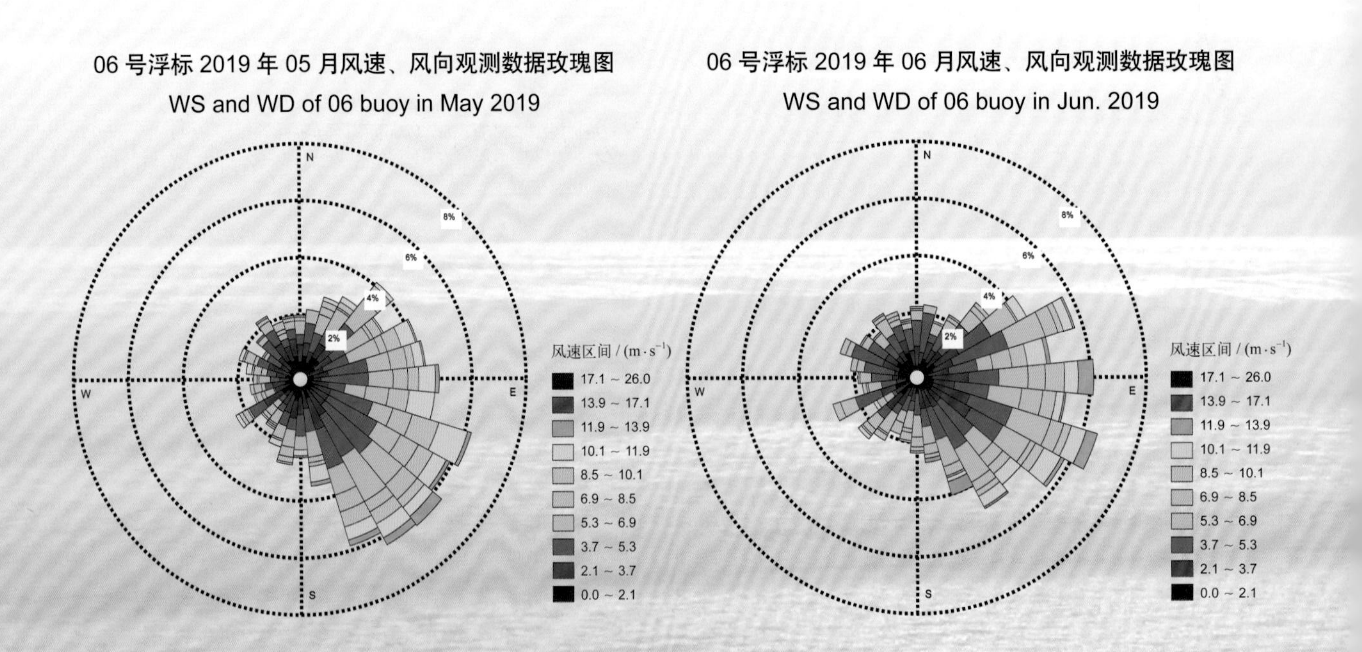

06 号浮标 2019 年 07 月风速、风向观测数据玫瑰图

WS and WD of 06 buoy in Jul. 2019

06 号浮标 2019 年 08 月风速、风向观测数据玫瑰图

WS and WD of 06 buoy in Aug. 2019

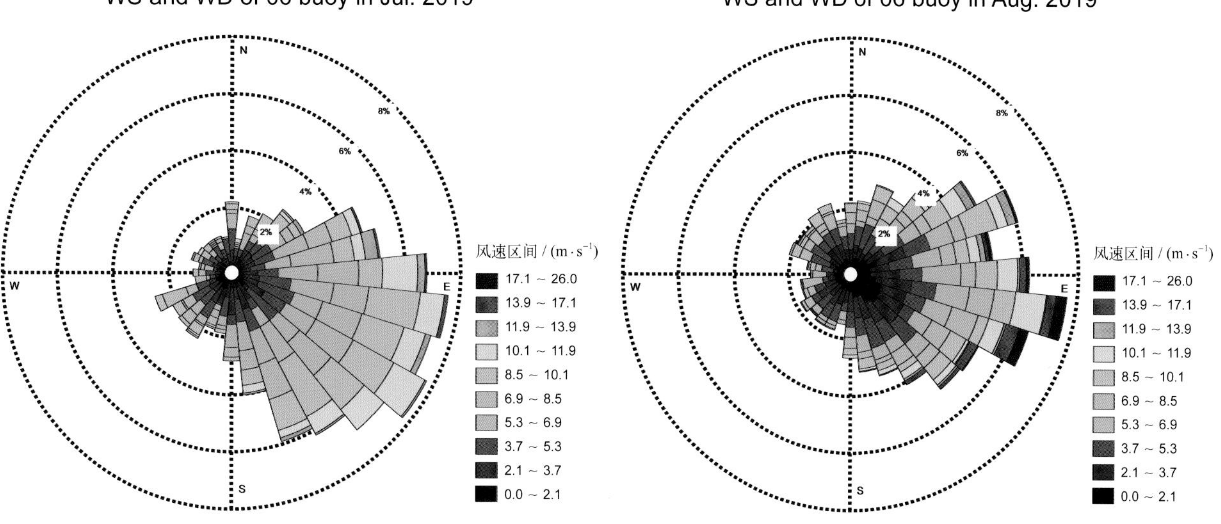


06 号浮标 2019 年 09 月风速、风向观测数据玫瑰图

WS and WD of 06 buoy in Sep. 2019

06 号浮标 2019 年 10 月风速、风向观测数据玫瑰图

WS and WD of 06 buoy in Oct. 2019

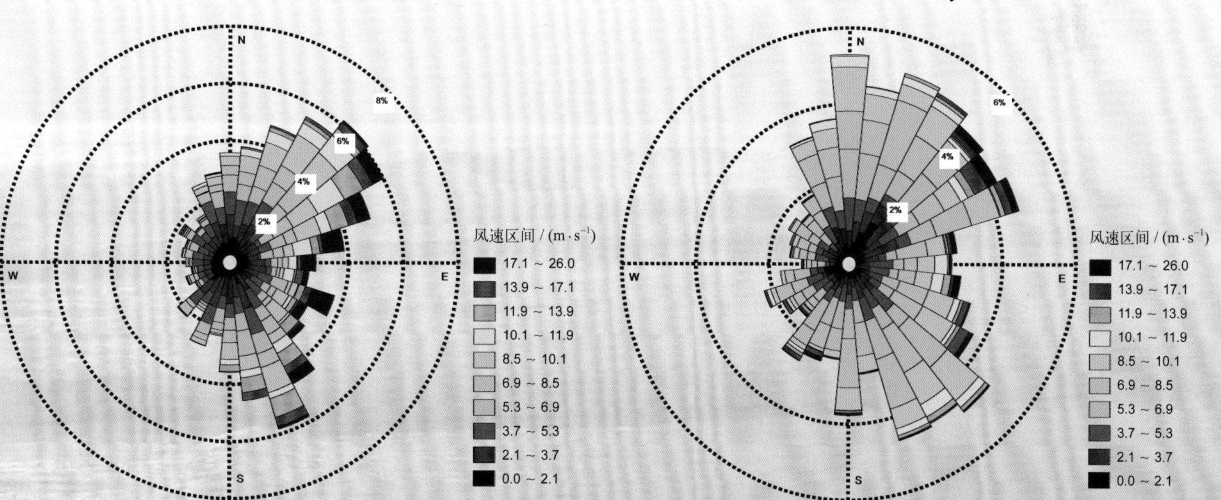

06 号浮标 2019 年 11 月风速、风向观测数据玫瑰图
WS and WD of 06 buoy in Nov. 2019

06 号浮标 2019 年 12 月风速、风向观测数据玫瑰图
WS and WD of 06 buoy in Dec. 2019

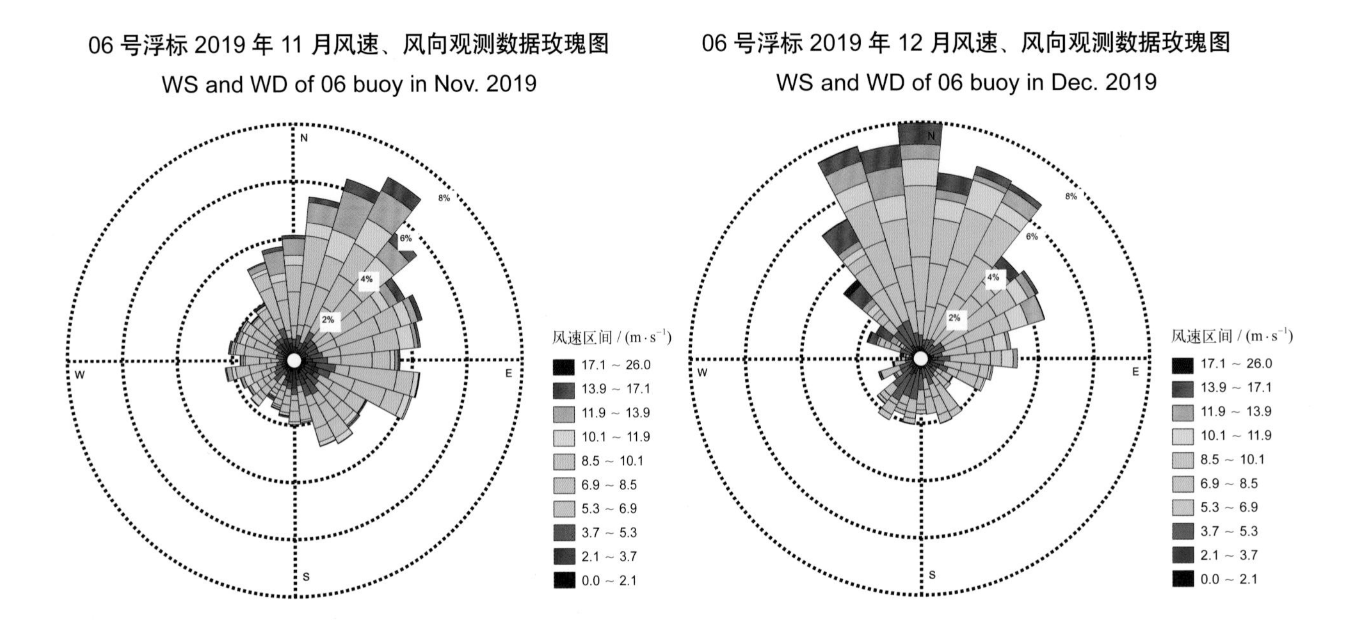

# 2019年度07号浮标观测数据概述及玫瑰图
## （风速和风向）

2019年，07号浮标共获取337天的风速和风向长序列观测数据。获取数据的主要区间为1月29日09:30至12月31日23:30。通过对获取数据质量控制和分析，07号浮标观测海域2019年度的风速、风向数据和季节数据特征如下。

年度最大风速为15.0 m/s（9月7日），对应风向为50°。2019年，07号浮标记录到的6级以上大风日数总计33天，其中6级以上大风日数最多的月份为11月（10天）。观测海域冬季代表月（2月）的6级以上大风日数为2天，大风主要风向为NE；观测海域春季代表月（5月）的6级以上大风日数为1天，大风主要风向为NNW；观测海域夏季代表月（8月）的6级以上大风日数为2天，大风主要风向为ESE；观测海域秋季代表月（11月）的6级以上大风日数为10天，大风主要风向为N。

表10　07号浮标各月份6级以上大风日数及主要风向观测数据

| 月份 | 6级以上大风日数 | 6级以上大风主要风向 | 备注 |
|---|---|---|---|
| 1 | — | — | 缺测数据 |
| 2 | 2天 | NE | 记录1次寒潮 |
| 3 | 3天 | NW | |
| 4 | 0天 | — | |
| 5 | 1天 | NNW | |
| 6 | 1天 | S | |
| 7 | 0天 | — | |
| 8 | 2天 | ESE | 记录1次台风 |
| 9 | 5天 | NE | 记录1次台风 |
| 10 | 3天 | N | |
| 11 | 10天 | N | 记录1次寒潮 |
| 12 | 6天 | N | 记录1次寒潮 |

2019年，07号浮标记录到3次寒潮过程和2次台风过程。第一次寒潮过程，获取到的最大风速为13.3 m/s（2月7日09:30），对应风向为57°，寒潮影响期间的主要风向为ENE。第二次寒潮过程，获取的最大风速为14.6 m/s（11月24日20:30），对应风向为5°，寒潮影响期间的主要风向为N。第三次寒潮过程，获取的最大风速为13.1 m/s（12月30日23:00），对应风向为20°，寒潮影响期间的主要风向为NNE。第一次台风过程，受第9号超强台风“利奇马”的影响，获取到的最大风速达13.5 m/s（8月11日16:00），对应的风向为128°，台风影响期间的主要风向为ESE。第二次台风过程，受第13号超强台风“玲玲”的影响，获取到的最大风速达15.0 m/s（9月7日08:00），对应的风向为50°，台风影响期间的主要风向为NE。

07号浮标2019年风速、风向观测数据玫瑰图
WS and WD of 07 buoy in 2019

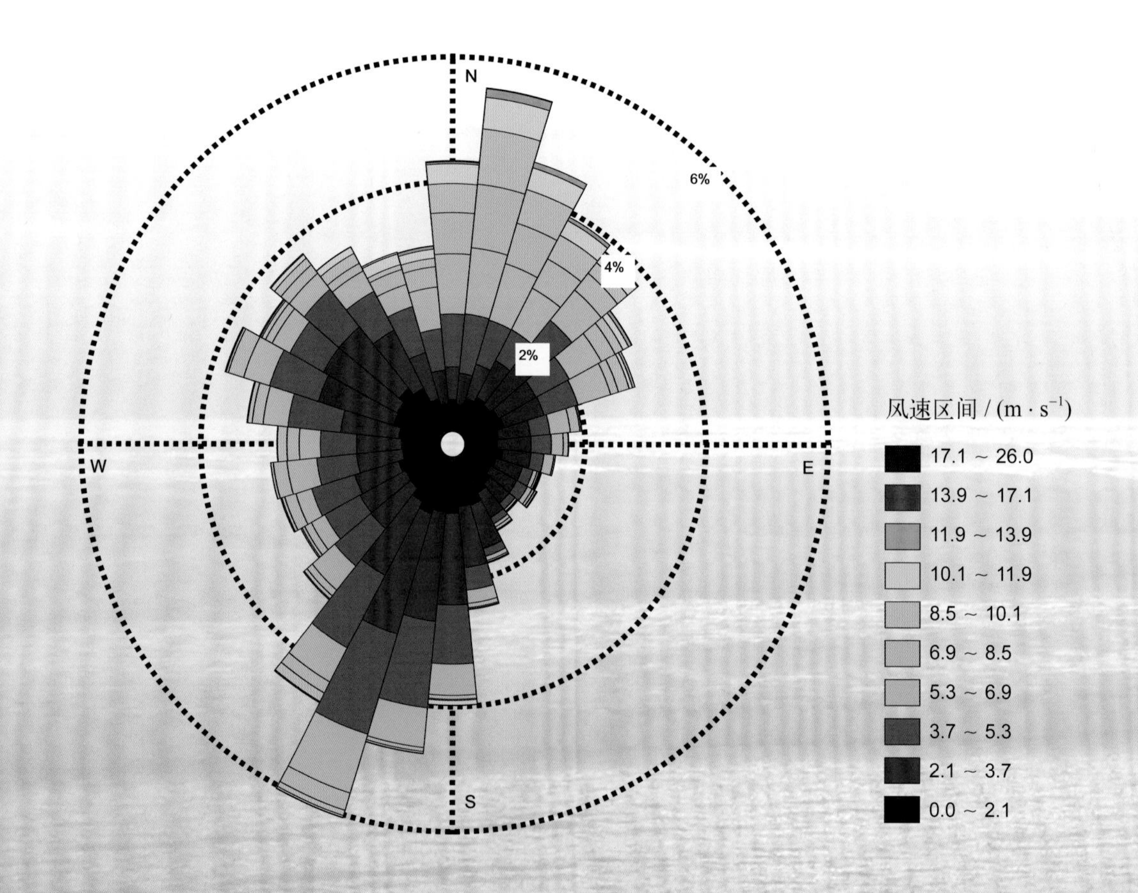

07 号浮标 2019 年 02 月风速、风向观测数据玫瑰图

WS and WD of 07 buoy in Feb. 2019

07 号浮标 2019 年 03 月风速、风向观测数据玫瑰图

WS and WD of 07 buoy in Mar. 2019

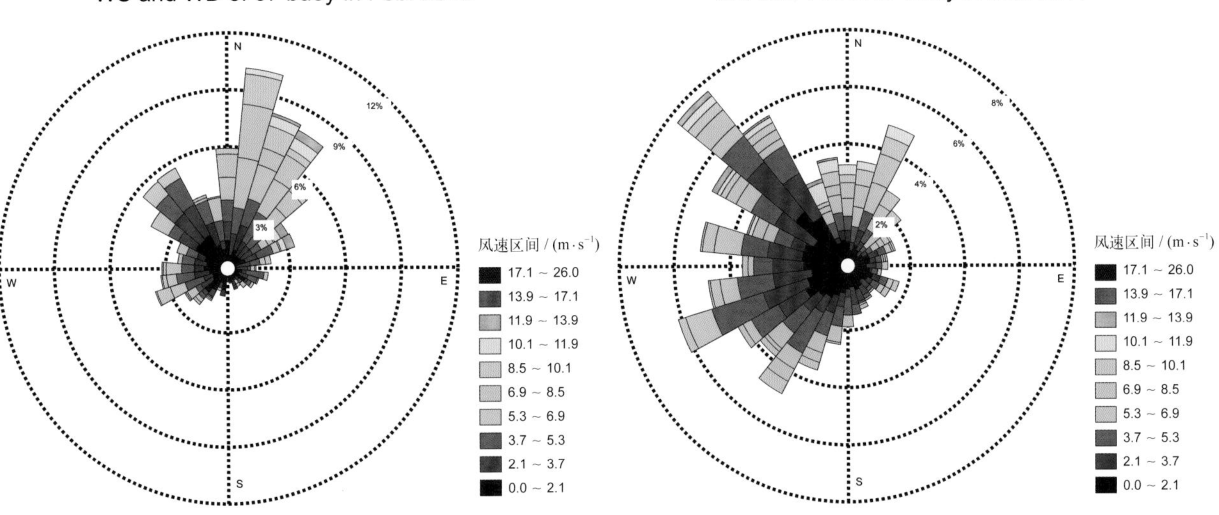


07 号浮标 2019 年 04 月风速、风向观测数据玫瑰图

WS and WD of 07 buoy in Apr. 2019

07 号浮标 2019 年 05 月风速、风向观测数据玫瑰图

WS and WD of 07 buoy in May 2019

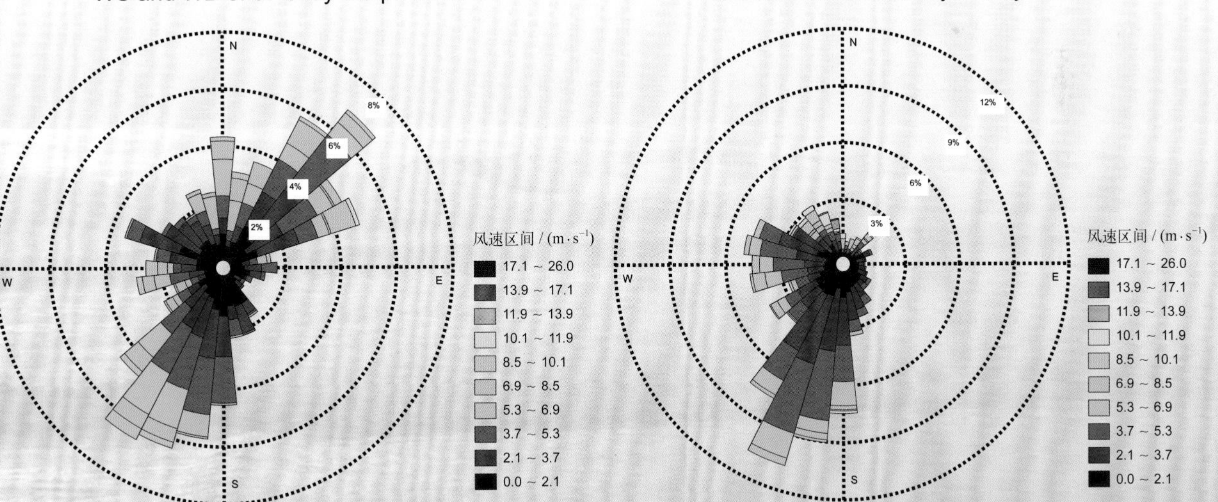

07 号浮标 2019 年 06 月风速、风向观测数据玫瑰图
WS and WD of 07 buoy in Jun. 2019

07 号浮标 2019 年 07 月风速、风向观测数据玫瑰图
WS and WD of 07 buoy in Jul. 2019

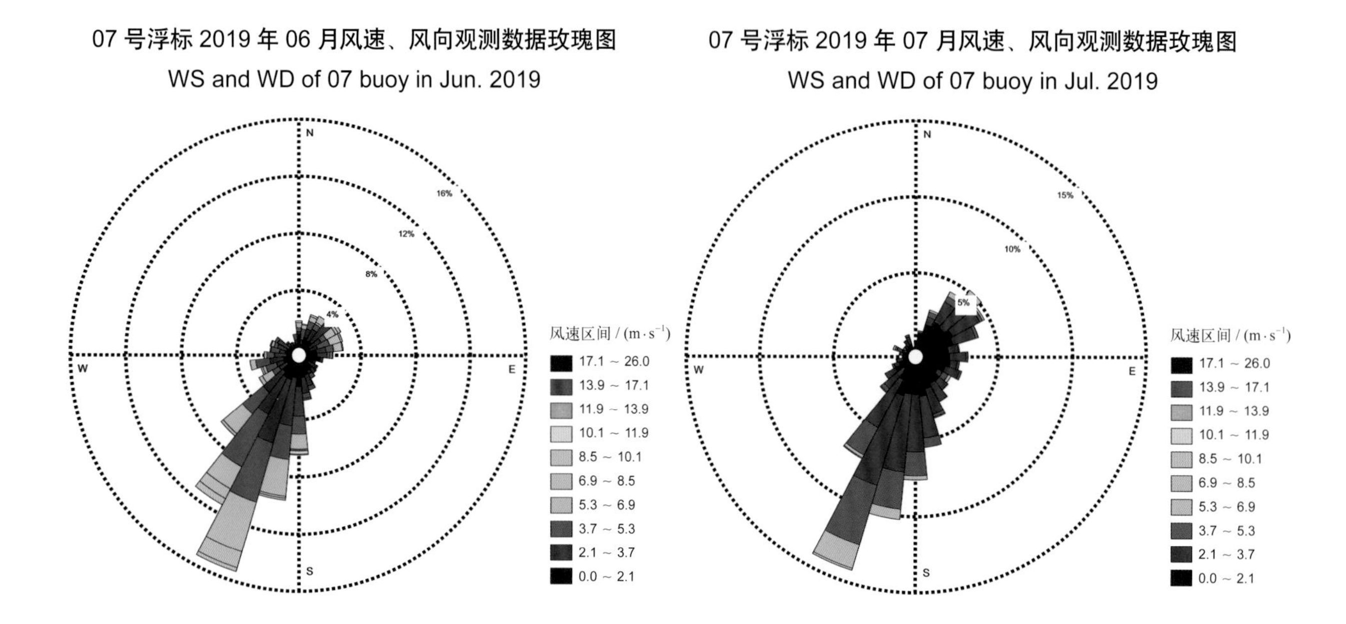


07 号浮标 2019 年 08 月风速、风向观测数据玫瑰图
WS and WD of 07 buoy in Aug. 2019

07 号浮标 2019 年 09 月风速、风向观测数据玫瑰图
WS and WD of 07 buoy in Sep. 2019

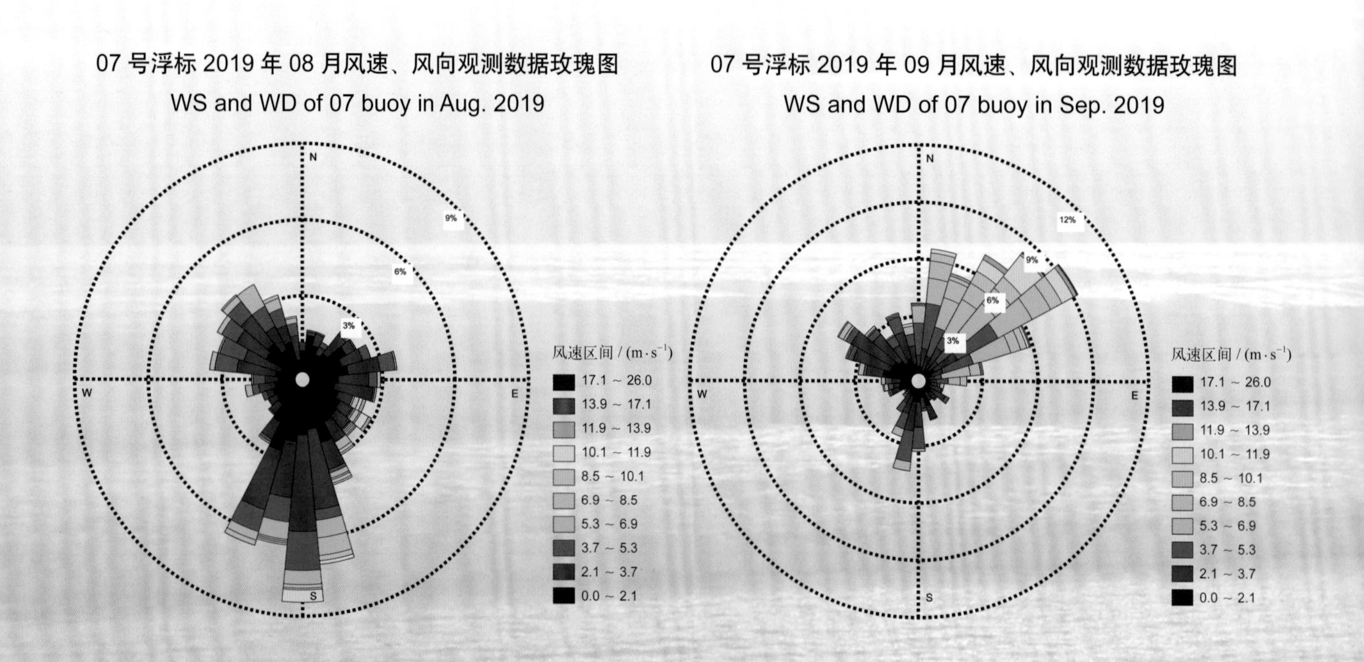

07 号浮标 2019 年 10 月风速、风向观测数据玫瑰图

WS and WD of 07 buoy in Oct. 2019

07 号浮标 2019 年 11 月风速、风向观测数据玫瑰图

WS and WD of 07 buoy in Nov. 2019

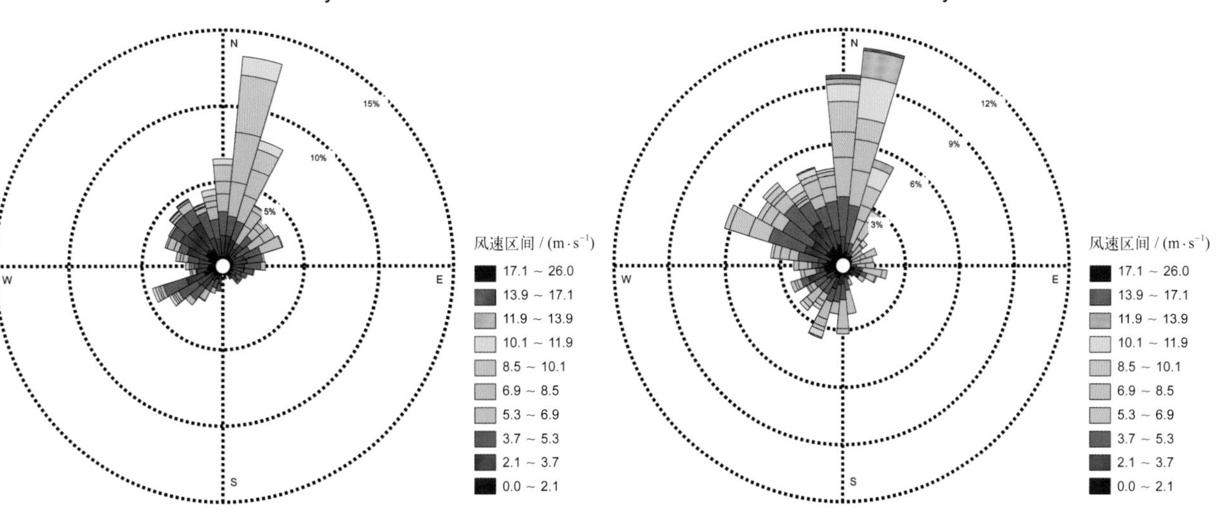


07 号浮标 2019 年 12 月风速、风向观测数据玫瑰图

WS and WD of 07 buoy in Dec. 2019

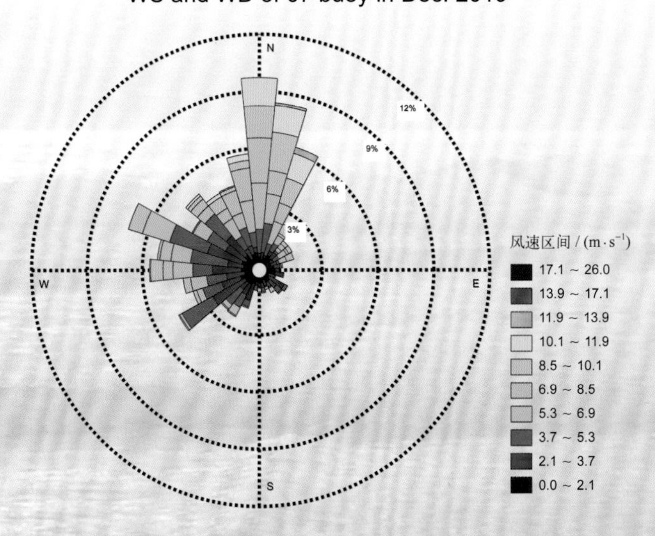

# 2019年度12号浮标观测数据概述及玫瑰图
## （风速和风向）

2019年，12号浮标共获取365天的风速和风向长序列观测数据。通过对获取数据质量控制和分析，12号浮标观测海域2019年度的风速、风向数据和季节数据特征如下。

年度最大风速为24.5 m/s（10月1日），对应风向为153°。2019年，12号浮标记录到的6级以上大风日数总计91天，其中6级以上大风日数最多的月份为11月和12月（均为12天）。观测海域冬季代表月（2月）的6级以上大风日数为8天，大风主要风向为WNW；观测海域春季代表月（5月）的6级以上大风日数为4天，大风主要风向为W；观测海域夏季代表月（8月）的6级以上大风日数为6天，大风主要风向为SW；观测海域秋季代表月（11月）的6级以上大风日数为12天，大风主要风向为SE。

表11　12号浮标各月份6级以上大风日数及主要风向观测数据

| 月份 | 6级以上大风日数 | 6级以上大风主要风向 | 备注 |
|---|---|---|---|
| 1 | 9天 | W | 记录1次寒潮 |
| 2 | 8天 | WNW | |
| 3 | 7天 | W | |
| 4 | 4天 | W | |
| 5 | 4天 | W | |
| 6 | 4天 | W | |
| 7 | 9天 | W | 记录1次台风 |
| 8 | 6天 | SW | 记录1次台风 |
| 9 | 11天 | ESE | 记录2次台风 |
| 10 | 5天 | ESE | 记录1次台风 |
| 11 | 12天 | SE | |
| 12 | 12天 | ESE | |

2019年，12号浮标记录到1次寒潮过程和5次台风过程。寒潮的具体过程中，获取到的最大风速为16.4 m/s（1月31日08:00），对应风向为239°，寒潮影响期间的主要风向为WSW。第一次台风过程，受第5号热带风暴“丹娜丝”的影响，获取到的最大风速达12.9 m/s（7月19日09:50），对应的风向为224°，台风影响期间的主要风向为SW。第二次台风过程，受第9号超强台风“利奇马”的影响，获取到的最大风速达18.8 m/s（8月10日02:50），对应的风向为239°，台风影响期间的主要风向为SW。第三次台风过程，受第13号超强台风“玲玲”的影响，获取到的最大风速达18.4 m/s（9月6日19:20），对应的风向为123°，台风影响期间的主要风向为ESE。第四次台风过程，受第17号台风“塔巴”的影响，获取到的最大风速达22.1 m/s（9月21日18:20），对应的风向为139°，台风影响期间的主要风向为SE。第五次台风过程，受第18号台风“米娜”的影响，获取到的最大风速达24.5 m/s（10月1日15:10），对应的风向为153°，台风影响期间的主要风向为ESE。

12号浮标2019年风速、风向观测数据玫瑰图

WS and WD of 12 buoy in 2019

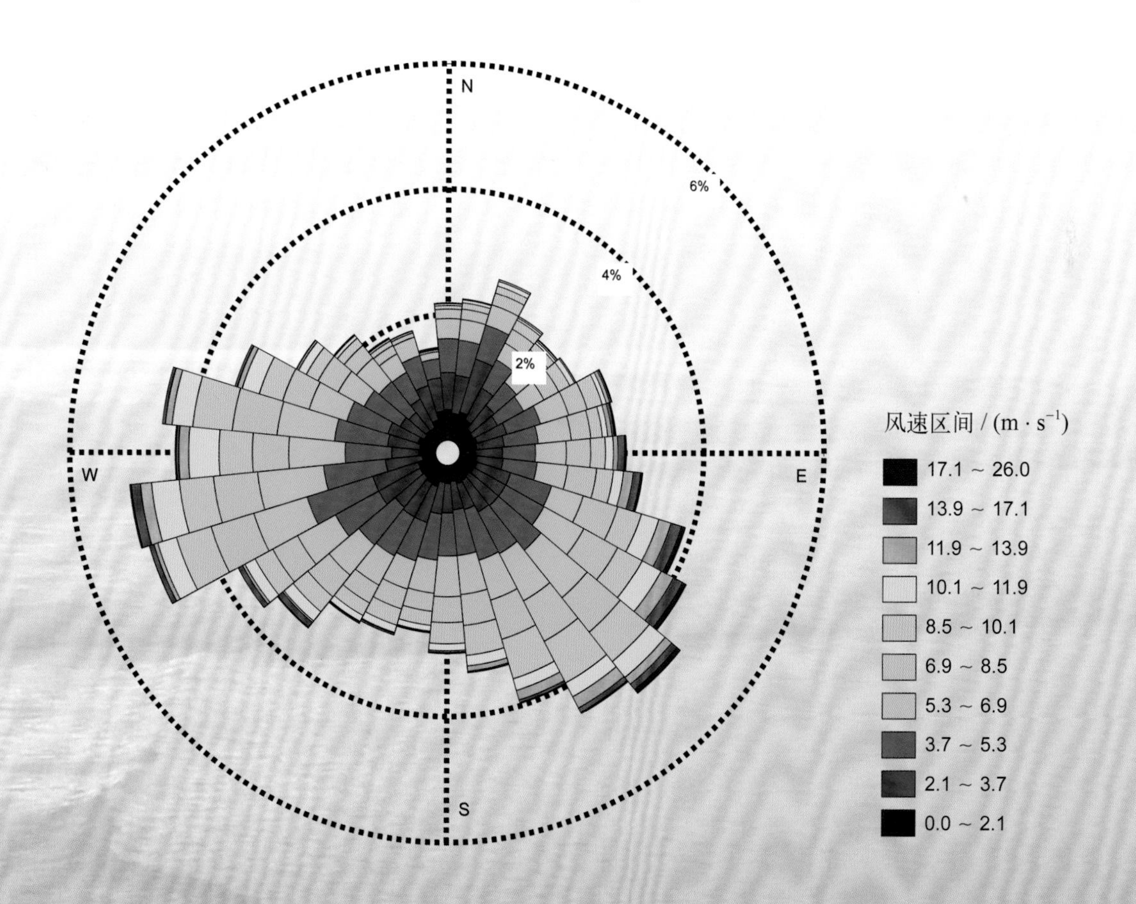

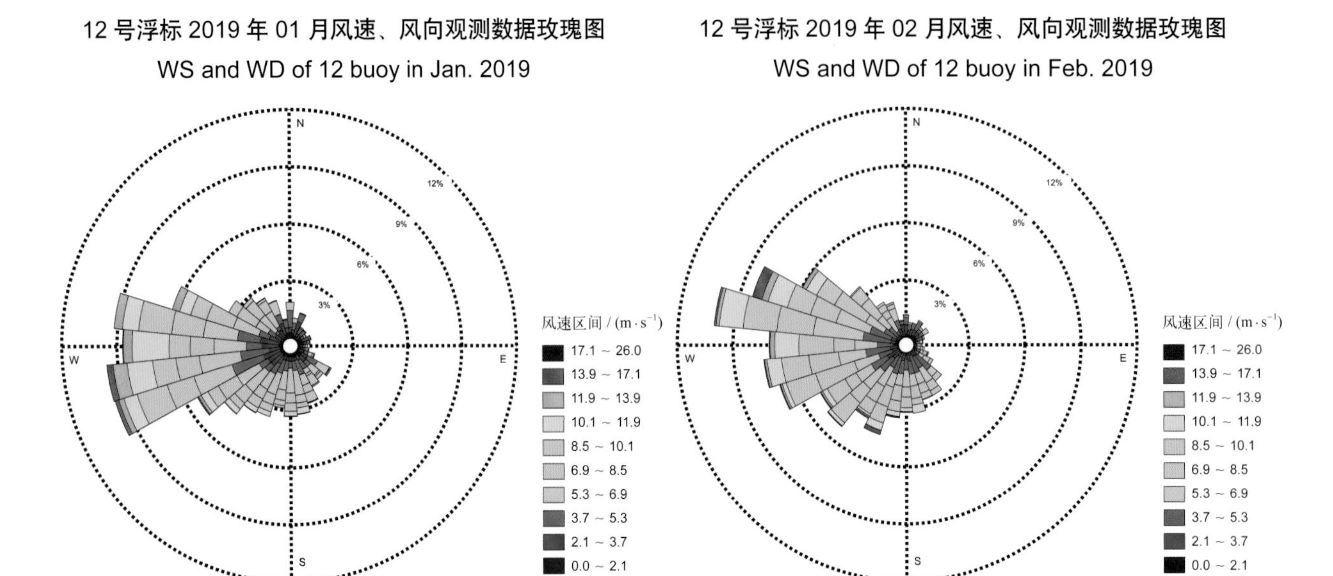
12 号浮标 2019 年 01 月风速、风向观测数据玫瑰图
WS and WD of 12 buoy in Jan. 2019
N
E
S
W
3%
6%
9%
12%
风速区间 / (m · s$^{-1}$)
17.1 ~ 26.0
13.9 ~ 17.1
11.9 ~ 13.9
10.1 ~ 11.9
8.5 ~ 10.1
6.9 ~ 8.5
5.3 ~ 6.9
3.7 ~ 5.3
2.1 ~ 3.7
0.0 ~ 2.1
12 号浮标 2019 年 02 月风速、风向观测数据玫瑰图
WS and WD of 12 buoy in Feb. 2019
N
E
S
W
3%
6%
9%
12%
风速区间 / (m · s$^{-1}$)
17.1 ~ 26.0
13.9 ~ 17.1
11.9 ~ 13.9
10.1 ~ 11.9
8.5 ~ 10.1
6.9 ~ 8.5
5.3 ~ 6.9
3.7 ~ 5.3
2.1 ~ 3.7
0.0 ~ 2.1

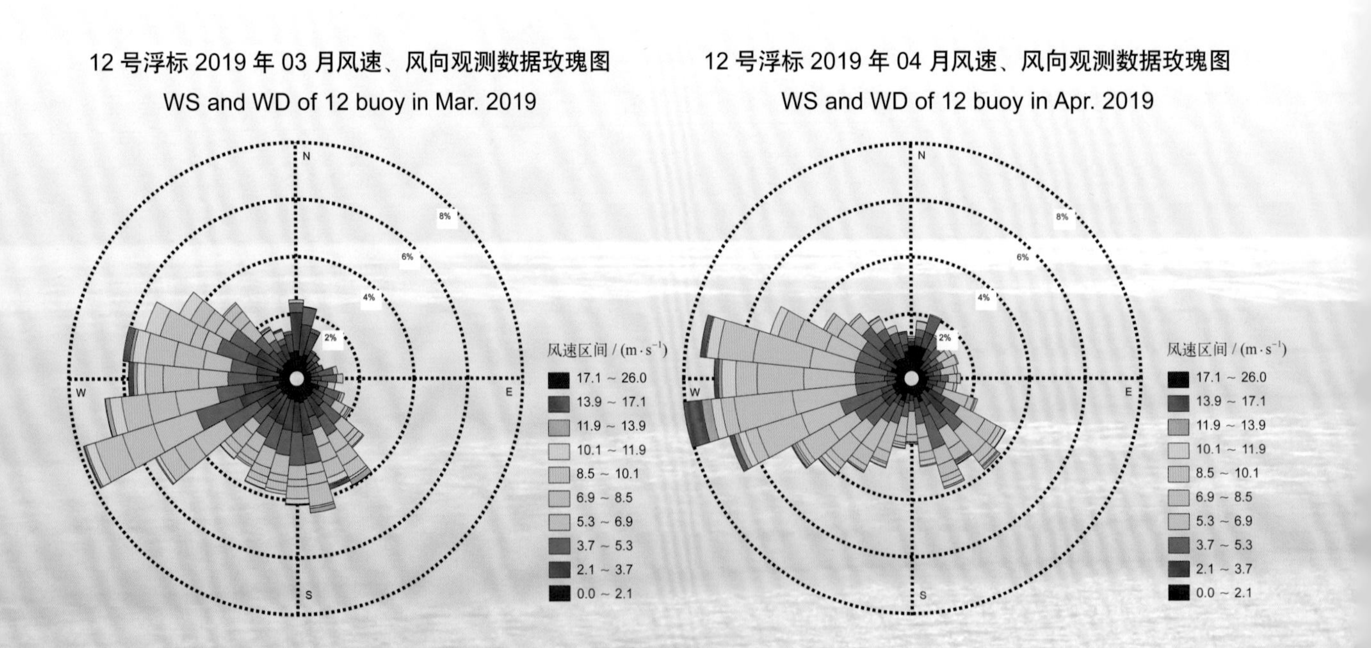
12 号浮标 2019 年 03 月风速、风向观测数据玫瑰图
WS and WD of 12 buoy in Mar. 2019
N
E
S
W
2%
4%
6%
8%
风速区间 / (m · s$^{-1}$)
17.1 ~ 26.0
13.9 ~ 17.1
11.9 ~ 13.9
10.1 ~ 11.9
8.5 ~ 10.1
6.9 ~ 8.5
5.3 ~ 6.9
3.7 ~ 5.3
2.1 ~ 3.7
0.0 ~ 2.1
12 号浮标 2019 年 04 月风速、风向观测数据玫瑰图
WS and WD of 12 buoy in Apr. 2019
N
E
S
W
2%
4%
6%
8%
风速区间 / (m · s$^{-1}$)
17.1 ~ 26.0
13.9 ~ 17.1
11.9 ~ 13.9
10.1 ~ 11.9
8.5 ~ 10.1
6.9 ~ 8.5
5.3 ~ 6.9
3.7 ~ 5.3
2.1 ~ 3.7
0.0 ~ 2.1

12 号浮标 2019 年 05 月风速、风向观测数据玫瑰图
WS and WD of 12 buoy in May 2019

12 号浮标 2019 年 06 月风速、风向观测数据玫瑰图
WS and WD of 12 buoy in Jun. 2019

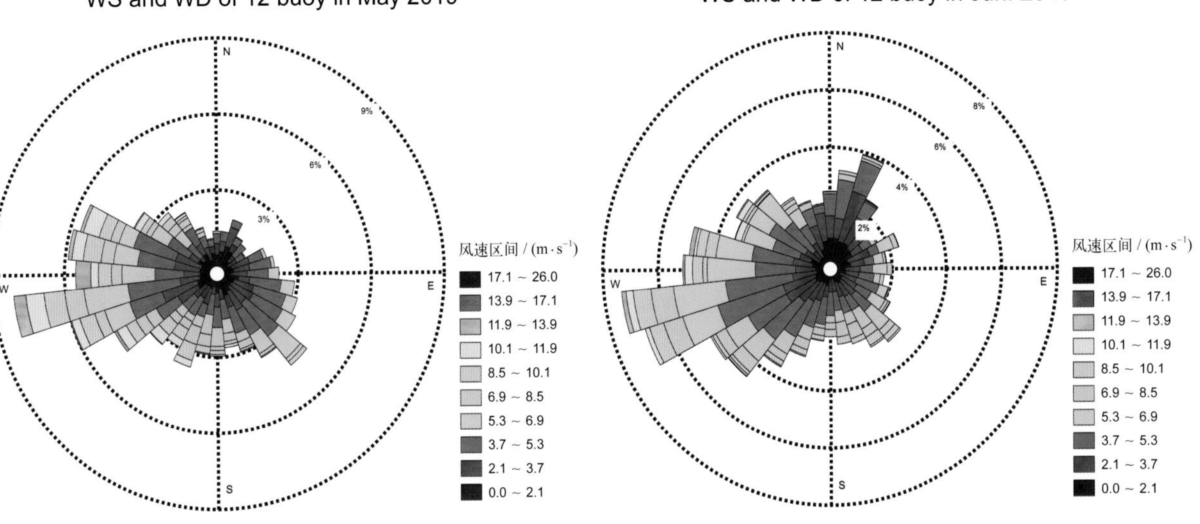


12 号浮标 2019 年 07 月风速、风向观测数据玫瑰图
WS and WD of 12 buoy in Jul. 2019

12 号浮标 2019 年 08 月风速、风向观测数据玫瑰图
WS and WD of 12 buoy in Aug. 2019

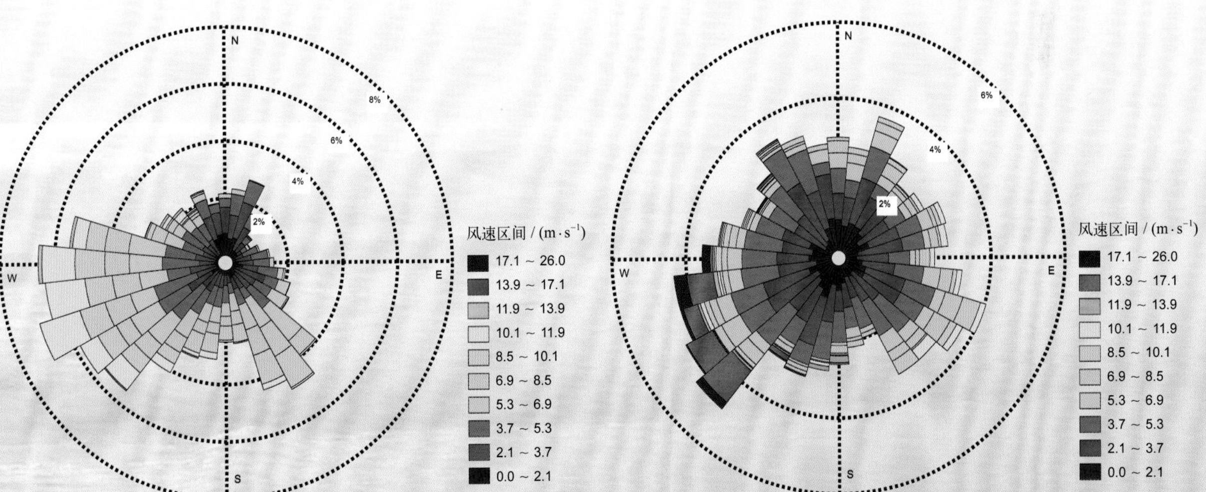

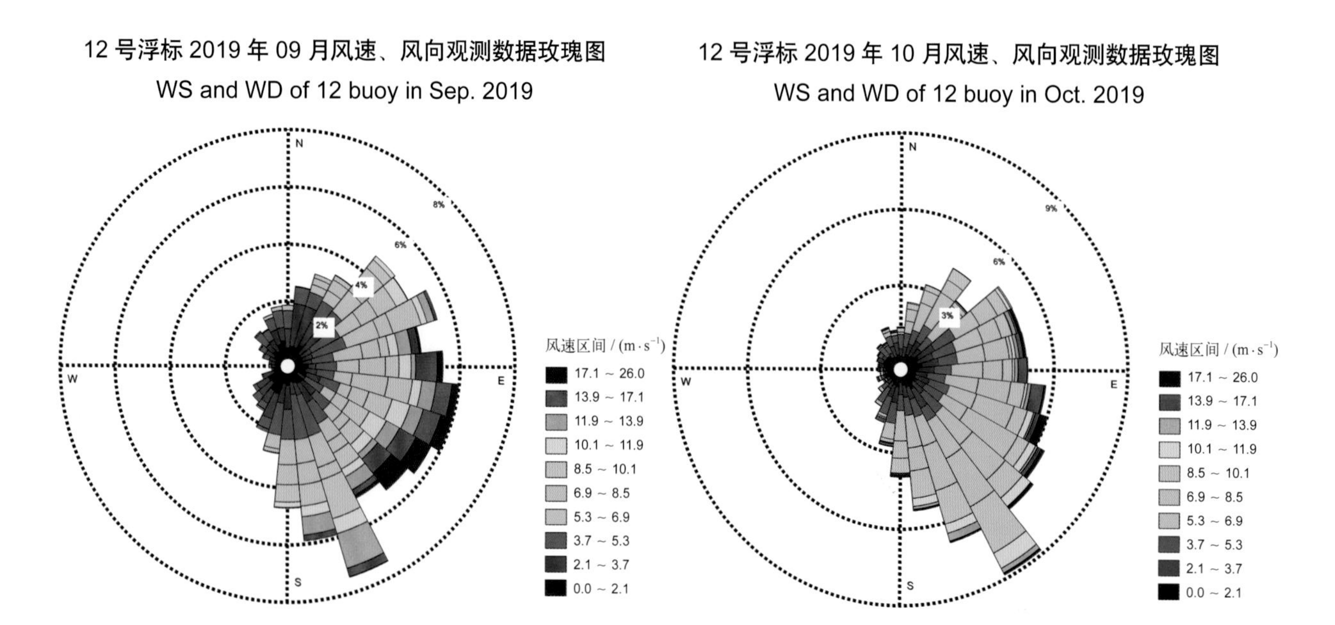


12 号浮标 2019 年 09 月风速、风向观测数据玫瑰图
WS and WD of 12 buoy in Sep. 2019

12 号浮标 2019 年 10 月风速、风向观测数据玫瑰图
WS and WD of 12 buoy in Oct. 2019

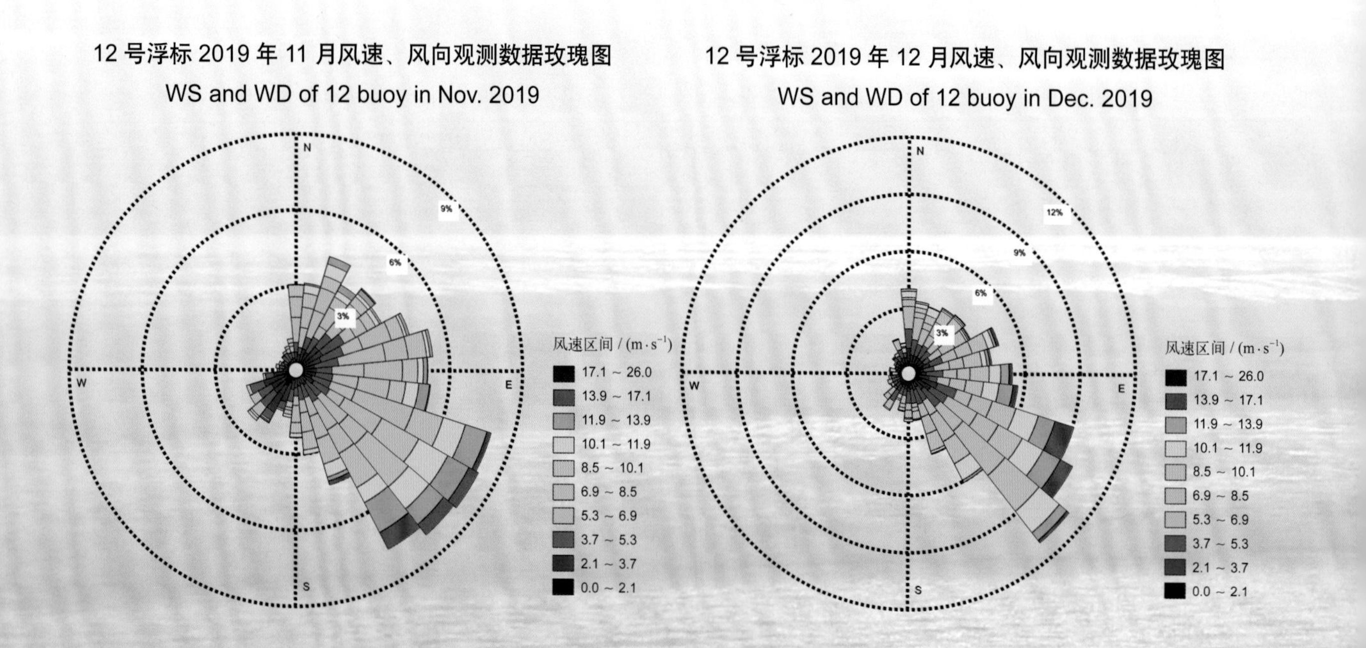


12 号浮标 2019 年 11 月风速、风向观测数据玫瑰图
WS and WD of 12 buoy in Nov. 2019

12 号浮标 2019 年 12 月风速、风向观测数据玫瑰图
WS and WD of 12 buoy in Dec. 2019

# 2019 年度 18 号浮标观测数据概述及玫瑰图（风速和风向）

2019 年，18 号浮标共获取 364 天的风速和风向长序列观测数据。获取数据的主要区间为 1 月 2 日 08:40 至 12 月 31 日 23:50。通过对获取数据质量控制和分析，18 号浮标观测海域 2019 年度的风速、风向数据和季节数据特征如下。

年度最大风速为 19.8 m/s（6 月 6 日），对应风向为 53°。2019 年，18 号浮标记录到的 6 级以上大风日数总计 63 天，其中 6 级以上大风日数最多的月份为 11 月（13 天）。观测海域冬季代表月（2 月）的 6 级以上大风日数为 1 天，大风主要风向为 N；观测海域春季代表月（5 月）的 6 级以上大风日数为 1 天，大风主要风向为 NNW；观测海域夏季代表月（8 月）的 6 级以上大风日数为 4 天，大风主要风向为 E；观测海域秋季代表月（11 月）的 6 级以上大风日数为 13 天，大风主要风向为 N。

表 12　18 号浮标各月份 6 级以上大风日数及主要风向观测数据

| 月份 | 6 级以上大风日数 | 6 级以上大风主要风向 | 备注 |
|---|---|---|---|
| 1 | 5 天 | NNW | |
| 2 | 1 天 | N | |
| 3 | 3 天 | NNW | |
| 4 | 7 天 | NNW | |
| 5 | 1 天 | NNW | |
| 6 | 2 天 | NNE | |
| 7 | 4 天 | ESE | |
| 8 | 4 天 | E | 记录 1 次台风 |
| 9 | 5 天 | NNW | 记录 1 次台风 |
| 10 | 7 天 | N | |
| 11 | 13 天 | N | 记录 1 次寒潮 |
| 12 | 11 天 | N | |

2019年，18号浮标记录到1次寒潮过程和2次台风过程。寒潮的具体过程中，获取到的最大风速达17.7 m/s（11月24日10:30），对应的风向为353°，寒潮影响期间的主要风向为N。第一次台风过程，受第9号超强台风“利奇马”的影响，获取到的最大风速达16.7 m/s（8月11日00:20），对应的风向为89°，台风影响期间的主要风向为E。第二次台风过程，受第13号超强台风“玲玲”的影响，获取到的最大风速达12.1 m/s（9月7日08:20），对应的风向为317°，台风影响期间的主要风向为NW。

18号浮标2019年风速、风向观测数据玫瑰图
WS and WD of 18 buoy in 2019

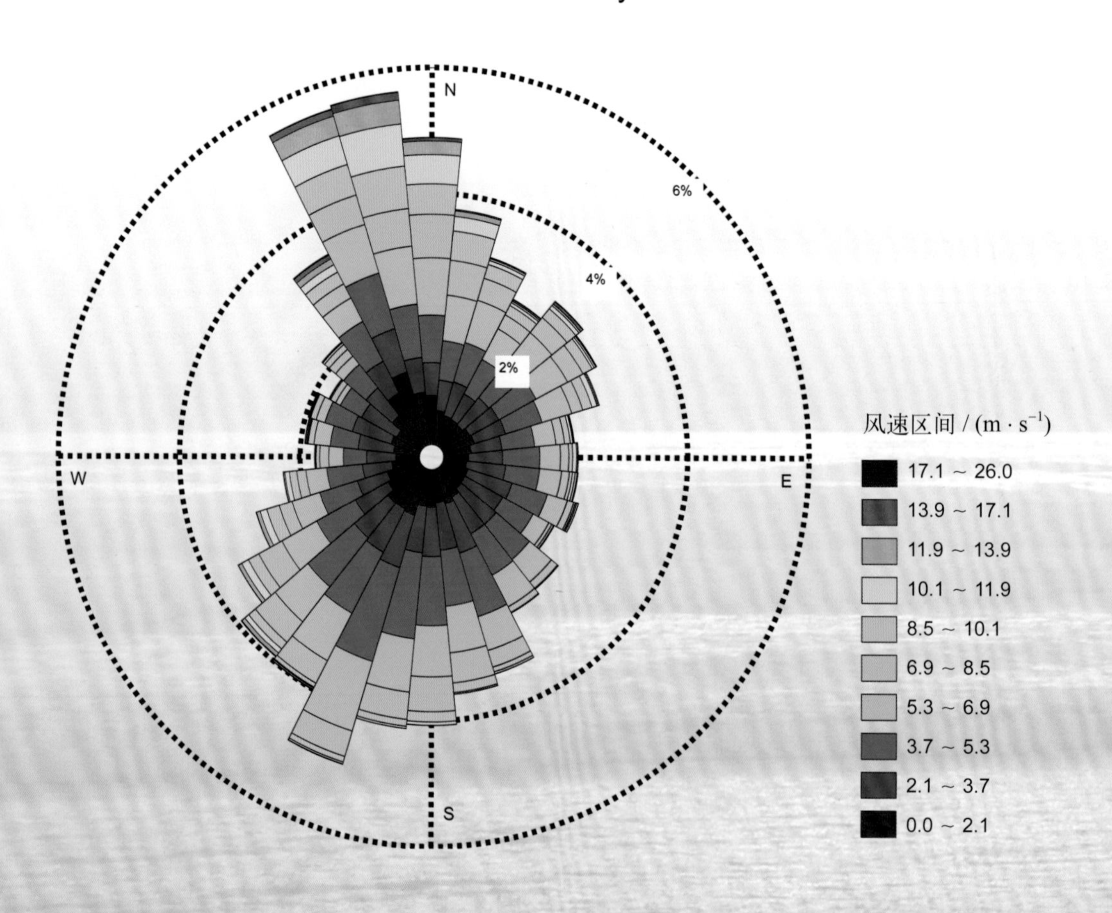

18 号浮标 2019 年 01 月风速、风向观测数据玫瑰图
WS and WD of 18 buoy in Jan. 2019

18 号浮标 2019 年 02 月风速、风向观测数据玫瑰图
WS and WD of 18 buoy in Feb. 2019

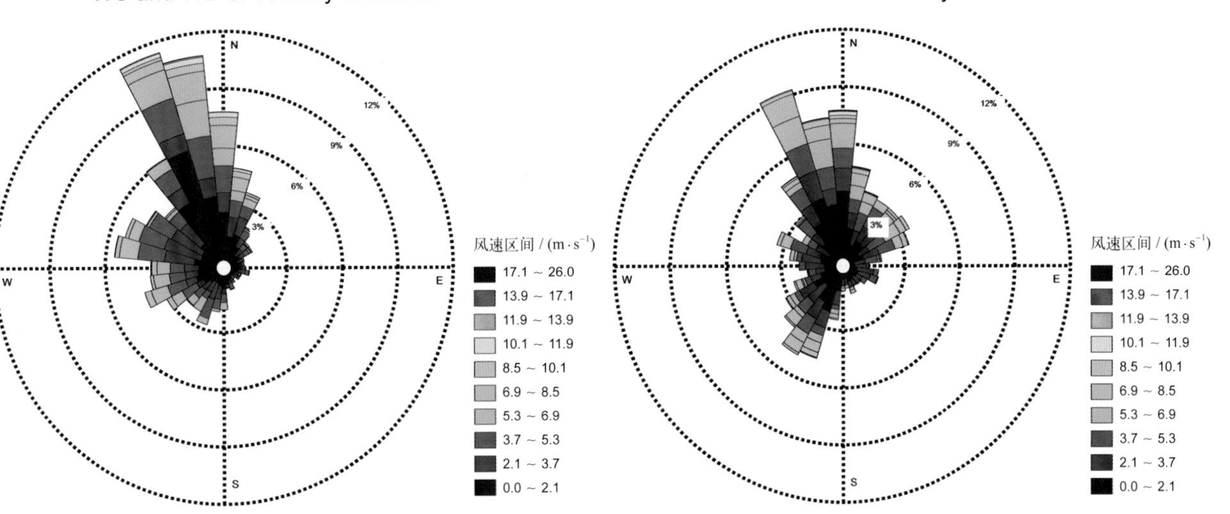


18 号浮标 2019 年 03 月风速、风向观测数据玫瑰图
WS and WD of 18 buoy in Mar. 2019

18 号浮标 2019 年 04 月风速、风向观测数据玫瑰图
WS and WD of 18 buoy in Apr. 2019

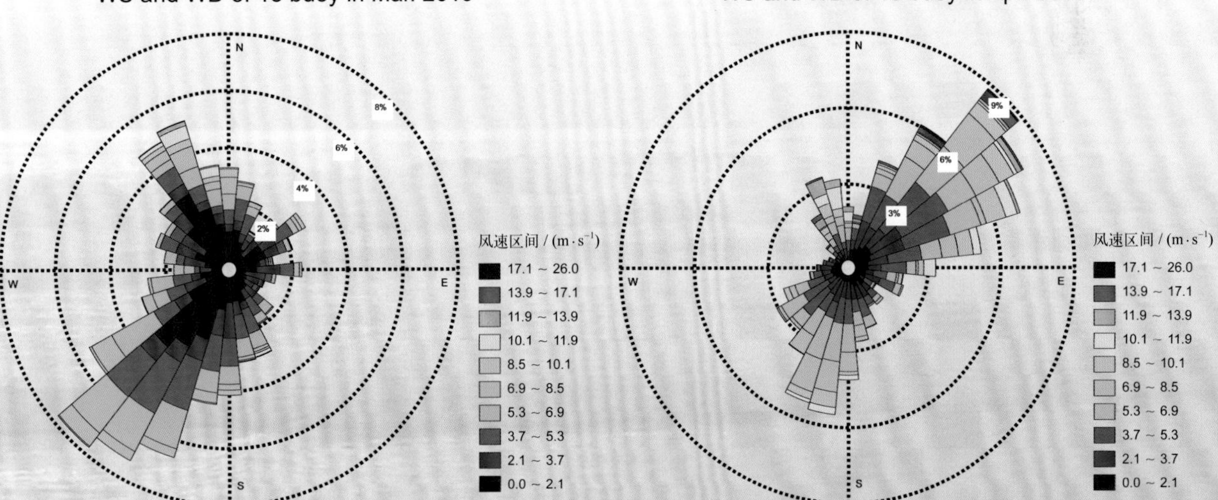

18 号浮标 2019 年 05 月风速、风向观测数据玫瑰图
WS and WD of 18 buoy in May 2019

18 号浮标 2019 年 06 月风速、风向观测数据玫瑰图
WS and WD of 18 buoy in Jun. 2019

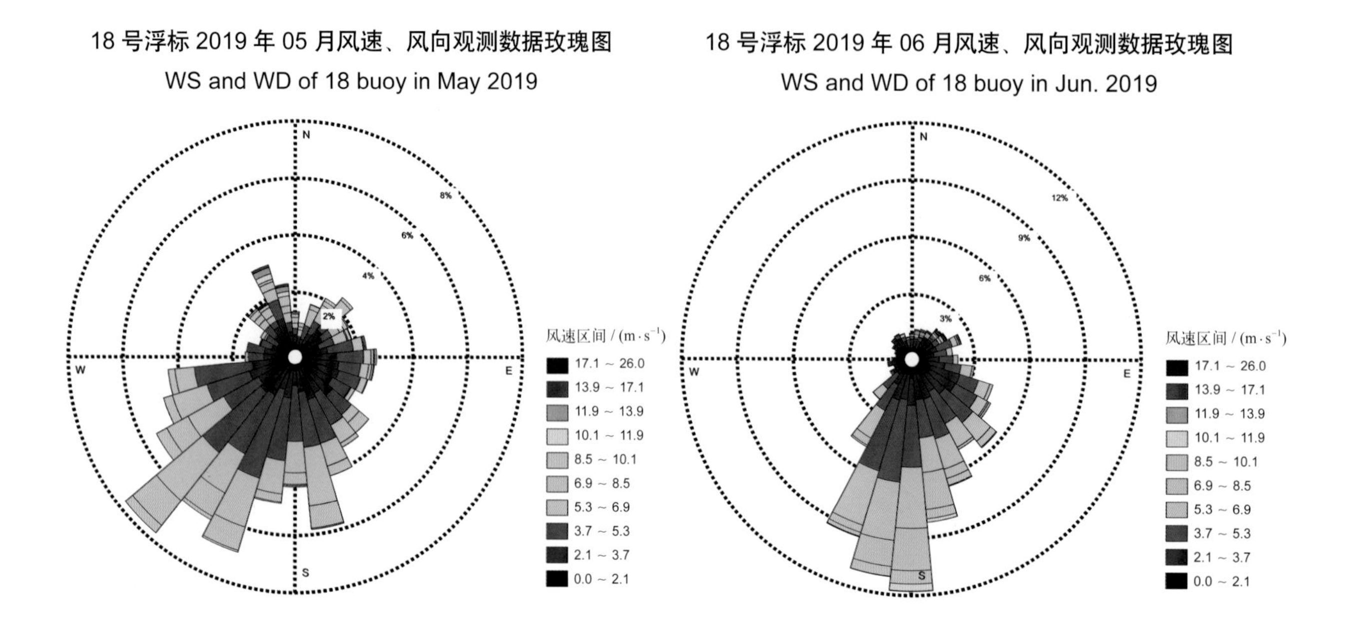


18 号浮标 2019 年 07 月风速、风向观测数据玫瑰图
WS and WD of 18 buoy in Jul. 2019

18 号浮标 2019 年 08 月风速、风向观测数据玫瑰图
WS and WD of 18 buoy in Aug. 2019

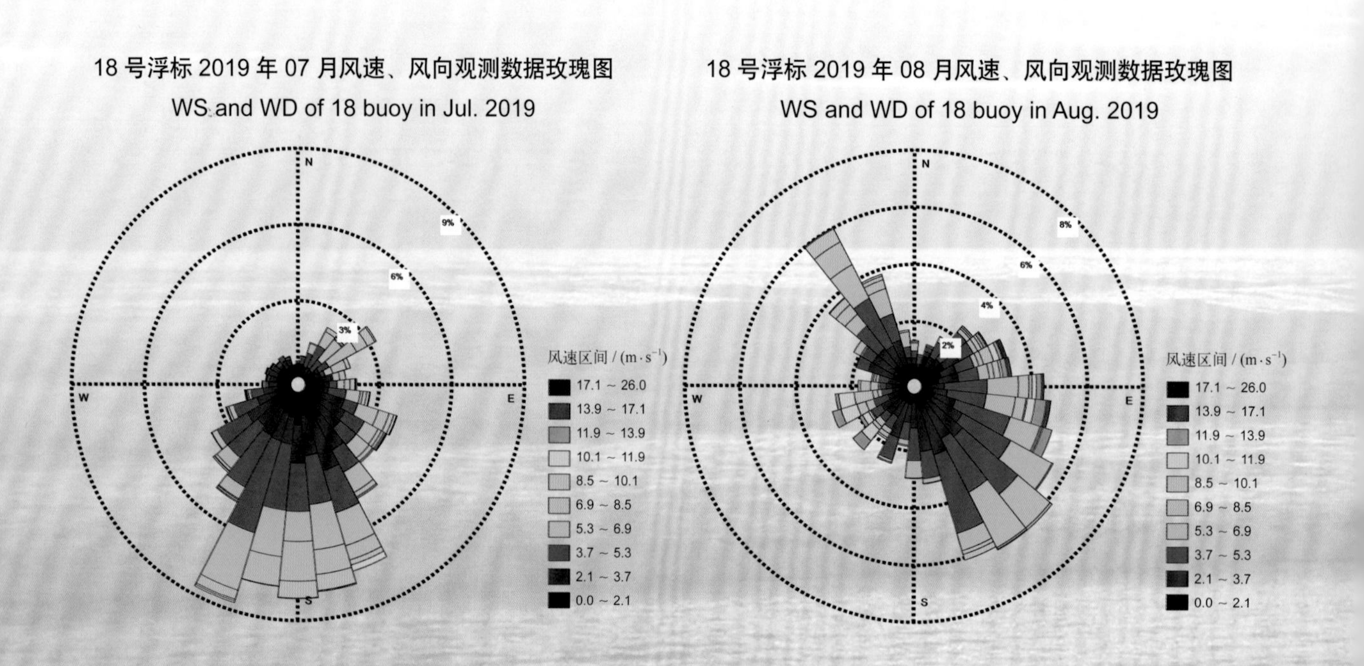

18 号浮标 2019 年 09 月风速、风向观测数据玫瑰图

WS and WD of 18 buoy in Sep. 2019

18 号浮标 2019 年 10 月风速、风向观测数据玫瑰图

WS and WD of 18 buoy in Oct. 2019

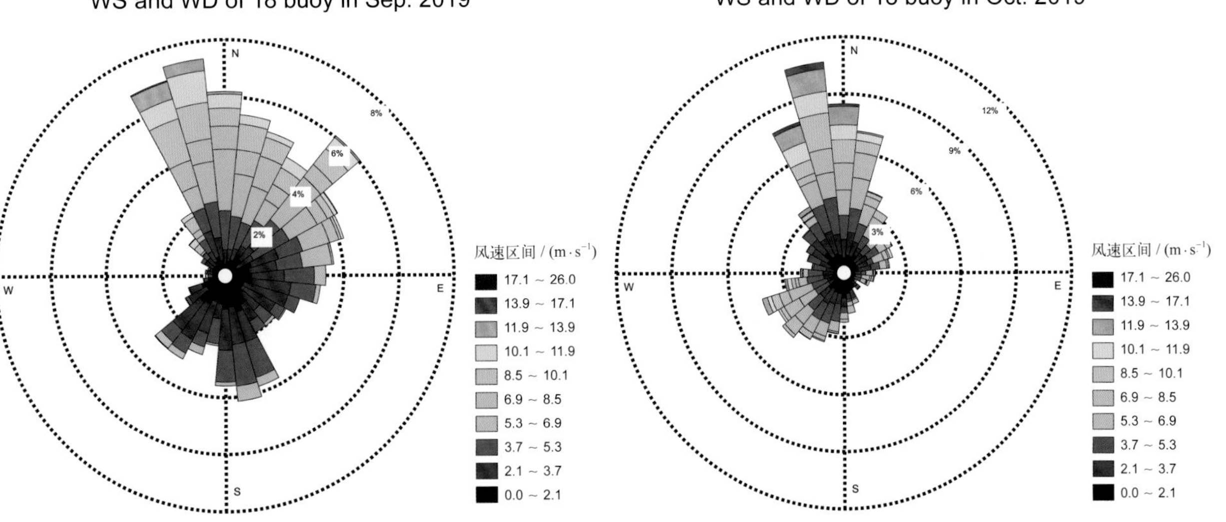


18 号浮标 2019 年 11 月风速、风向观测数据玫瑰图

WS and WD of 18 buoy in Nov. 2019

18 号浮标 2019 年 12 月风速、风向观测数据玫瑰图

WS and WD of 18 buoy in Dec. 2019

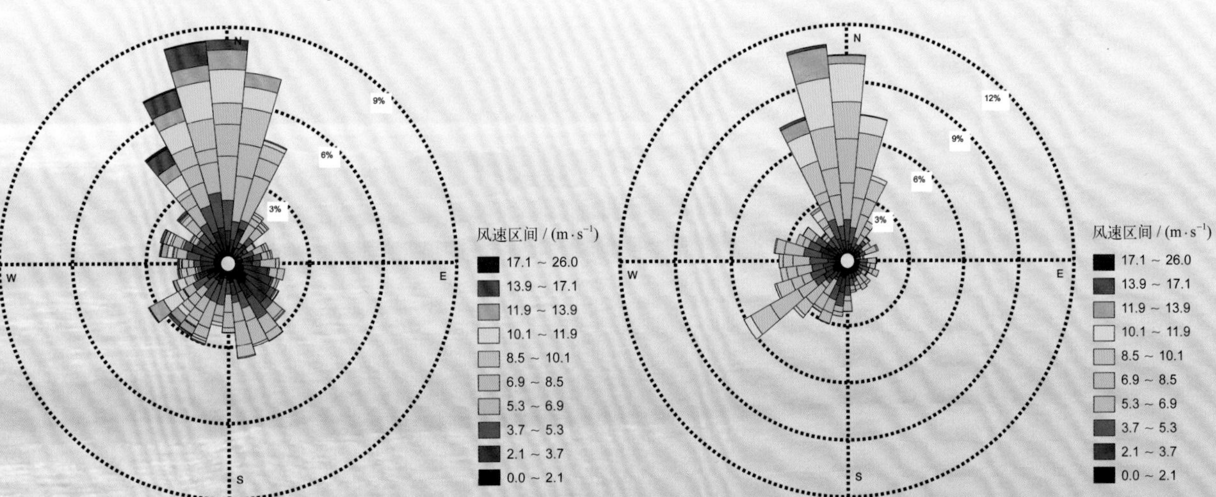

# 2019 年度 19 号浮标观测数据概述及玫瑰图
## （风速和风向）

2019 年，19 号浮标共获取 365 天的风速和风向长序列观测数据。通过对获取数据质量控制和分析，19 号浮标观测海域 2019 年度的风速、风向数据和季节数据特征如下。

年度最大风速为 15.0 m/s（7 月 6 日），对应风向为 76°。2019 年，19 号浮标记录到的 6 级以上大风日数总计 12 天，其中 6 级以上大风日数最多的月份为 8 月和 11 月（2 天）。观测海域冬季代表月（2 月）的 6 级以上大风日数为 1 天，大风主要风向为 N；观测海域春季代表月（5 月）的 6 级以上大风日数为 1 天，大风主要风向为 NNW；观测海域夏季代表月（8 月）的 6 级以上大风日数为 2 天，大风主要风向为 N；观测海域秋季代表月（11 月）的 6 级以上大风日数为 2 天，大风主要风向为 NNW。

表 13　19 号浮标各月份 6 级以上大风日数及主要风向观测数据

| 月份 | 6 级以上大风日数 | 6 级以上大风主要风向 | 备注 |
|---|---|---|---|
| 1 | 1 天 | N | |
| 2 | 1 天 | N | |
| 3 | 1 天 | NNW | |
| 4 | 1 天 | NNE | |
| 5 | 1 天 | NNW | |
| 6 | 1 天 | NNW | |
| 7 | 1 天 | E | |
| 8 | 2 天 | N | 记录 1 次台风 |
| 9 | 0 天 | — | 记录 1 次台风 |
| 10 | 0 天 | — | |
| 11 | 2 天 | NNW | 记录 1 次寒潮 |
| 12 | 1 天 | N | |

2019 年，19 号浮标记录到 1 次寒潮过程和 2 次台风过程。寒潮的具体过程中，最大风速为 13.0 m/s（11 月 24 日 14:20），对应风向为 339°，寒潮影响期间的主要风向为 NNW。第一次台风过程，受第 9 号超强台风“利奇马”的影响，获取到的最大风速达 13.1 m/s（8 月 11 日 00:00），对应的风向为 50°，台风影响期间的主要风向为 NE。第二次台风过程，19 号浮标获取到了第 13 号超强台风“玲玲”的相关数据，获取到的最大风速达 8.5 m/s（9 月 7 日 10:10），对应的风向为 352°，台风影响期间的主要风向为 NNW。

19 号浮标 2019 年风速、风向观测数据玫瑰图
WS and WD of 19 buoy in 2019

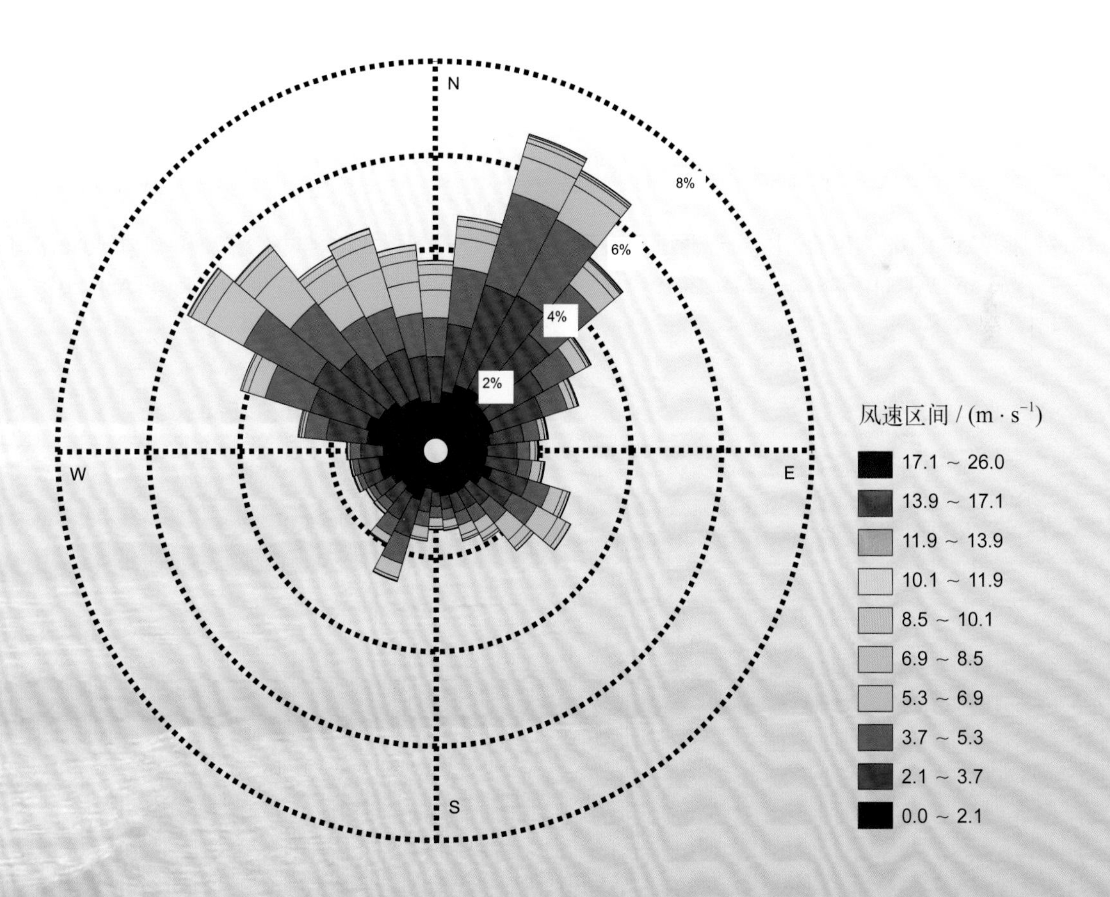

19 号浮标 2019 年 01 月风速、风向观测数据玫瑰图
WS and WD of 19 buoy in Jan. 2019

19 号浮标 2019 年 02 月风速、风向观测数据玫瑰图
WS and WD of 19 buoy in Feb. 2019

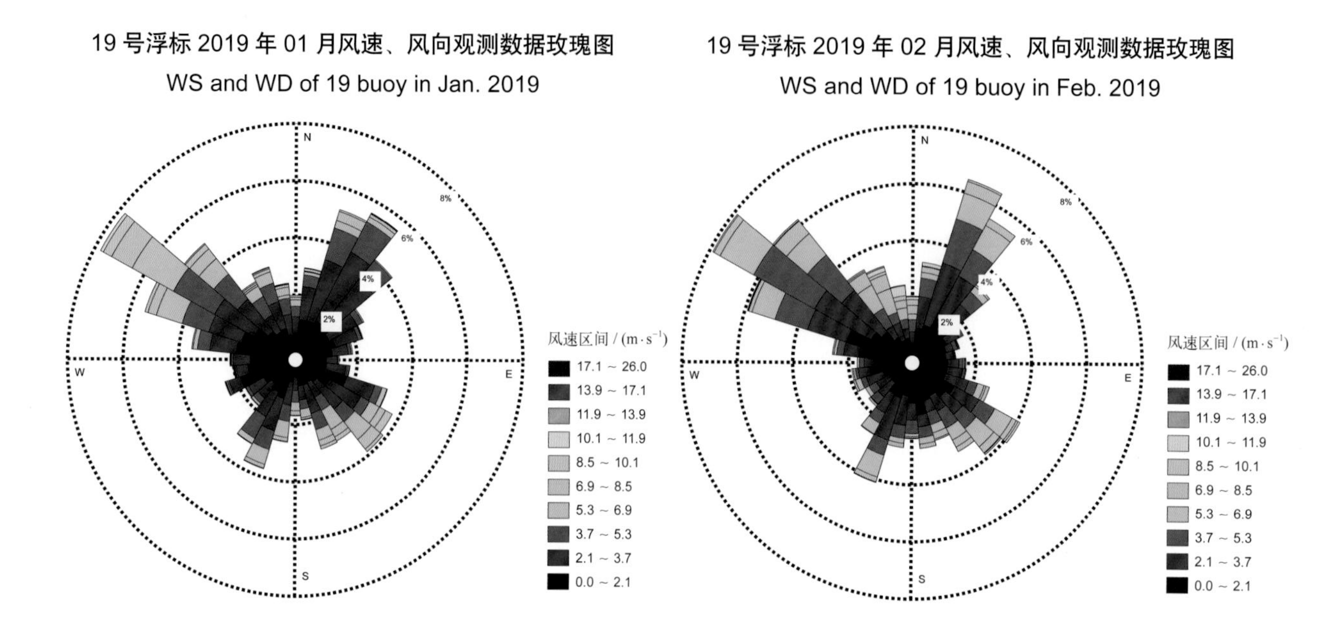


19 号浮标 2019 年 03 月风速、风向观测数据玫瑰图
WS and WD of 19 buoy in Mar. 2019

19 号浮标 2019 年 04 月风速、风向观测数据玫瑰图
WS and WD of 19 buoy in Apr. 2019

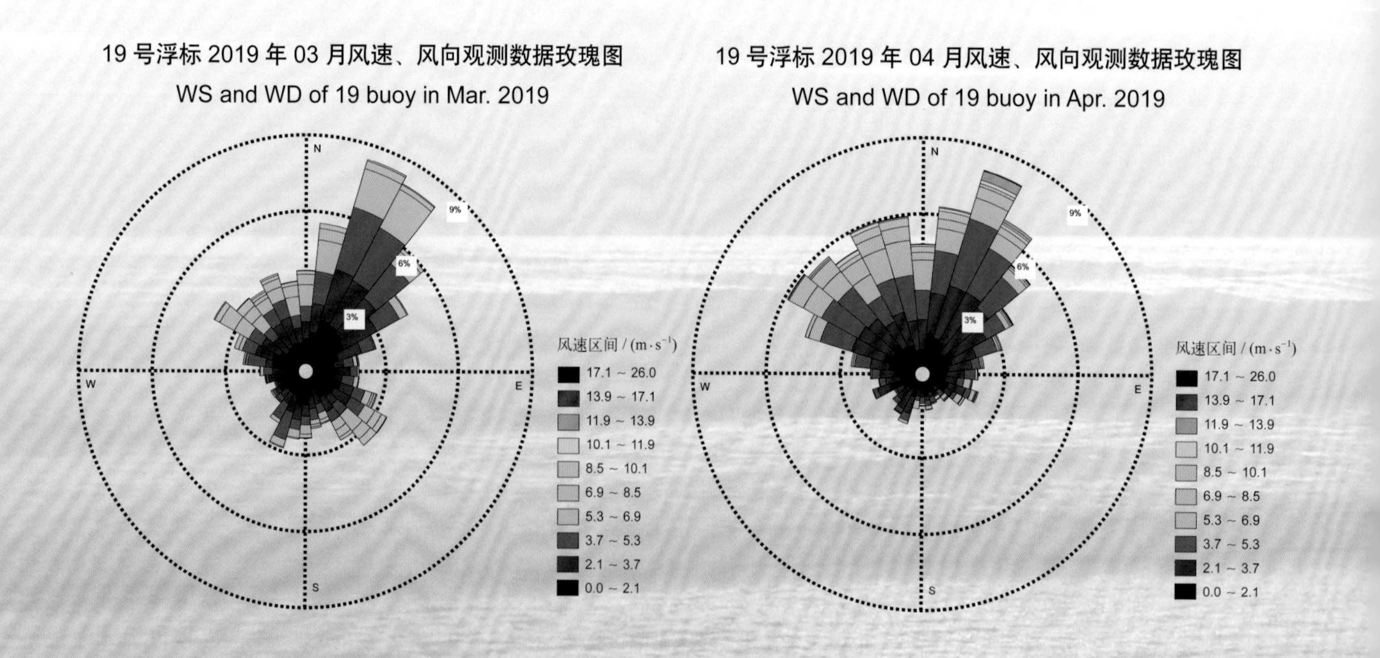

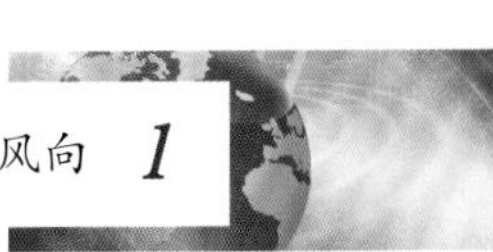

19 号浮标 2019 年 05 月风速、风向观测数据玫瑰图

WS and WD of 19 buoy in May 2019

N W E S 2% 4% 6% 8%

风速区间 / (m · s⁻¹)
17.1 ~ 26.0
13.9 ~ 17.1
11.9 ~ 13.9
10.1 ~ 11.9
8.5 ~ 10.1
6.9 ~ 8.5
5.3 ~ 6.9
3.7 ~ 5.3
2.1 ~ 3.7
0.0 ~ 2.1

19 号浮标 2019 年 06 月风速、风向观测数据玫瑰图

WS and WD of 19 buoy in Jun. 2019

N W E S 3% 6% 9% 12%

风速区间 / (m · s⁻¹)
17.1 ~ 26.0
13.9 ~ 17.1
11.9 ~ 13.9
10.1 ~ 11.9
8.5 ~ 10.1
6.9 ~ 8.5
5.3 ~ 6.9
3.7 ~ 5.3
2.1 ~ 3.7
0.0 ~ 2.1

19 号浮标 2019 年 07 月风速、风向观测数据玫瑰图

WS and WD of 19 buoy in Jul. 2019

19 号浮标 2019 年 08 月风速、风向观测数据玫瑰图

WS and WD of 19 buoy in Aug. 2019

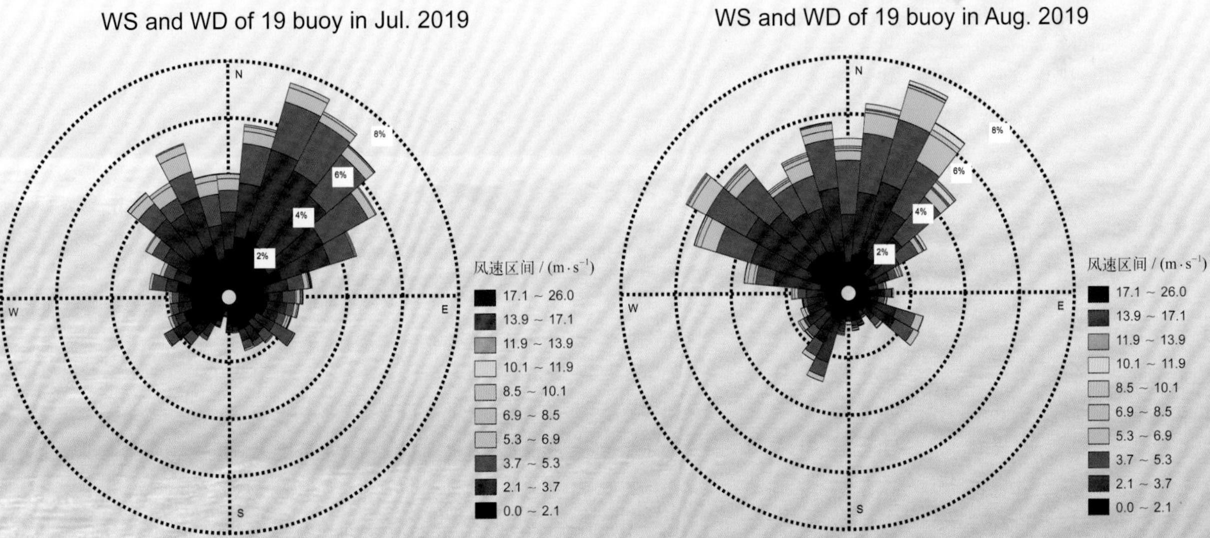

19 号浮标 2019 年 09 月风速、风向观测数据玫瑰图
WS and WD of 19 buoy in Sep. 2019

19 号浮标 2019 年 10 月风速、风向观测数据玫瑰图
WS and WD of 19 buoy in Oct. 2019

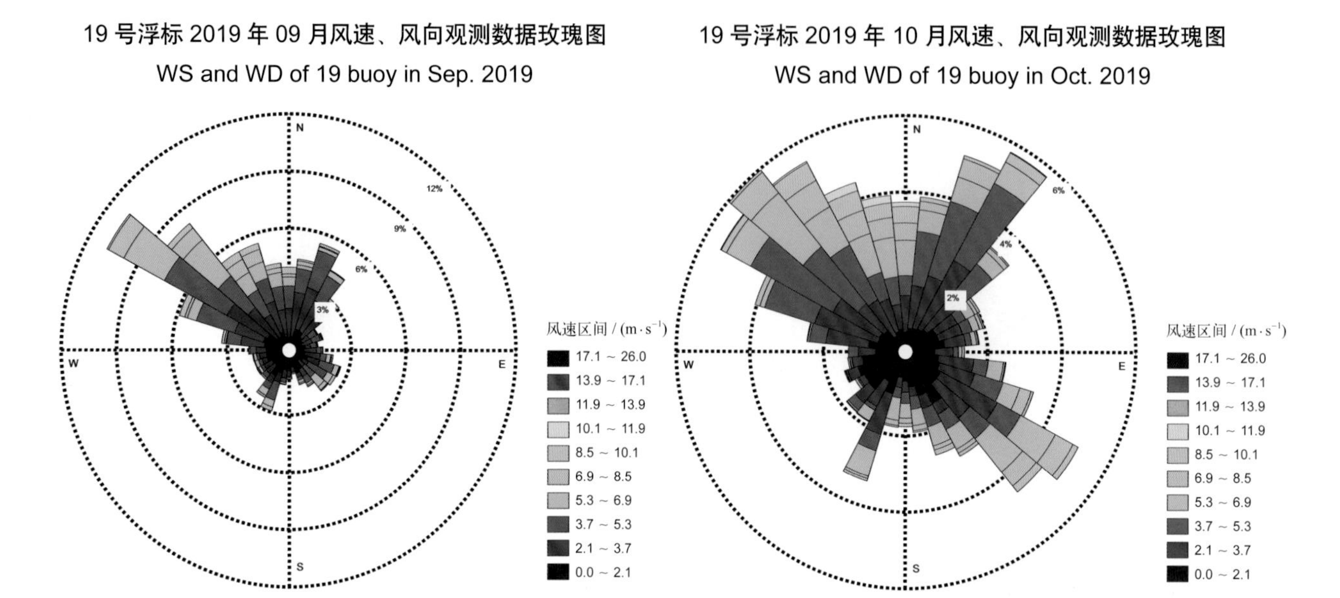


19 号浮标 2019 年 11 月风速、风向观测数据玫瑰图
WS and WD of 19 buoy in Nov. 2019

19 号浮标 2019 年 12 月风速、风向观测数据玫瑰图
WS and WD of 19 buoy in Dec. 2019

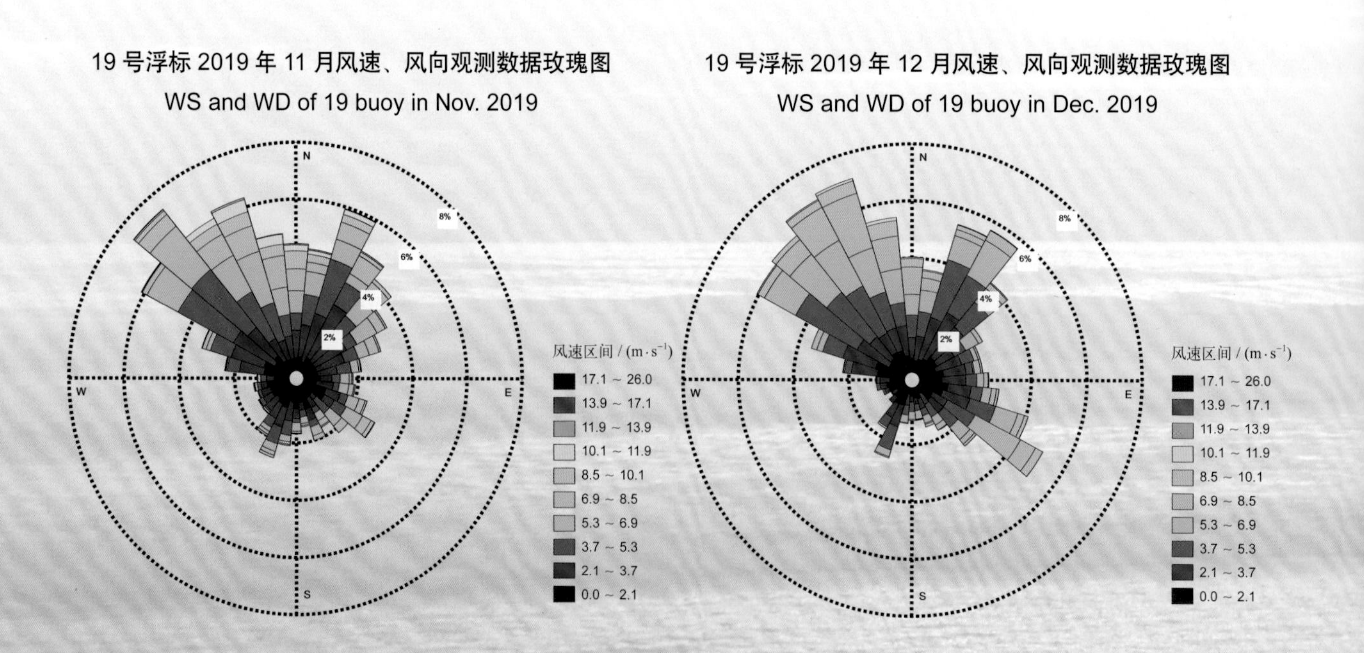

# 2019年度20号浮标观测数据概述及玫瑰图（风速和风向）

2019年，20号浮标共获取365天的风速和风向长序列观测数据。通过对获取数据质量控制和分析，20号浮标观测海域2019年度的风速、风向数据和季节数据特征如下。

年度最大风速为25.6 m/s（8月29日），对应风向为331°。2019年，20号浮标记录到的6级以上大风日数总计121天，其中6级以上大风日数最多的月份为12月（19天）。观测海域冬季代表月（2月）的6级以上大风日数为15天，大风主要风向为N；观测海域春季代表月（5月）的6级以上大风日数为6天，大风主要风向为N；观测海域夏季代表月（8月）的6级以上大风日数为10天，大风主要风向为E；观测海域秋季代表月（11月）的6级以上大风日数为11天，大风主要风向为N。

表14　20号浮标各月份6级以上大风日数及主要风向观测数据

| 月份 | 6级以上大风日数 | 6级以上大风主要风向 | 备注 |
|---|---|---|---|
| 1 | 16天 | NNW | 记录1次寒潮 |
| 2 | 15天 | N | |
| 3 | 9天 | N | |
| 4 | 4天 | NW | |
| 5 | 6天 | N | |
| 6 | 4天 | SSW | |
| 7 | 7天 | NNE | 记录1次台风 |
| 8 | 10天 | E | 记录1次台风 |
| 9 | 11天 | N | 记录2次台风 |
| 10 | 9天 | N | 记录1次台风 |
| 11 | 11天 | N | |
| 12 | 19天 | NNW | |

2019 年，20 号浮标记录到 1 次寒潮过程和 5 次台风过程。寒潮的具体过程中，获取到的最大风速达 20.8 m/s（1 月 31 日 08:30），对应的风向为 313°，寒潮影响期间的主要风向为 NNW。第一次台风过程，受第 5 号热带风暴“丹娜丝”的影响，获取到的最大风速达 17.1 m/s（7 月 19 日 10:30），对应的风向为 337°，台风影响期间的主要风向为 N。第二次台风过程，受第 9 号超强台风“利奇马”的影响，获取到的最大风速达 21.3m/s（8 月 9 日 10:10），对应的风向为 109°，台风影响期间的主要风向为 E。第三次台风过程受 13 号超强台风“玲玲”的影响，获取到的最大风速达 19.8 m/s（9 月 6 日 15:10），对应的风向为 29°，台风影响期间的主要风向为 E。第四次台风过程，受第 17 号台风“塔巴”的影响，获取到的最大风速达 22.0 m/s（9 月 21 日 20:10），对应的风向为 341°，台风影响期间的主要风向为 N。第五次台风过程，受第 18 号台风“米娜”的影响，获取到的最大风速达 24.9 m/s（10 月 1 日 11:00），对应的风向为 111°，台风影响期间的主要风向为 E。

**20 号浮标 2019 年风速、风向观测数据玫瑰图**

**WS and WD of 20 buoy in 2019**

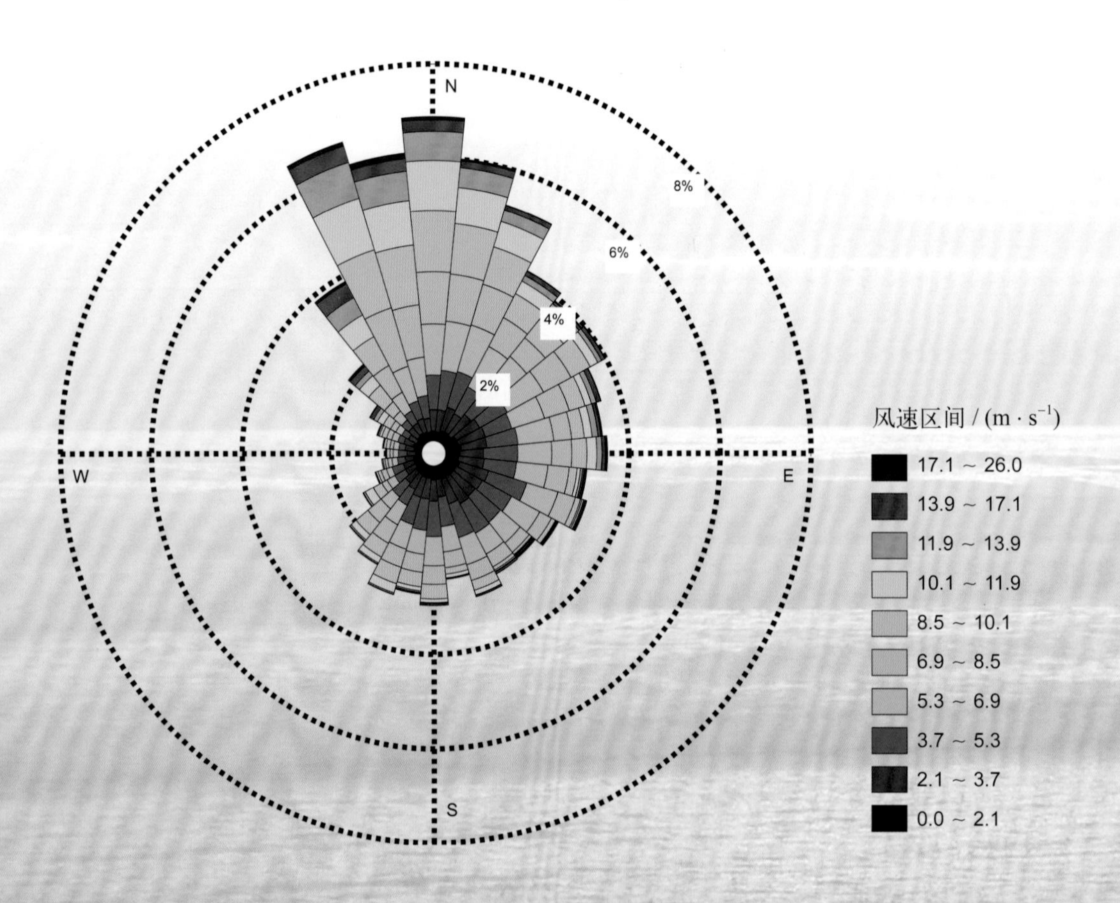

20 号浮标 2019 年 01 月风速、风向观测数据玫瑰图

WS and WD of 20 buoy in Jan. 2019

20 号浮标 2019 年 02 月风速、风向观测数据玫瑰图

WS and WD of 20 buoy in Feb. 2019

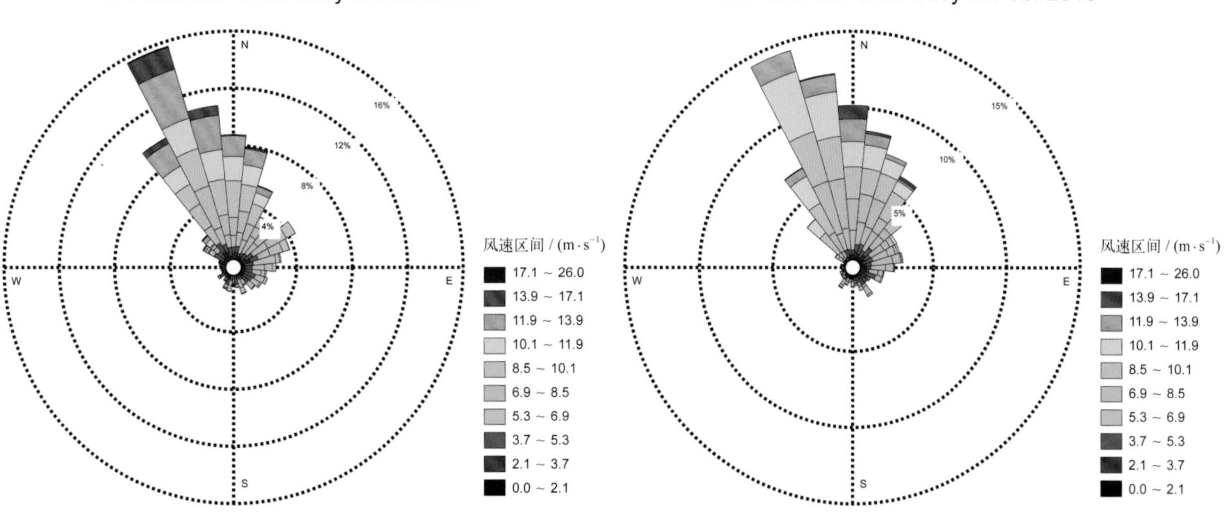


20 号浮标 2019 年 03 月风速、风向观测数据玫瑰图

WS and WD of 20 buoy in Mar. 2019

20 号浮标 2019 年 04 月风速、风向观测数据玫瑰图

WS and WD of 20 buoy in Apr. 2019

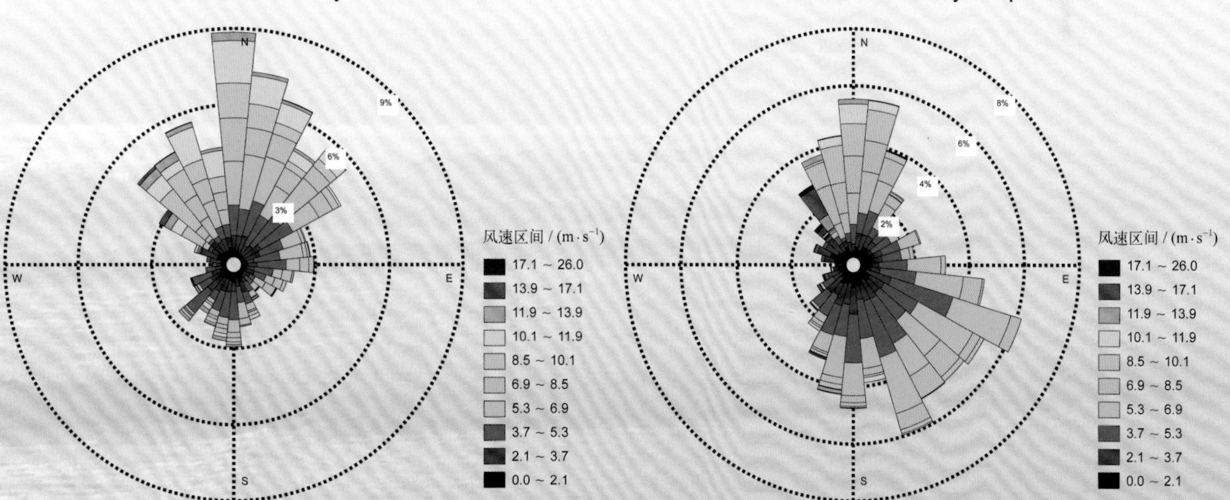

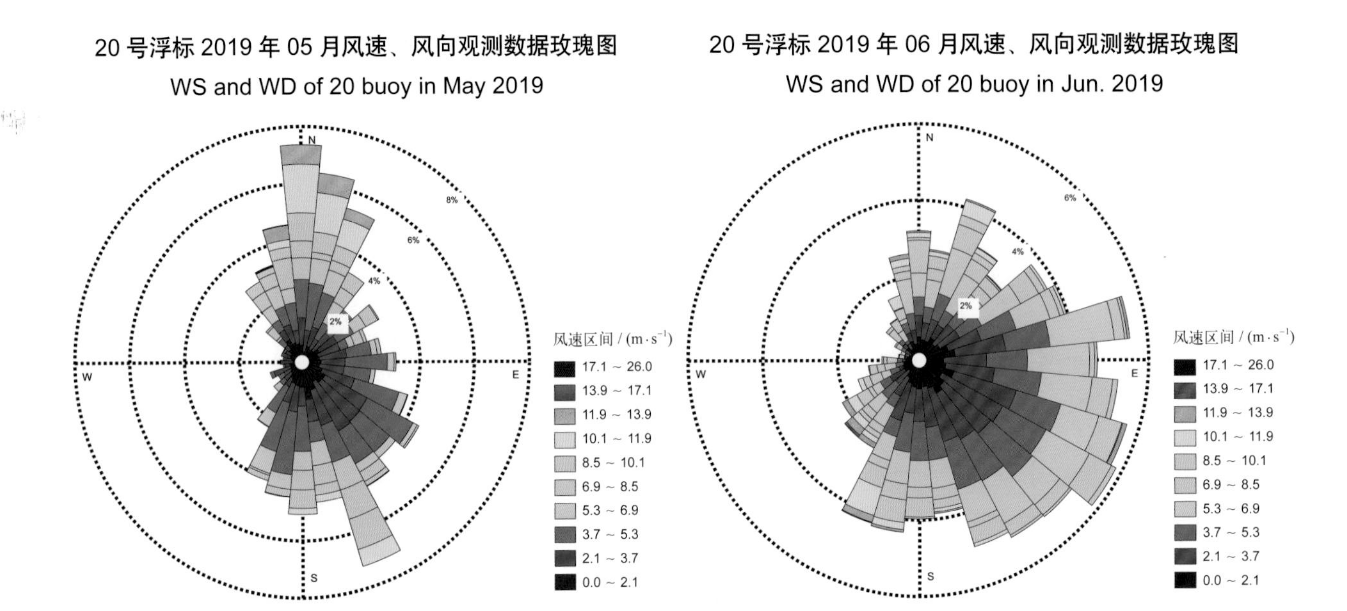
20 号浮标 2019 年 05 月风速、风向观测数据玫瑰图
WS and WD of 20 buoy in May 2019
20 号浮标 2019 年 06 月风速、风向观测数据玫瑰图
WS and WD of 20 buoy in Jun. 2019
N
E
S
W
2%
4%
6%
8%
风速区间 / (m·s⁻¹)
17.1 ~ 26.0
13.9 ~ 17.1
11.9 ~ 13.9
10.1 ~ 11.9
8.5 ~ 10.1
6.9 ~ 8.5
5.3 ~ 6.9
3.7 ~ 5.3
2.1 ~ 3.7
0.0 ~ 2.1

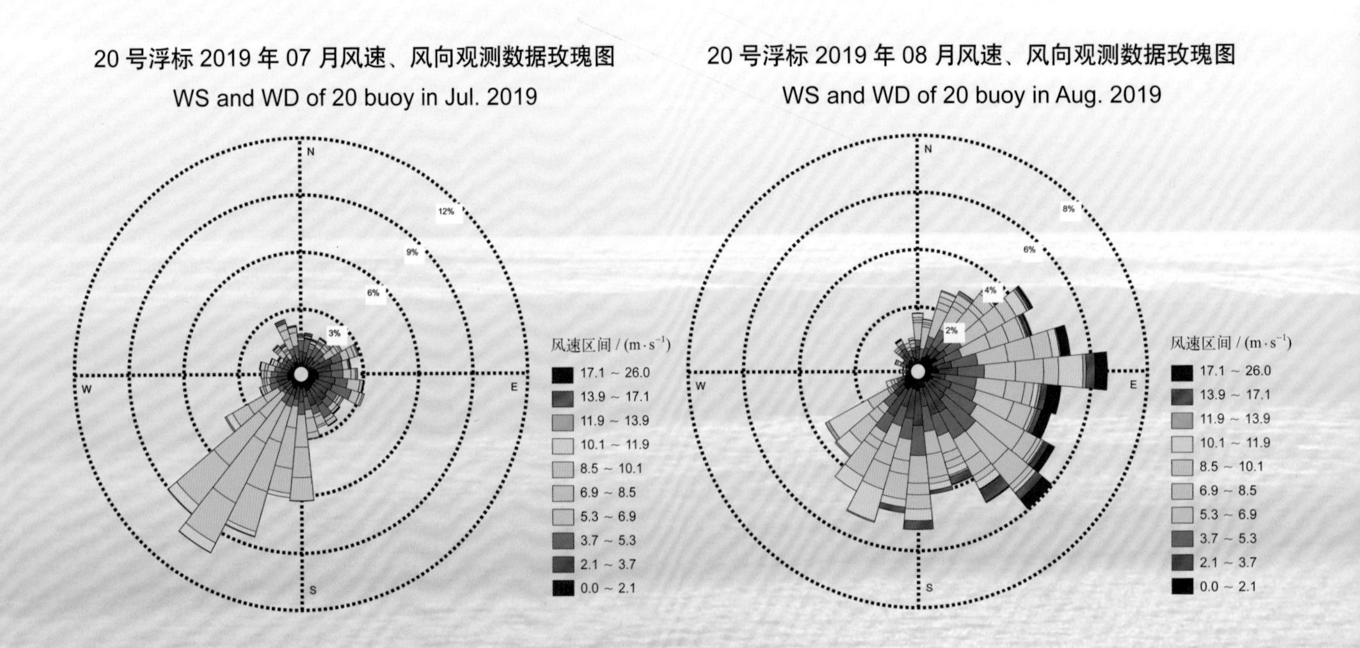
20 号浮标 2019 年 07 月风速、风向观测数据玫瑰图
WS and WD of 20 buoy in Jul. 2019
20 号浮标 2019 年 08 月风速、风向观测数据玫瑰图
WS and WD of 20 buoy in Aug. 2019
N
E
S
W
3%
6%
9%
12%
2%
4%
6%
8%
风速区间 / (m·s⁻¹)
17.1 ~ 26.0
13.9 ~ 17.1
11.9 ~ 13.9
10.1 ~ 11.9
8.5 ~ 10.1
6.9 ~ 8.5
5.3 ~ 6.9
3.7 ~ 5.3
2.1 ~ 3.7
0.0 ~ 2.1

20 号浮标 2019 年 09 月风速、风向观测数据玫瑰图

WS and WD of 20 buoy in Sep. 2019

20 号浮标 2019 年 10 月风速、风向观测数据玫瑰图

WS and WD of 20 buoy in Oct. 2019

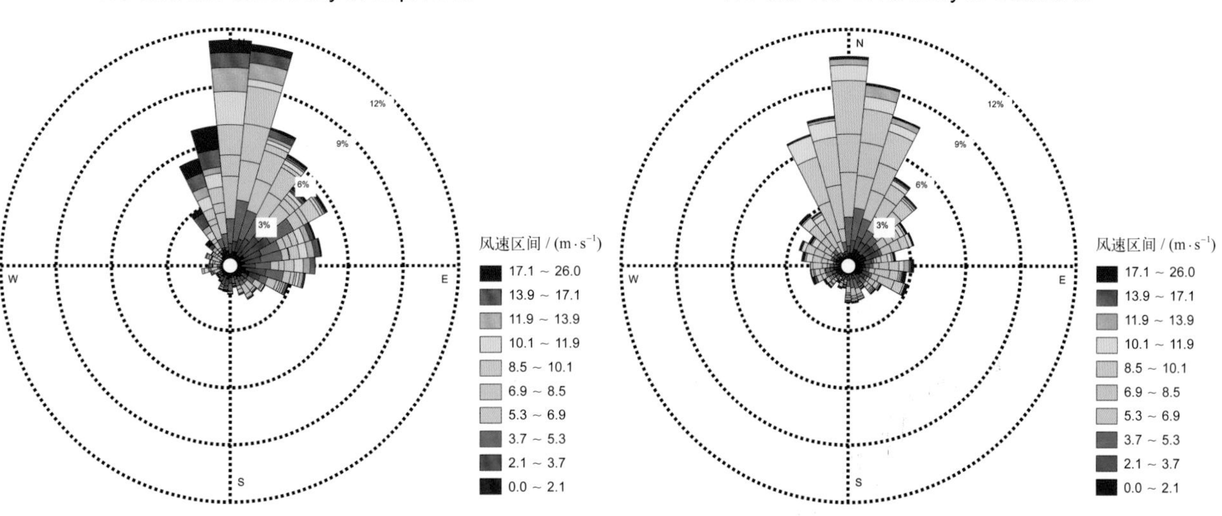


20 号浮标 2019 年 11 月风速、风向观测数据玫瑰图

WS and WD of 20 buoy in Nov. 2019

20 号浮标 2019 年 12 月风速、风向观测数据玫瑰图

WS and WD of 20 buoy in Dec. 2019

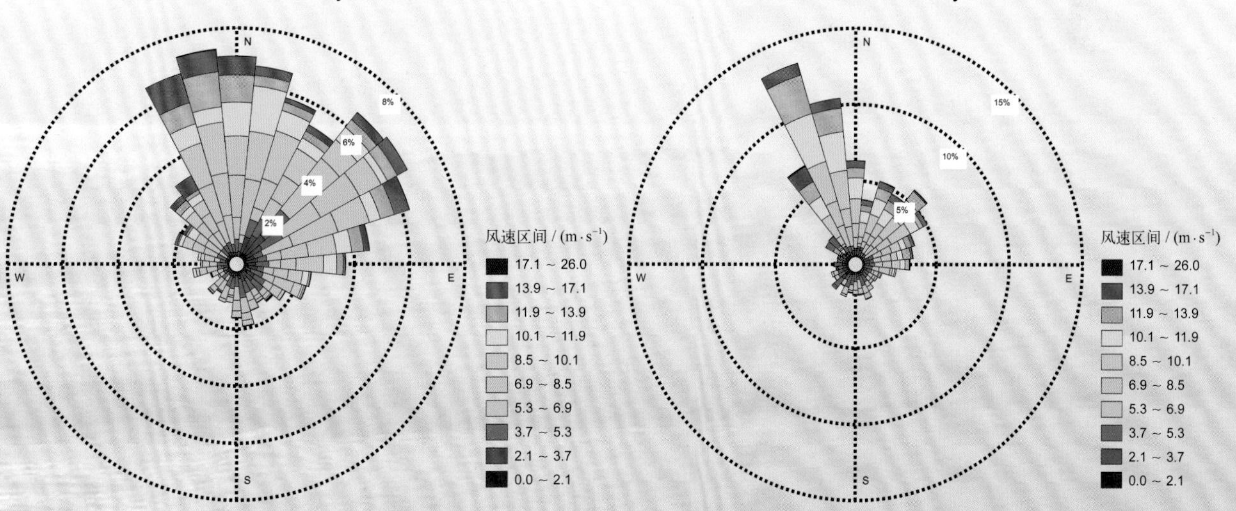

# 水文观测

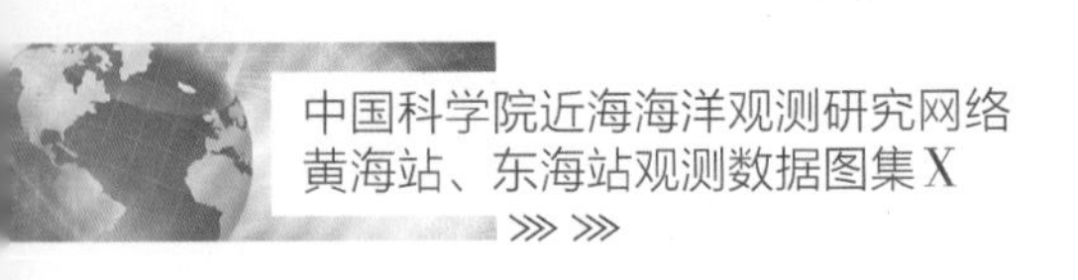


# 2019年度01号浮标观测数据概述及曲线
## （水温和盐度）

2019年，01号浮标共获取240天的水温和盐度长序列观测数据。获取数据的主要区间共两个时间段，具体为1月1日05:30至7月20日08:30和8月28日08:00至10月5日23:30。通过对获取数据质量控制和分析，01号浮标观测海域2019年度水温、盐度数据和季节数据特征如下。

年度水温平均值为12.33℃，年度盐度平均值为31.65；测得的年度最高水温和最低水温分别为27.3℃和2.0℃；测得的年度最高盐度和最低盐度分别为32.5和27.4。以2月为冬季代表月，观测海域冬季的平均水温是3.96℃，平均盐度是32.07；以5月为春季代表月，观测海域春季的平均水温是12.17℃，平均盐度是30.63。

01号浮标布放海域月度水温、盐度变化特征与该海域的气温和降水等因素密切相关。2019年，01号浮标观测海域的水温、盐度的月平均值、最高值和最低值数据参见表15。

2019年，01号浮标记录到1次寒潮过程和1次台风过程。寒潮的具体过程中，2月5—8日，水温降幅为0.5℃（从5.3℃降至4.8℃），盐度变化幅度为0.3（32.0 ~ 32.3）。台风的具体过程中，9月6—9日，受第13号超强台风“玲玲”的影响，01号浮标观测海域水温发生明显上升后迅速下降，最后趋于平稳，9月9日05:00—14:00，从24.6℃升至26.5℃，之后于9月9日20:00降至25.1℃。

表 15　01 号浮标各月份水温、盐度观测数据

| 月份 | 水温 / ℃ | | | 盐度 | | | 备注 |
|---|---|---|---|---|---|---|---|
| | 平均 | 最高 | 最低 | 平均 | 最高 | 最低 | |
| 1 | 6.27 | 7.8 | 4.3 | 32.09 | 32.2 | 31.9 | |
| 2 | 3.96 | 5.4 | 2.0 | 32.07 | 32.3 | 31.7 | 记录 1 次寒潮 |
| 3 | 3.99 | 5.7 | 2.5 | 31.93 | 32.2 | 31.7 | |
| 4 | 7.13 | 10.5 | 4.2 | 31.83 | 32.0 | 31.5 | |
| 5 | 12.17 | 16.1 | 8.6 | 30.63 | 31.9 | 27.4 | |
| 6 | 18.72 | 24.1 | 14.0 | 31.59 | 32.3 | 30.9 | |
| 7 | 24.17 | 27.3 | 21.0 | 32.01 | 32.3 | 30.7 | 缺测 11 天数据 |
| 8 | — | — | — | — | — | — | 缺测数据 |
| 9 | 23.42 | 26.7 | 20.6 | 31.99 | 32.5 | 30.7 | 记录 1 次台风 |
| 10 | — | — | — | — | — | — | 缺测数据 |
| 11 | — | — | — | — | — | — | 缺测数据 |
| 12 | — | — | — | — | — | — | 缺测数据 |

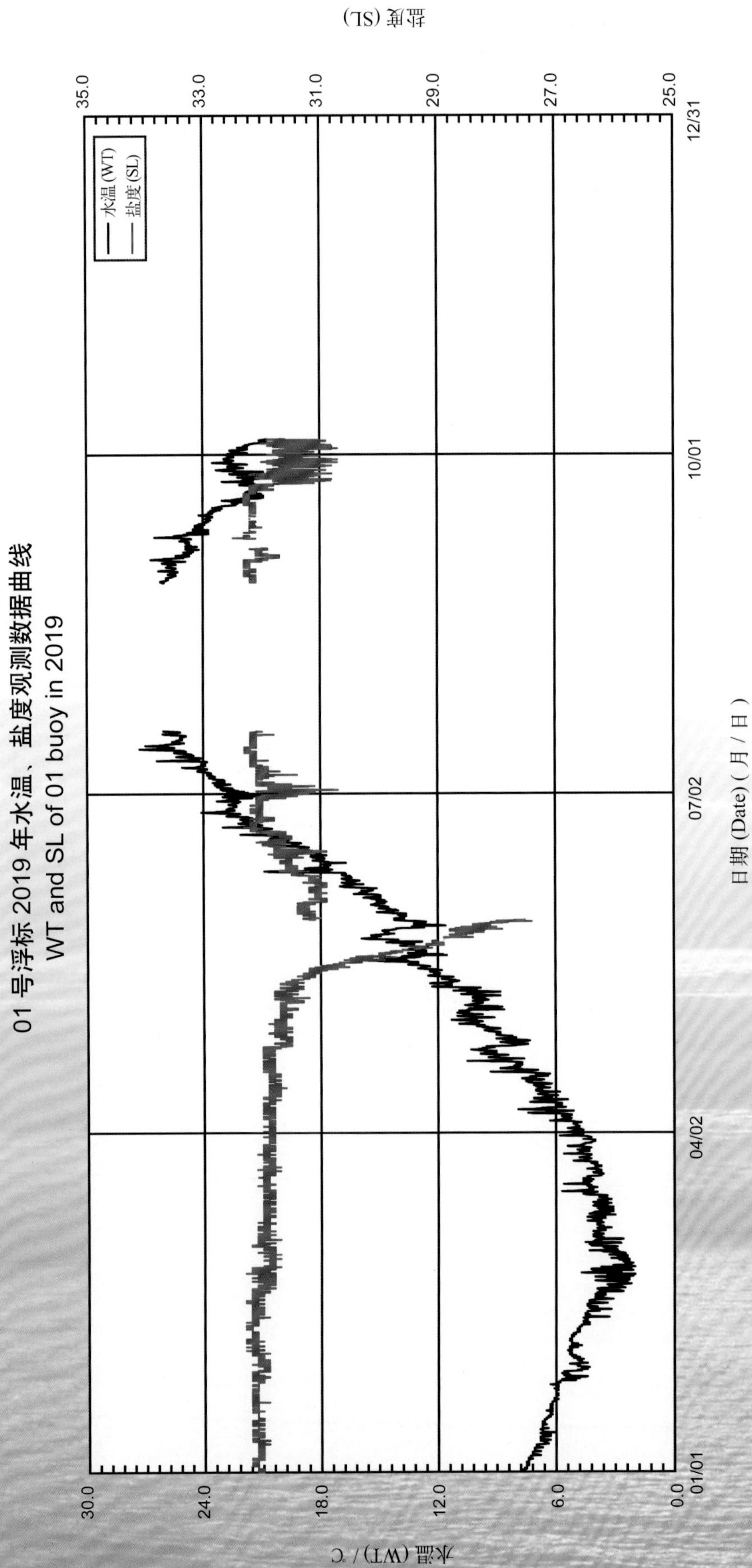
01 号浮标 2019 年水温、盐度观测数据曲线
WT and SL of 01 buoy in 2019
水温 (WT)
盐度 (SL)
水温 (WT) / ℃
30.0
24.0
18.0
12.0
6.0
0.0
盐度 (SL)
35.0
33.0
31.0
29.0
27.0
25.0
01/01
04/02
07/02
10/01
12/31
日期 (Date) ( 月 / 日 )

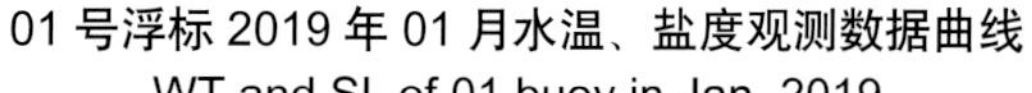

01 号浮标 2019 年 01 月水温、盐度观测数据曲线
WT and SL of 01 buoy in Jan. 2019

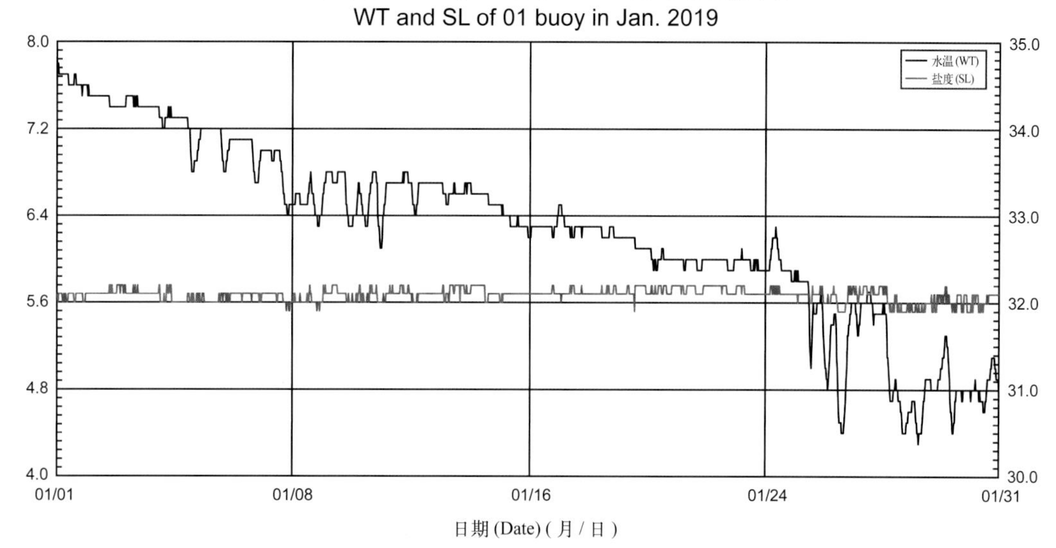


01 号浮标 2019 年 02 月水温、盐度观测数据曲线
WT and SL of 01 buoy in Feb. 2019

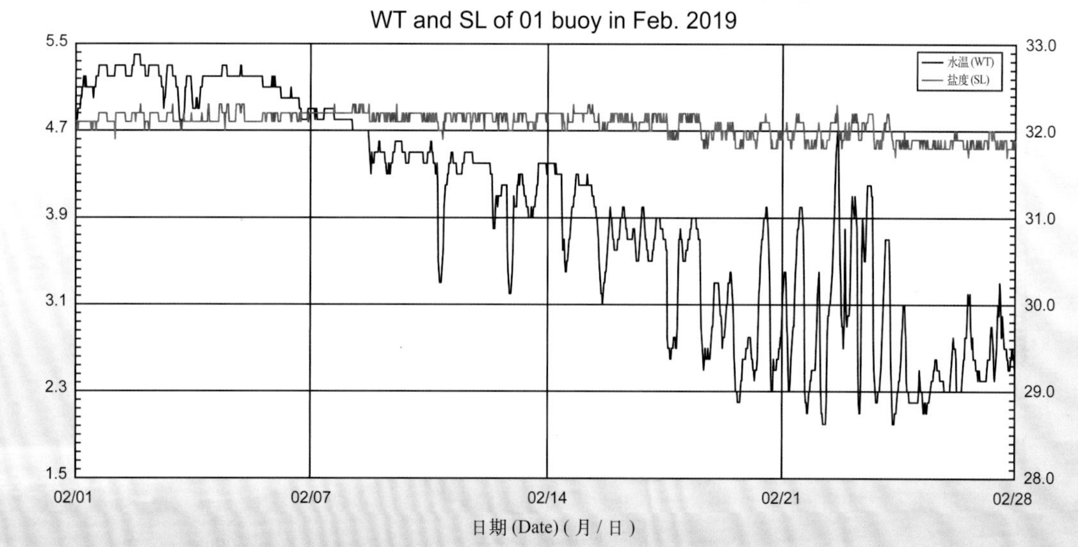


01 号浮标 2019 年 03 月水温、盐度观测数据曲线
WT and SL of 01 buoy in Mar. 2019

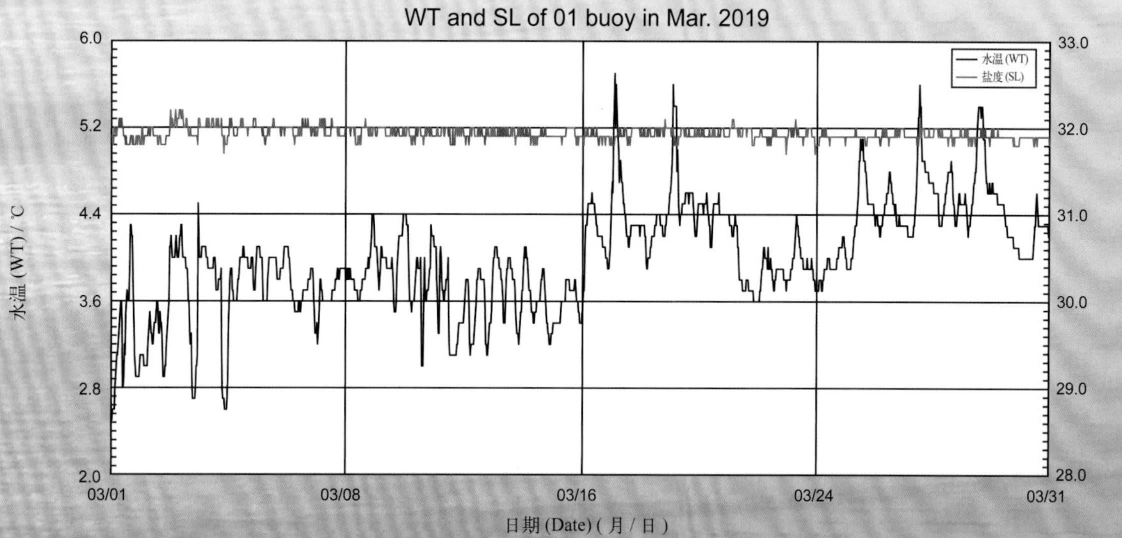

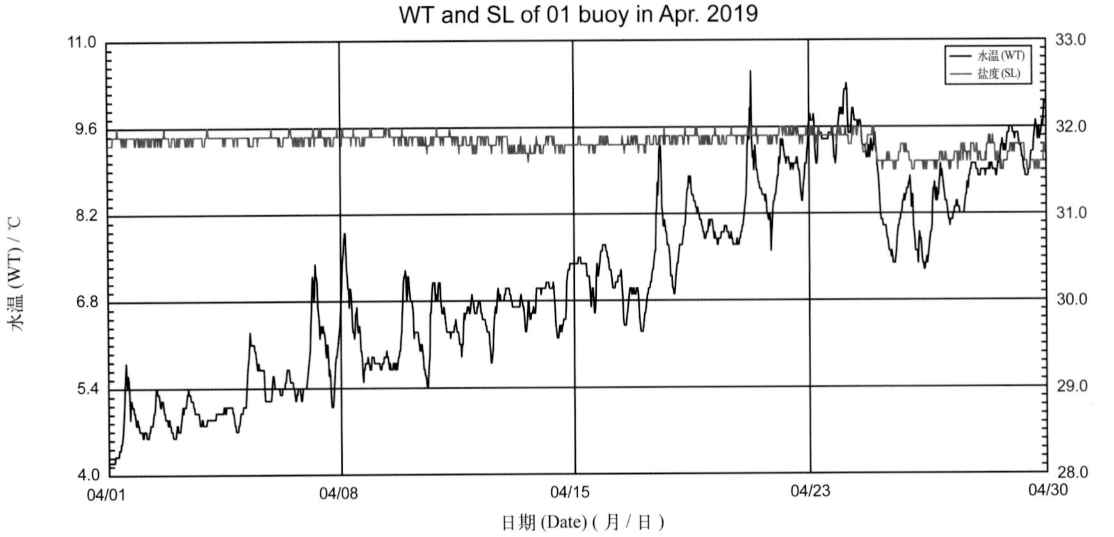
01 号浮标 2019 年 04 月水温、盐度观测数据曲线
WT and SL of 01 buoy in Apr. 2019
水温 (WT)
盐度 (SL)
水温 (WT) / ℃
盐度 (SL)
11.0
9.6
8.2
6.8
5.4
4.0
33.0
32.0
31.0
30.0
29.0
28.0
04/01
04/08
04/15
04/23
04/30
日期 (Date) ( 月 / 日 )

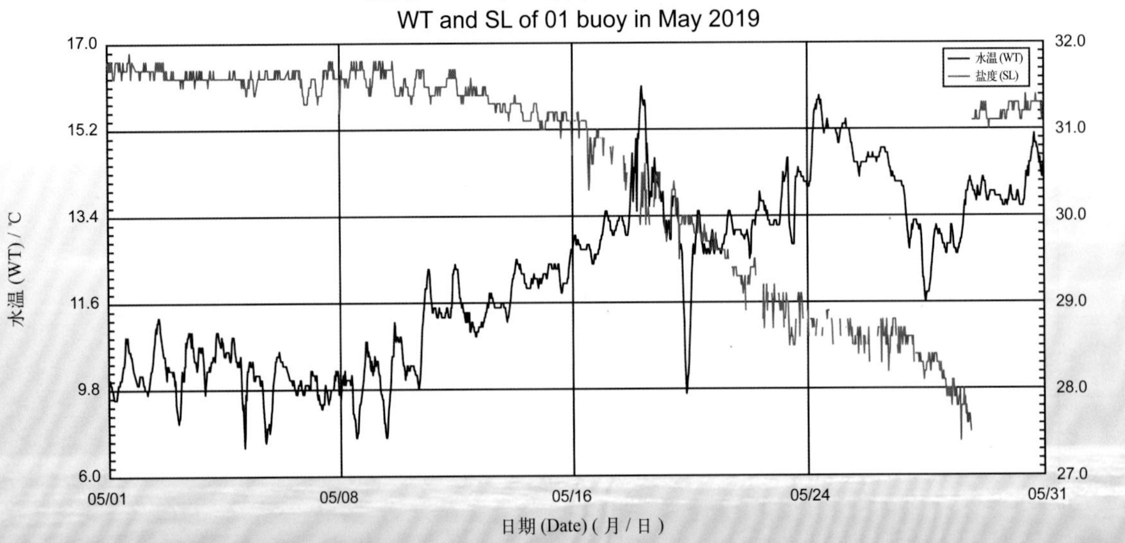
01 号浮标 2019 年 05 月水温、盐度观测数据曲线
WT and SL of 01 buoy in May 2019
水温 (WT)
盐度 (SL)
水温 (WT) / ℃
盐度 (SL)
17.0
15.2
13.4
11.6
9.8
6.0
32.0
31.0
30.0
29.0
28.0
27.0
05/01
05/08
05/16
05/24
05/31
日期 (Date) ( 月 / 日 )

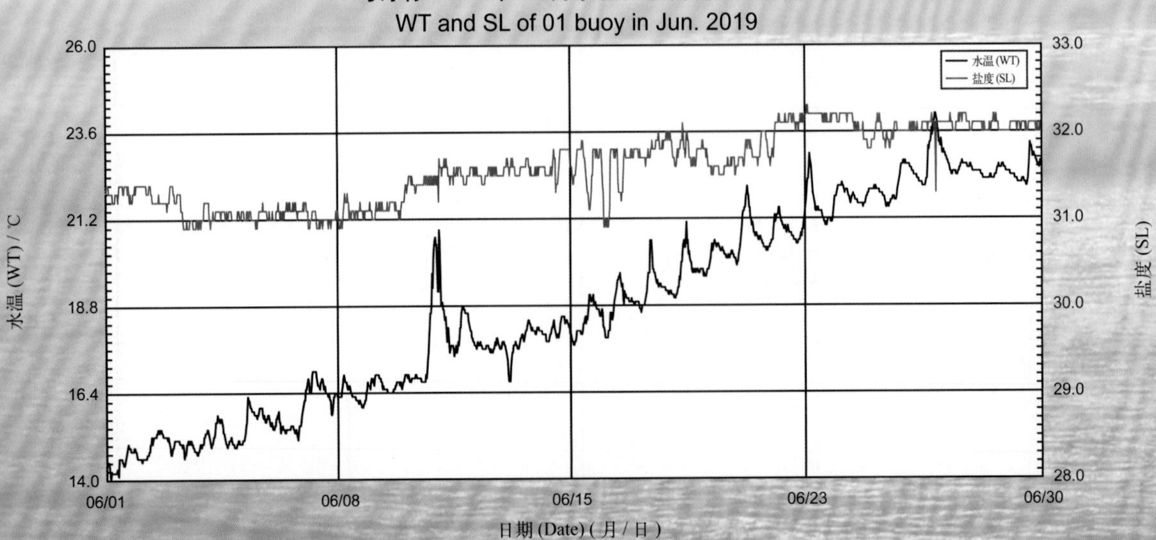
01 号浮标 2019 年 06 月水温、盐度观测数据曲线
WT and SL of 01 buoy in Jun. 2019
水温 (WT)
盐度 (SL)
水温 (WT) / ℃
盐度 (SL)
26.0
23.6
21.2
18.8
16.4
14.0
33.0
32.0
31.0
30.0
29.0
28.0
06/01
06/08
06/15
06/23
06/30
日期 (Date) ( 月 / 日 )

01 号浮标 2019 年 07 月水温、盐度观测数据曲线
WT and SL of 01 buoy in Jul. 2019

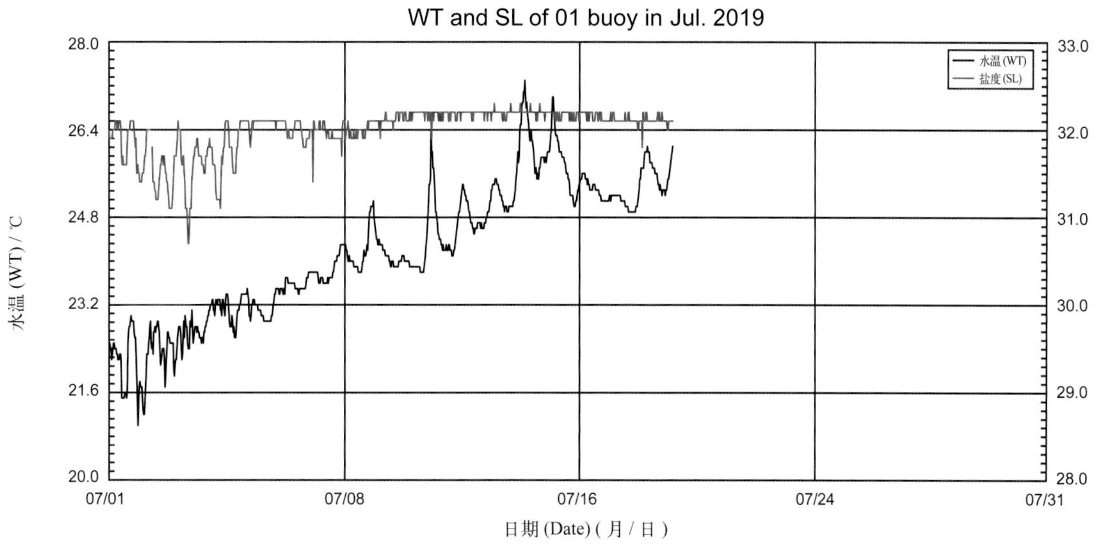


01 号浮标 2019 年 09 月水温、盐度观测数据曲线
WT and SL of 01 buoy in Sep. 2019

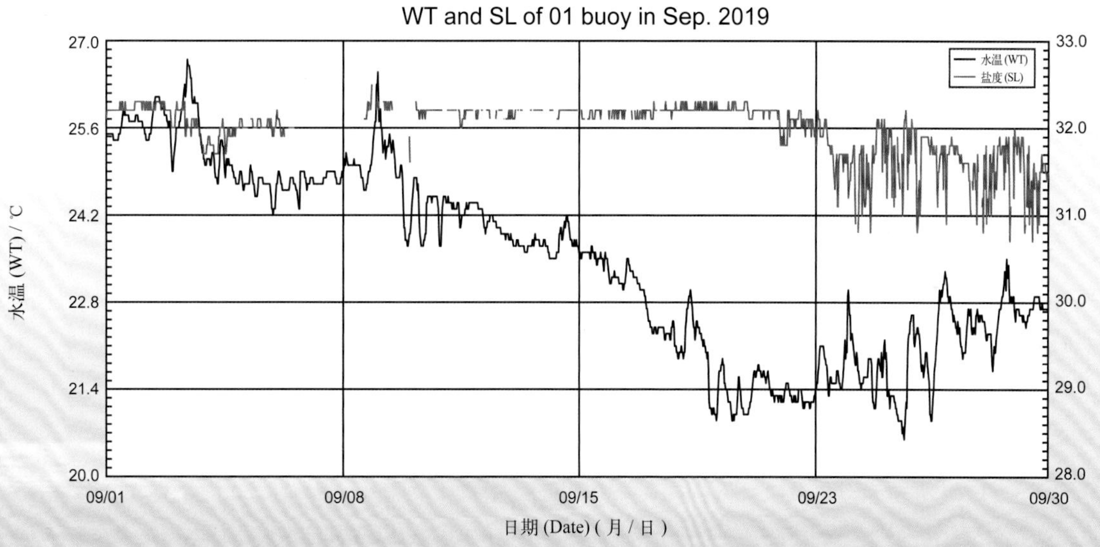

# 2019 年度 06 号浮标观测数据概述及曲线
## （水温和盐度）

2019 年，06 号浮标共获取 316 天的水温和盐度长序列观测数据。获取数据的主要区间共 3 个时间段，具体为 1 月 1 日 00:00 至 3 月 17 日 17:00、4 月 25 日 10:00 至 10 月 19 日 03:40 和 10 月 31 日 10:20 至 12 月 31 日 23:50。通过对获取数据质量控制和分析，06 号浮标观测海域 2019 年度水温、盐度数据和季节数据特征如下。

年度水温平均值为 21.88℃，年度盐度平均值为 31.72；测得的年度最高水温和最低水温分别为 31.3℃和 11.7℃；测得的年度最高盐度和最低盐度分别为 34.9 和 18.9。以 2 月为冬季代表月，观测海域冬季的平均水温是 13.94℃，平均盐度是 34.51；以 5 月为春季代表月，观测海域春季的平均水温是 19.53℃，平均盐度是 30.54；以 8 月为夏季代表月，观测海域夏季的平均水温是 28.10℃，平均盐度是 28.52；以 11 月为秋季代表月，观测海域秋季的平均水温是 21.72℃，平均盐度是 33.36。

06 号浮标布放海域月度水温、盐度变化特征与该海域的气温和降水等因素密切相关。2019 年，06 号浮标观测海域的水温、盐度的月平均值、最高值和最低值数据参见表 16。

2019 年，06 号浮标记录到 1 次寒潮过程和 5 次台风过程。寒潮的具体过程中，1 月 31 日至 2 月 1 日，水温降幅为 1.2℃（从 15.5℃降至 14.3℃），盐度变化幅度为 1.2（33.6 ~ 34.8）。第一次台风过程，7 月 18—20 日，受第 5 号热带风暴“丹娜丝”的影响，06 号浮标水温发生下降，7 月 18 日 16:30 至 7 月 20 日 06:30，从 27.1℃降至 24.4℃；盐度则发生两次下降，7 月 19 日 20:30 至 7 月 20 日 07:30，从 32.3 降至 28.9，7 月 20 日 14:00—18:00，从 31.3 降至 27.6。第二次台风过程，8 月 9—12 日，受第 9 号超强台风“利奇马”的影响，06 号浮标水温发生下降，8 月 9 日 03:30 至 8 月 11 日 08:00，从 28.5℃降至 25.5℃；盐度发生上升，8 月 9 日 03:00 至 8 月 11 日 04:00，从 28.7 升至 33.4。第三次台风过程，9 月 5—7 日，受第 13 号超强台风“玲玲”的影响，06 号浮标水温发生下降，9 月 5 日 18:10 至 9 月 7 日 15:00，从 26.6℃降至 24.1℃；盐度发生上升，9 月 5 日 20:10 至 9 月 7 日 15:10，从 26.7 升至 32.4。第四次台风过程，9 月 20—23 日，受第 17 号台风“塔巴”的影响，06 号浮标水温发生下降，9 月 20 日 16:20 至 9 月 22 日 10:10，从 25.9℃降至 24.4℃；盐度也发生下降，9 月 22 日 08:20 至 9 月 23 日 17:00，从 33.2 降至 31.4。第五次台风过程，10 月 1—3 日，受第 18 号台风“米娜”的影响，06 号浮标水温发生上升，10 月 3 日 06:50—14:00，从 24.7℃升至 26.0℃；盐度发生上升后迅速下降，10 月 1 日 09:50 至 10 月 2 日 01:20，从 31.4 升至 32.8，之后于 10 月 2 日 07:00 降至 31.7。

表 16　06 号浮标各月份水温、盐度观测数据

| 月份 | 水温 / ℃ | | | 盐度 | | | 备注 |
|---|---|---|---|---|---|---|---|
| | 平均 | 最高 | 最低 | 平均 | 最高 | 最低 | |
| 1 | 15.95 | 16.8 | 14.8 | 34.41 | 34.9 | 33.6 | |
| 2 | 13.94 | 15.4 | 12.9 | 34.51 | 34.9 | 33.0 | 记录 1 次寒潮 |
| 3 | 12.76 | 14.2 | 11.7 | 34.14 | 34.6 | 29.3 | 缺测 14 天数据 |
| 4 | — | — | — | — | — | — | 缺测数据 |
| 5 | 19.53 | 21.8 | 17.1 | 30.54 | 32.8 | 26.7 | |
| 6 | 22.63 | 24.5 | 20.8 | 29.57 | 33.1 | 24.1 | |
| 7 | 25.69 | 29.2 | 23.3 | 28.82 | 32.8 | 22.6 | 记录 1 次台风 |
| 8 | 28.10 | 31.3 | 25.5 | 28.52 | 33.6 | 18.9 | 记录 1 次台风 |
| 9 | 25.78 | 28.3 | 24.1 | 30.88 | 33.2 | 24.3 | 记录 2 次台风 |
| 10 | 24.44 | 26.0 | 23.3 | 30.06 | 32.8 | 26.6 | 记录 1 次台风，缺测 11 天数据 |
| 11 | 21.72 | 23.3 | 20.0 | 33.36 | 33.8 | 29.9 | |
| 12 | 18.28 | 20.1 | 16.5 | 33.79 | 34.1 | 33.1 | |

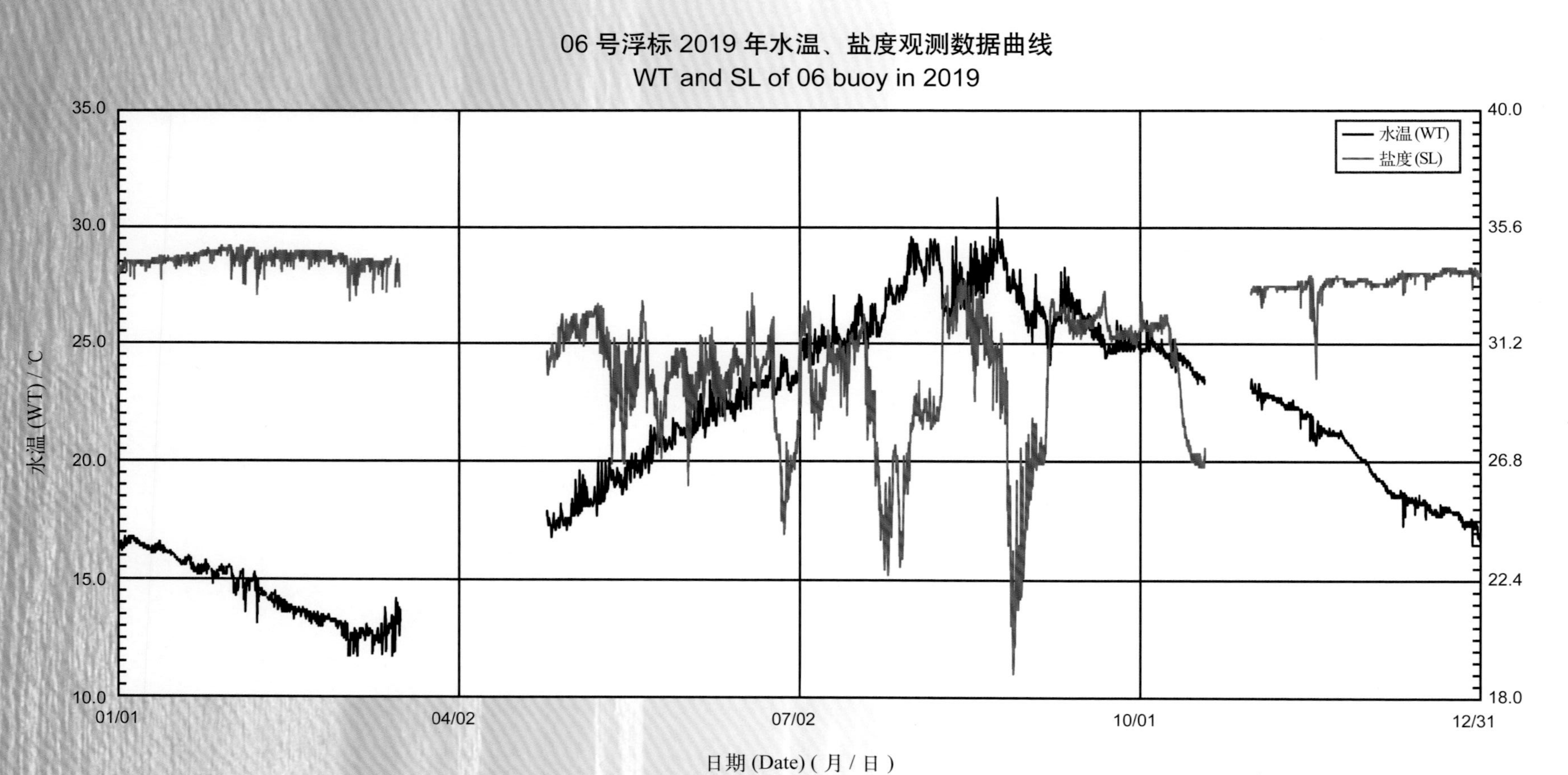

06 号浮标 2019 年水温、盐度观测数据曲线
WT and SL of 06 buoy in 2019
水温 (WT)
盐度 (SL)
水温 (WT) / ℃
盐度 (SL)
日期 (Date) ( 月 / 日 )
01/01
04/02
07/02
10/01
12/31
35.0
30.0
25.0
20.0
15.0
10.0
40.0
35.6
31.2
26.8
22.4
18.0

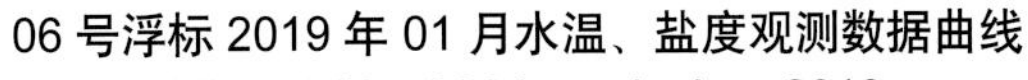


WT and SL of 06 buoy in Jan. 2019

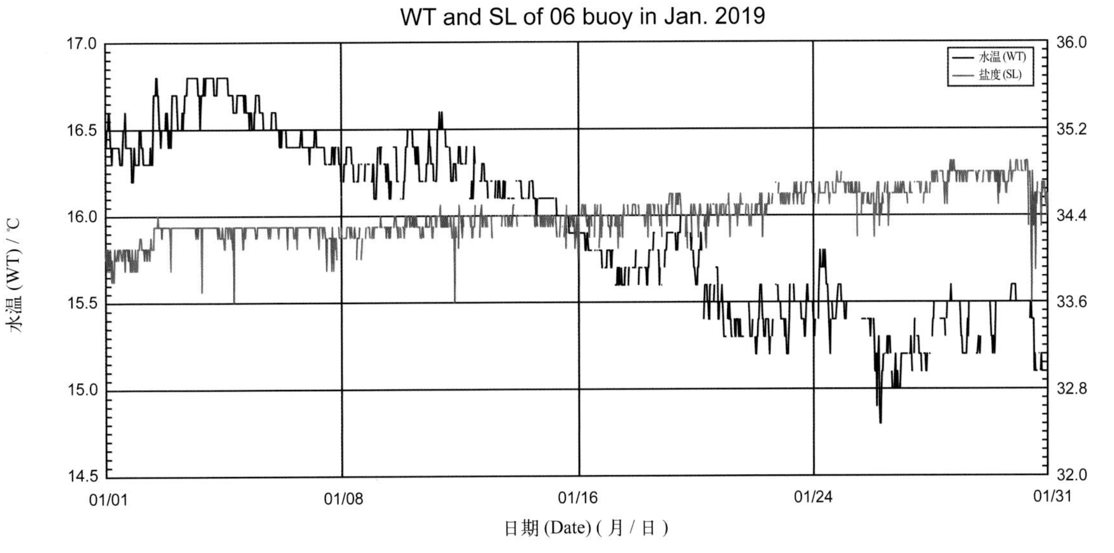


06 号浮标 2019 年 02 月水温、盐度观测数据曲线

WT and SL of 06 buoy in Feb. 2019

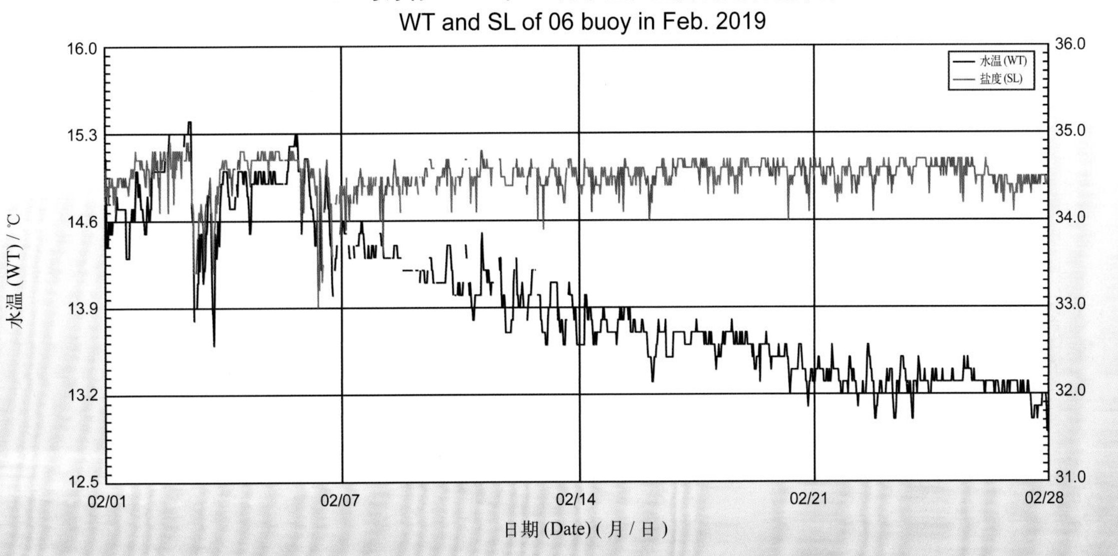


06 号浮标 2019 年 03 月水温、盐度观测数据曲线

WT and SL of 06 buoy in Mar. 2019

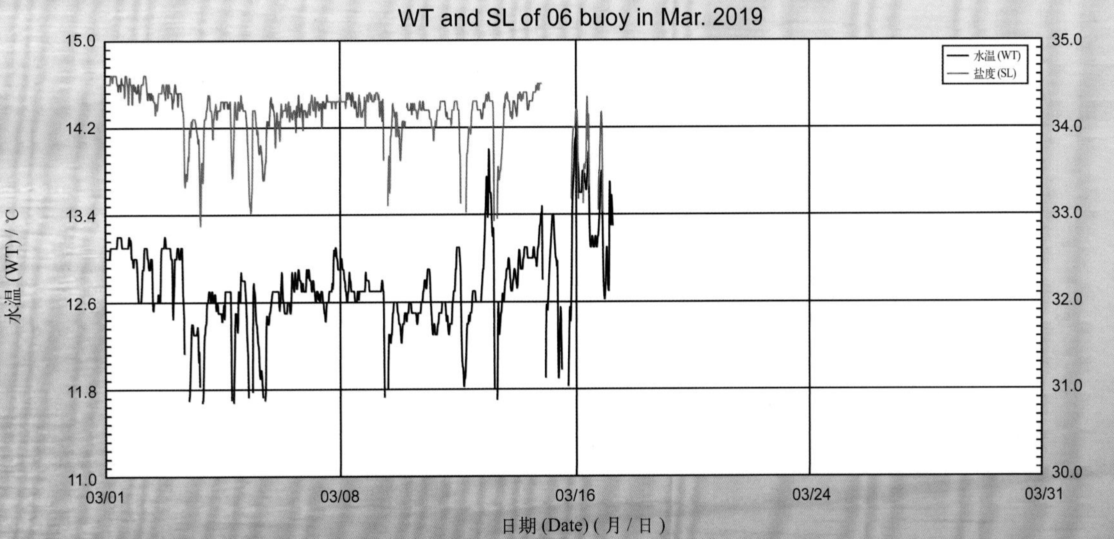

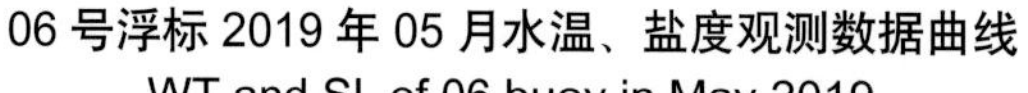

## 06 号浮标 2019 年 05 月水温、盐度观测数据曲线
WT and SL of 06 buoy in May 2019

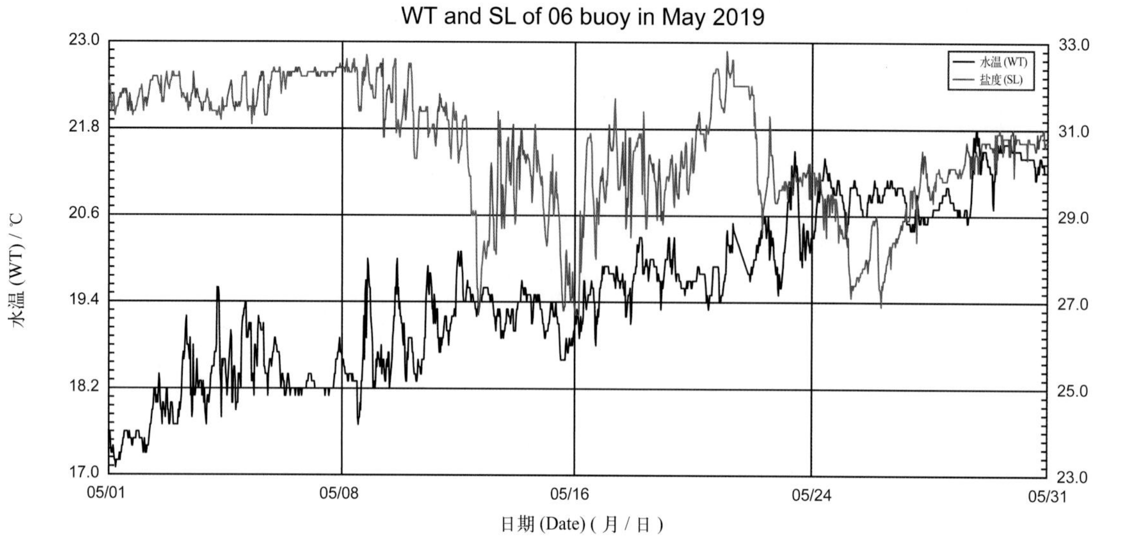


## 06 号浮标 2019 年 06 月水温、盐度观测数据曲线
WT and SL of 06 buoy in Jun. 2019

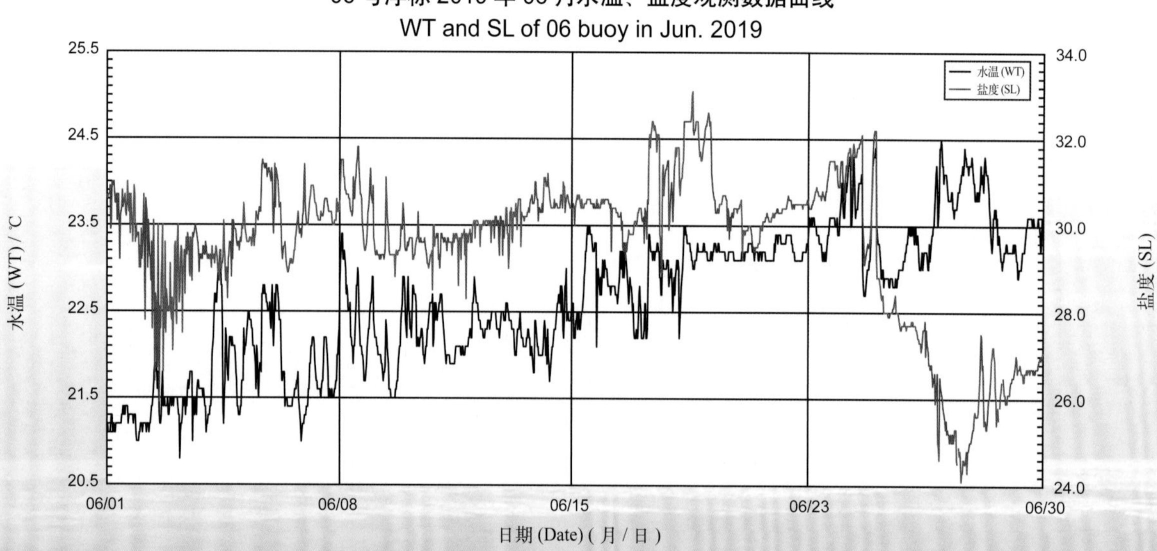


## 06 号浮标 2019 年 07 月水温、盐度观测数据曲线
WT and SL of 06 buoy in Jul. 2019

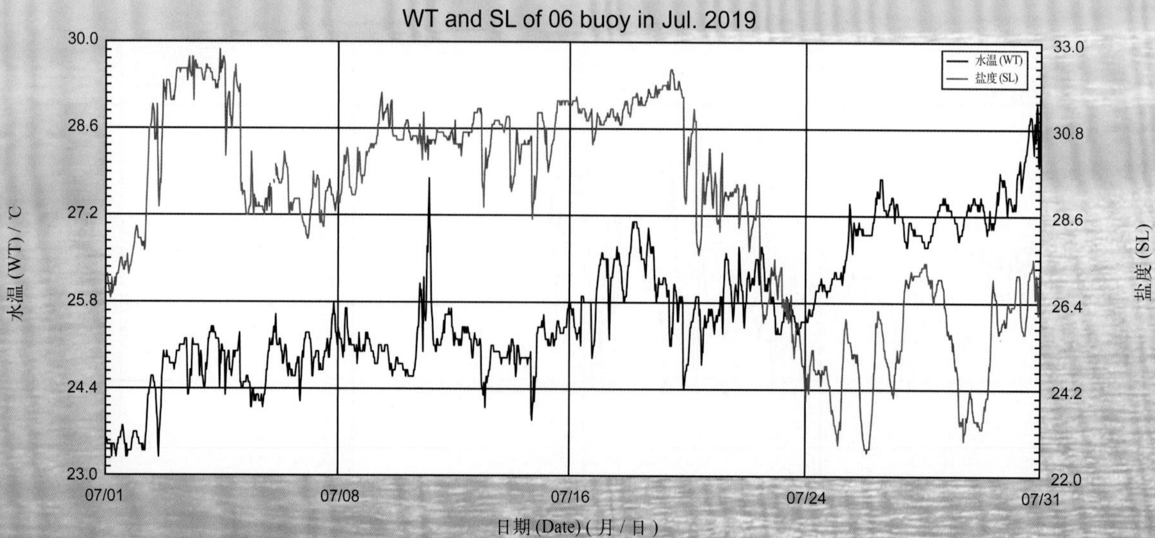

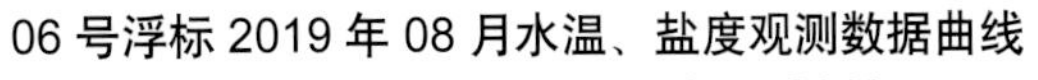

06 号浮标 2019 年 08 月水温、盐度观测数据曲线
WT and SL of 06 buoy in Aug. 2019

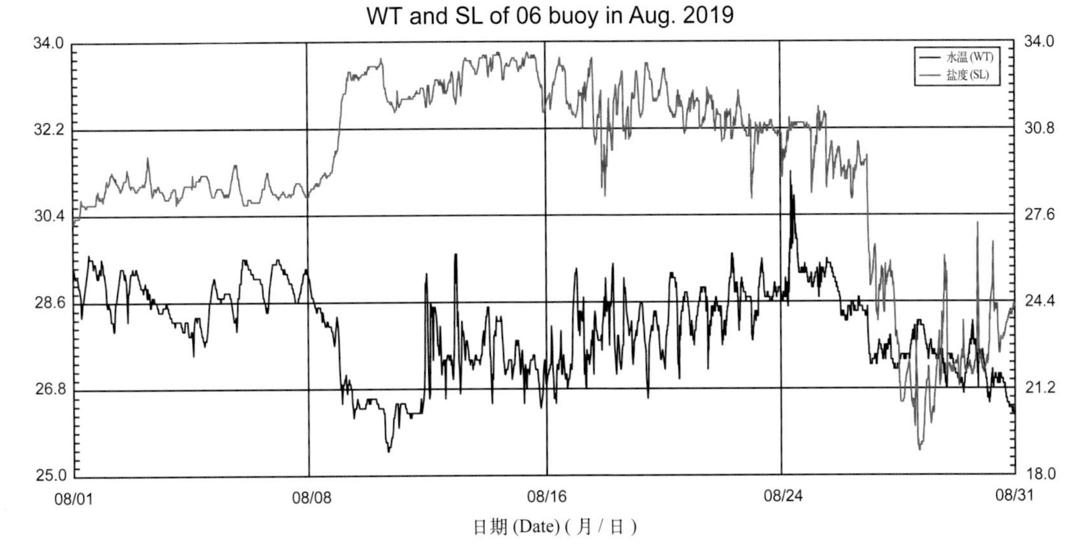


06 号浮标 2019 年 09 月水温、盐度观测数据曲线
WT and SL of 06 buoy in Sep. 2019

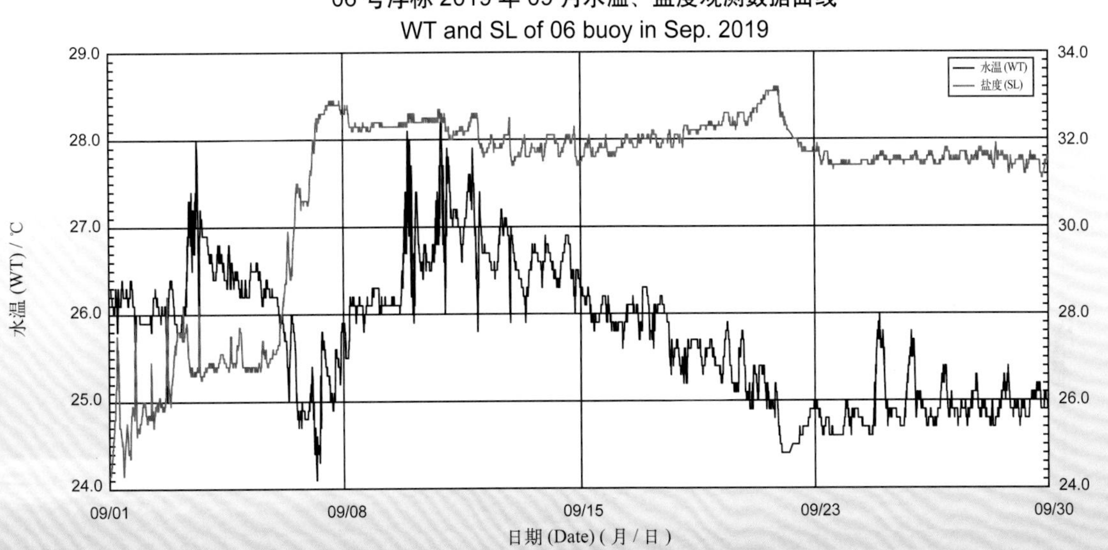


06 号浮标 2019 年 10 月水温、盐度观测数据曲线
WT and SL of 06 buoy in Oct. 2019

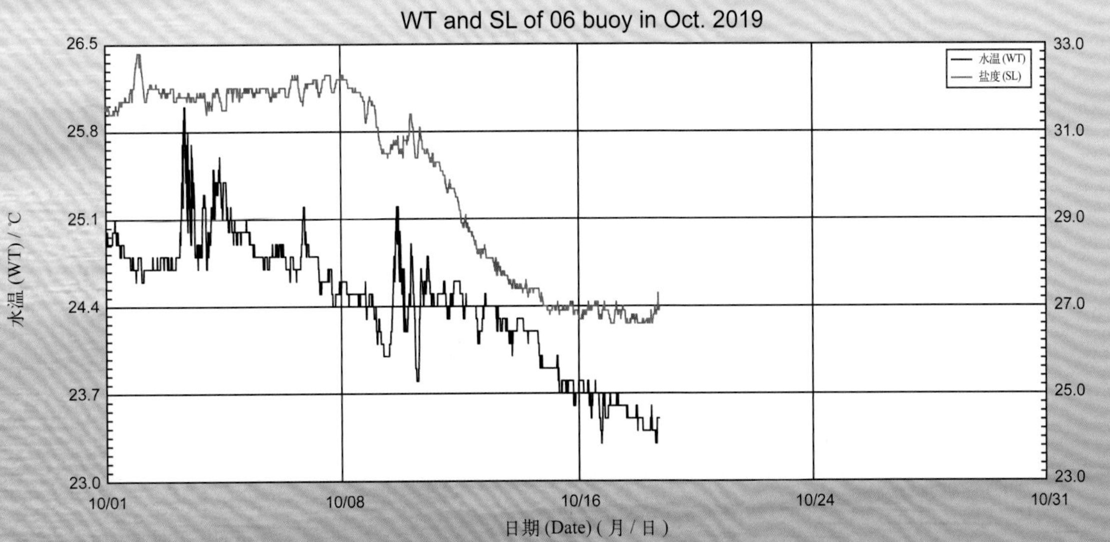

## 06 号浮标 2019 年 11 月水温、盐度观测数据曲线
WT and SL of 06 buoy in Nov. 2019

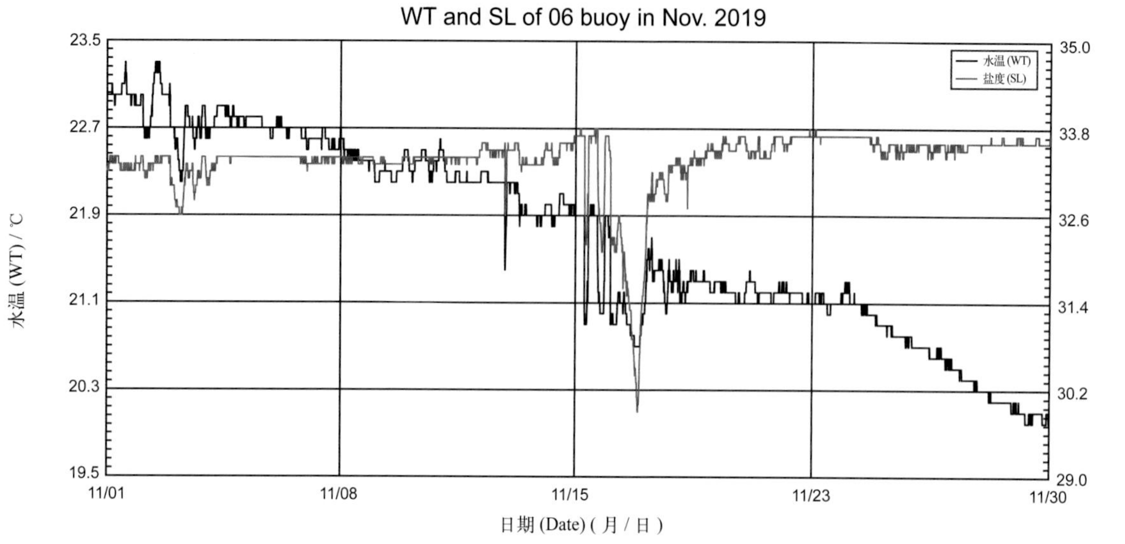


## 06 号浮标 2019 年 12 月水温、盐度观测数据曲线
WT and SL of 06 buoy in Dec. 2019

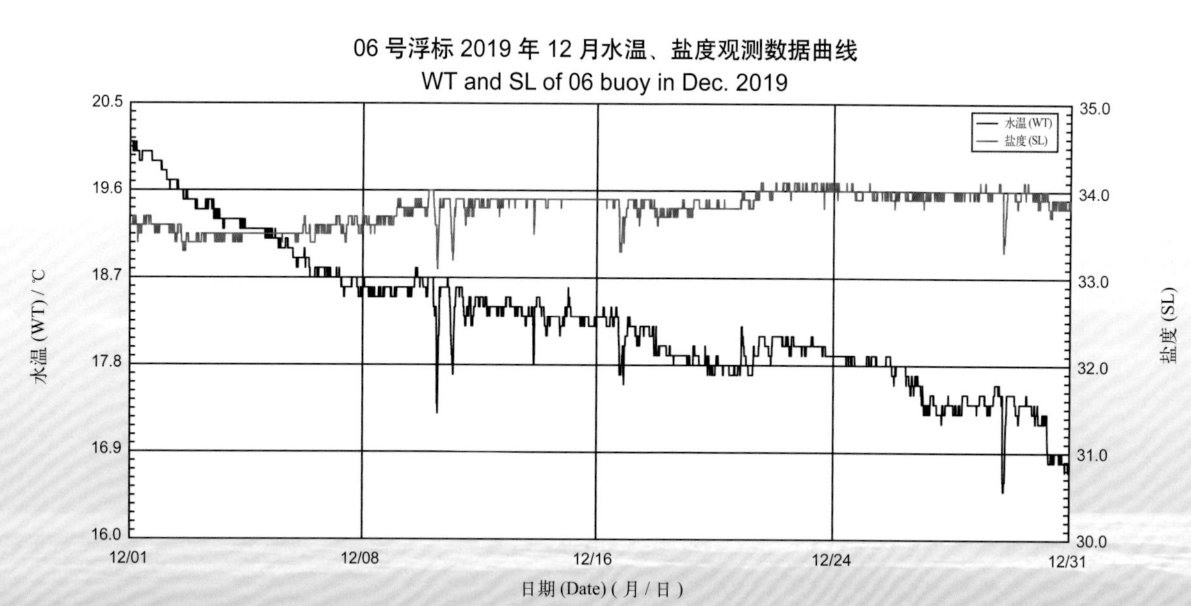

# 2019 年度 07 号浮标观测数据概述及曲线（水温和盐度）

2019 年， 07 号浮标共获取 337 天的水温和盐度长序列观测数据。获取数据的主要区间为 1 月 29 日 09:30 至 12 月 31 日 23:30。通过对获取数据质量控制和分析，07 号浮标观测海域 2019 年度水温、盐度数据和季节数据特征如下。

年度水温平均值为 14.20℃，年度盐度平均值为 32.15；测得的年度最高水温和最低水温分别为 26.1℃和 2.5℃；测得的年度最高盐度和最低盐度分别为 32.7 和 31.5。以 2 月为冬季代表月，观测海域冬季的平均水温是 3.35℃，平均盐度是 31.98；以 5 月为春季代表月，观测海域春季的平均水温是 12.48℃，平均盐度是 32.12；以 8 月为夏季代表月，观测海域夏季的平均水温是 22.15℃，平均盐度是 32.16；以 11 月为秋季代表月，观测海域秋季的平均水温是 15.22℃，平均盐度是 32.35。

07 号浮标布放海域月度水温、盐度变化特征与该海域的气温和降水等因素密切相关。2019 年，07 号浮标观测海域的水温、盐度的月平均值、最高值和最低值数据参见表 17。

2019 年，07 号浮标记录到 3 次寒潮过程和 2 次台风过程。第一次寒潮过程， 2 月 6—8 日，水温降幅为 1.2℃（从 4.3℃降至 3.1℃），盐度变化幅度为 0.2（31.9 ~ 32.1）。第二次寒潮过程，11 月 24—26 日，水温降幅为 2.9℃（从 14.6℃降至 11.7℃），盐度变化幅度为 0.1（32.4 ~ 32.5）。第三次寒潮过程，12 月 30—31 日，水温降幅为 2.4℃（从 8.3℃降至 5.9℃），盐度变化幅度为 0.2（32.5 ~ 32.7）。第一次台风过程，8 月 10—13 日，受第 9 号超强台风“利奇马”的影响，07 号浮标水温发生明显上升后迅速下降，最后趋于平稳，8 月 10 日 04:00—09:30，从 21.0℃升至 25.0℃，之后于 8 月 10 日 12:30 降至 21.0℃；台风期间盐度变化幅度为 0.5（31.8 ~ 32.3）。第二次台风过程，9 月 6—8 日，受第 13 号超强台风“玲玲”的影响，07 号浮标水温发生上升后迅速下降，最后趋于平稳，9 月 8 日 08:00—16:30，从 23.0℃升至 24.8℃，之后于 9 月 8 日 19:30 降至 23.3℃；台风期间盐度比较稳定，变化幅度为 0.3（31.8 ~ 32.1）。

表 17　07 号浮标各月份水温、盐度观测数据

| 月份 | 水温 / ℃ | | | 盐度 | | | 备注 |
|---|---|---|---|---|---|---|---|
| | 平均 | 最高 | 最低 | 平均 | 最高 | 最低 | |
| 1 | — | — | — | — | — | — | 缺测数据 |
| 2 | 3.35 | 4.3 | 2.5 | 31.98 | 32.3 | 31.8 | 记录 1 次寒潮 |
| 3 | 4.71 | 6.8 | 3.6 | 32.04 | 32.2 | 31.9 | |
| 4 | 7.96 | 11.0 | 5.8 | 32.09 | 32.2 | 32.0 | |
| 5 | 12.48 | 17.1 | 9.8 | 32.12 | 32.3 | 31.9 | |
| 6 | 16.94 | 22.3 | 14.0 | 32.06 | 32.2 | 31.9 | |
| 7 | 20.61 | 23.8 | 18.8 | 32.18 | 32.5 | 31.5 | |
| 8 | 22.15 | 26.1 | 20.4 | 32.16 | 32.5 | 31.5 | 记录 1 次台风 |
| 9 | 23.17 | 24.8 | 22.3 | 32.00 | 32.2 | 31.7 | 记录 1 次台风 |
| 10 | 20.42 | 23.4 | 17.1 | 32.15 | 32.3 | 31.7 | |
| 11 | 15.22 | 18.6 | 10.5 | 32.35 | 32.6 | 32.1 | 记录 1 次寒潮 |
| 12 | 9.26 | 12.5 | 5.9 | 32.54 | 32.7 | 32.4 | 记录 1 次寒潮 |

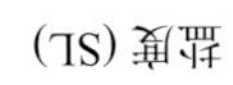
盐度 (SL)

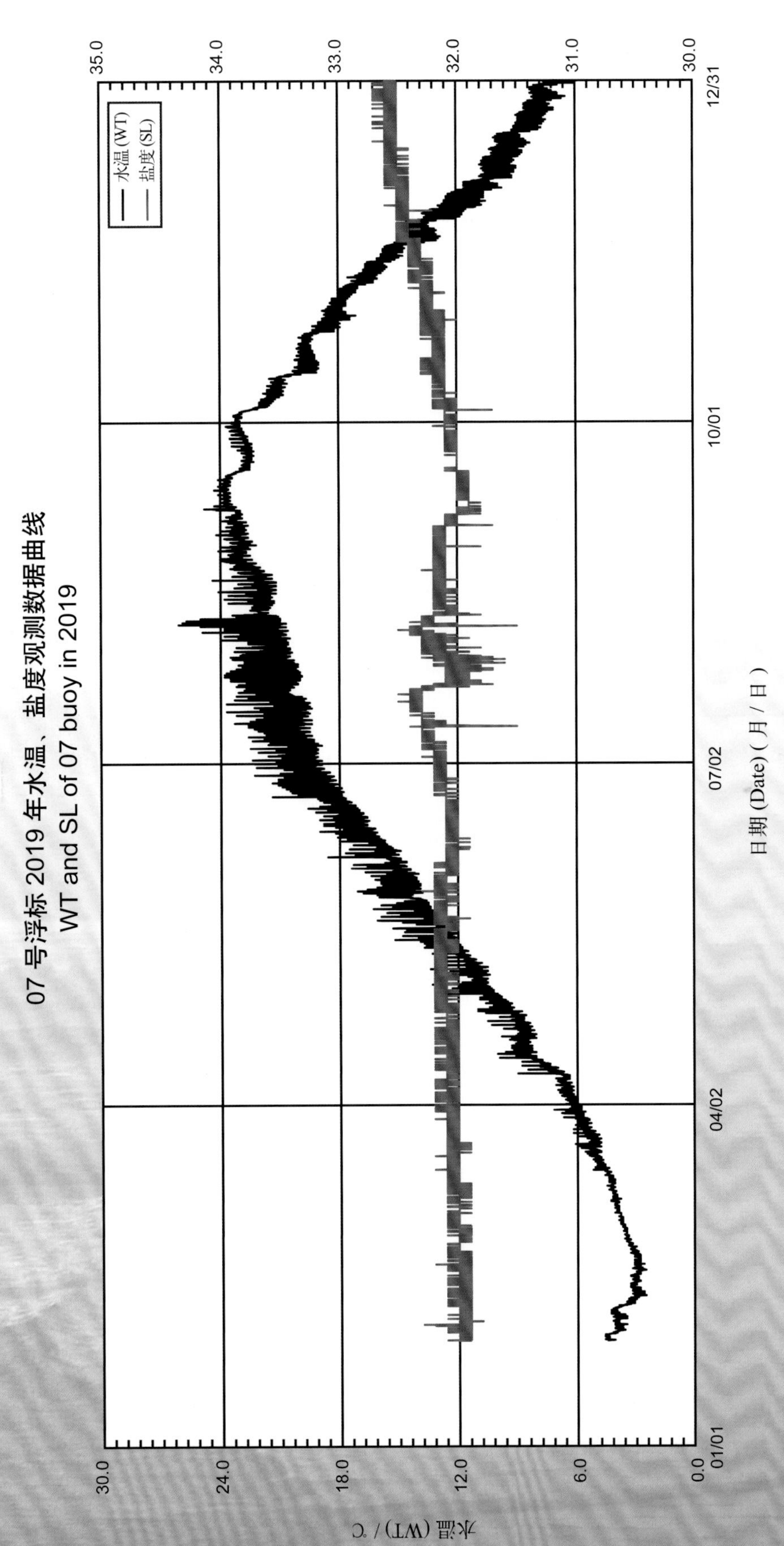
07 号浮标 2019 年水温、盐度观测数据曲线
WT and SL of 07 buoy in 2019
水温 (WT)
盐度 (SL)
30.0
24.0
18.0
12.0
6.0
0.0
35.0
34.0
33.0
32.0
31.0
30.0
01/01
04/02
07/02
10/01
12/31
日期 (Date) ( 月 / 日 )
水温 (WT) / ℃

07 号浮标 2019 年 02 月水温、盐度观测数据曲线
WT and SL of 07 buoy in Feb. 2019

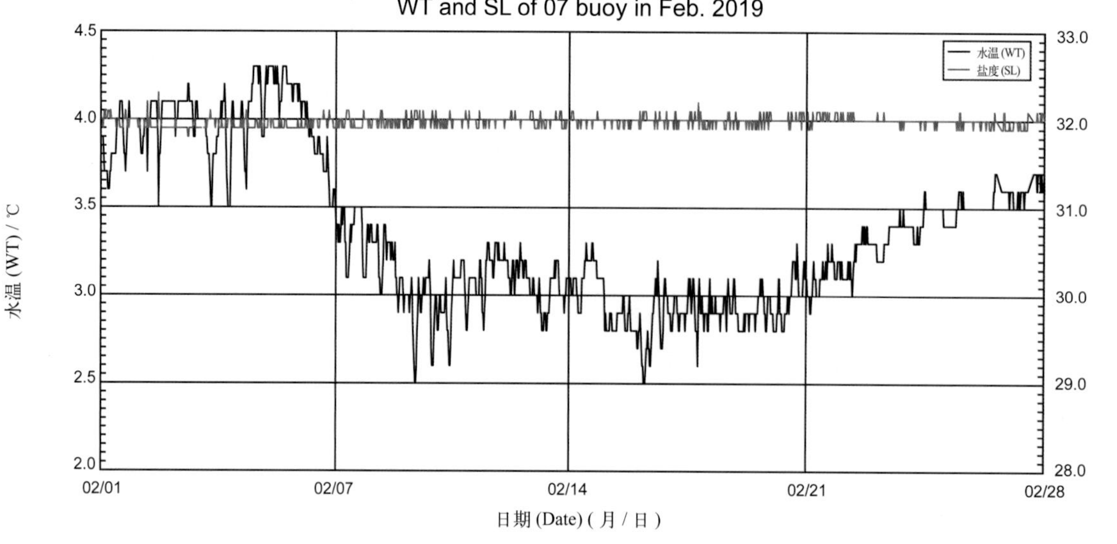


07 号浮标 2019 年 03 月水温、盐度观测数据曲线
WT and SL of 07 buoy in Mar. 2019

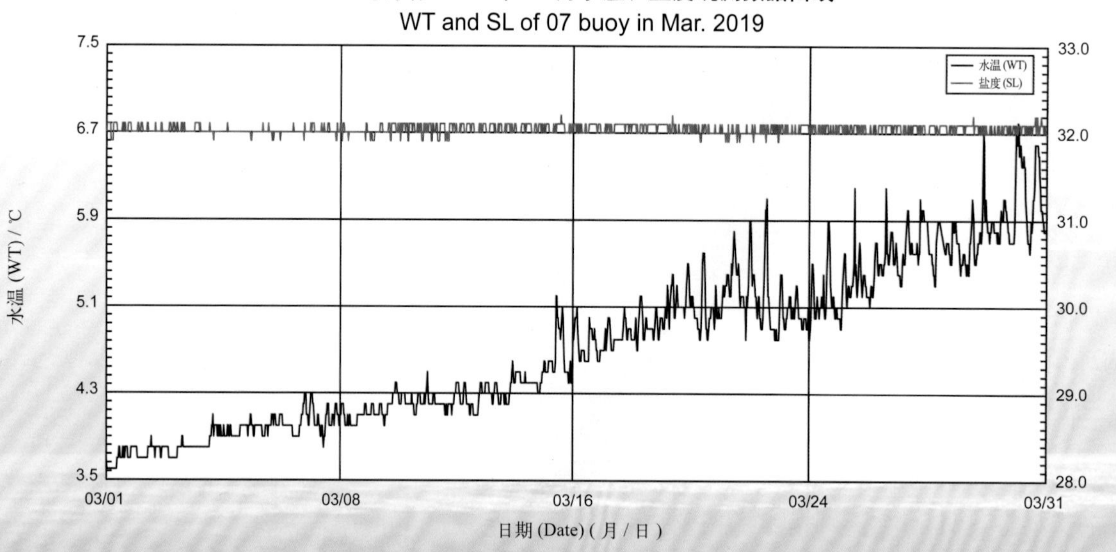


07 号浮标 2019 年 04 月水温、盐度观测数据曲线
WT and SL of 07 buoy in Apr. 2019

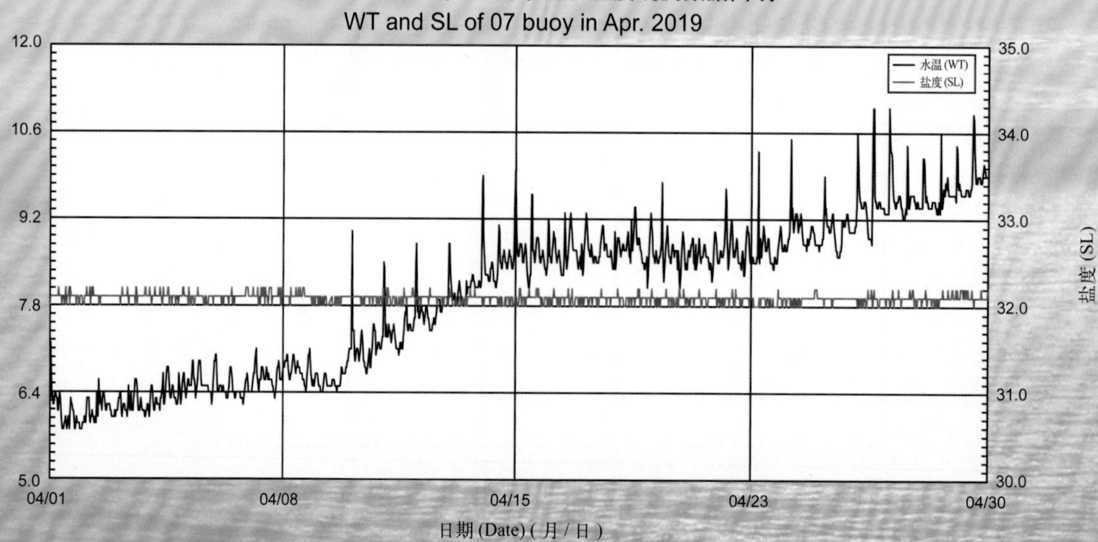

07 号浮标 2019 年 05 月水温、盐度观测数据曲线
WT and SL of 07 buoy in May 2019

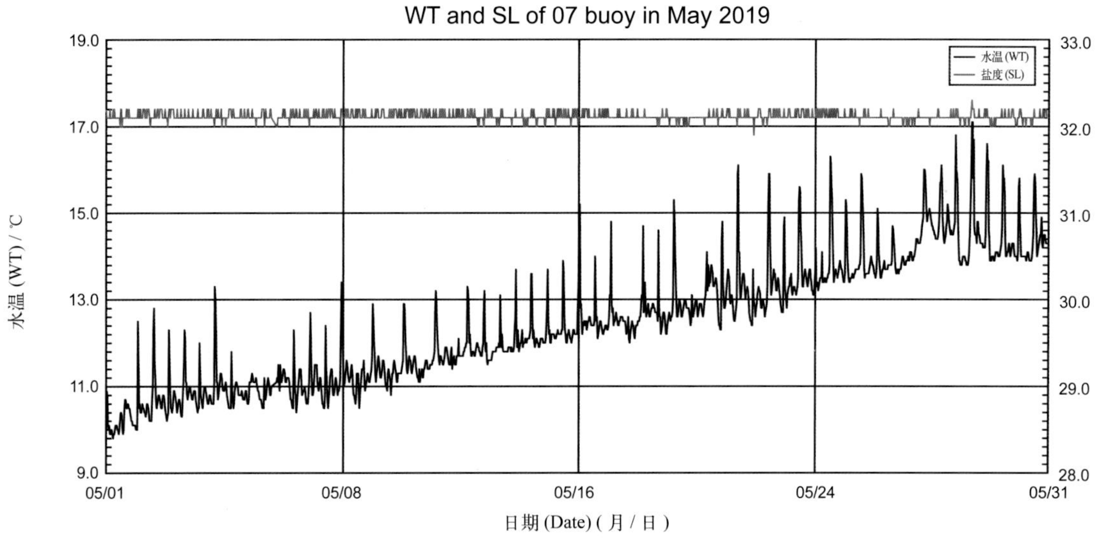


07 号浮标 2019 年 06 月水温、盐度观测数据曲线
WT and SL of 07 buoy in Jun. 2019

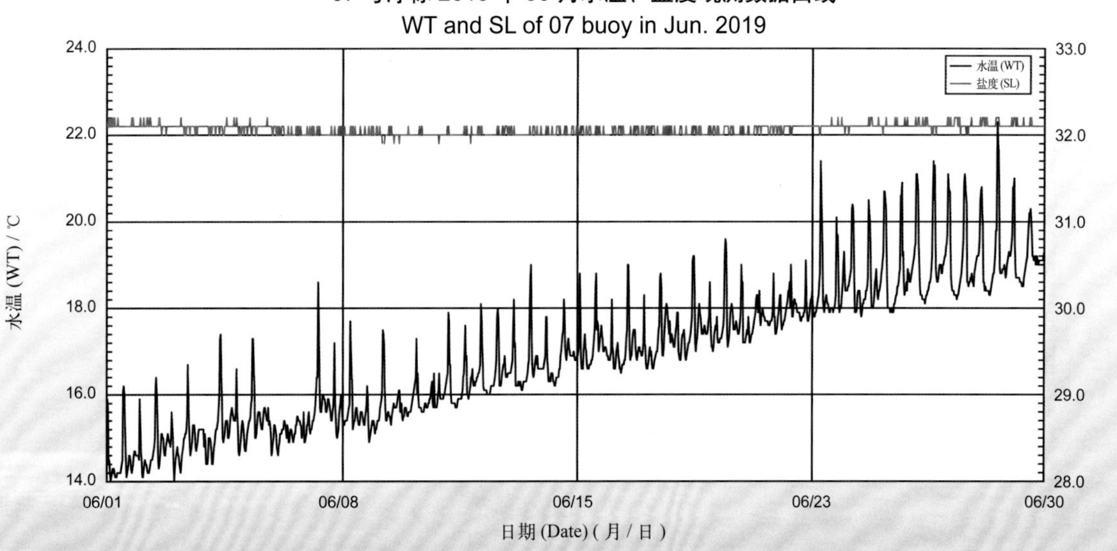


07 号浮标 2019 年 07 月水温、盐度观测数据曲线
WT and SL of 07 buoy in Jul. 2019

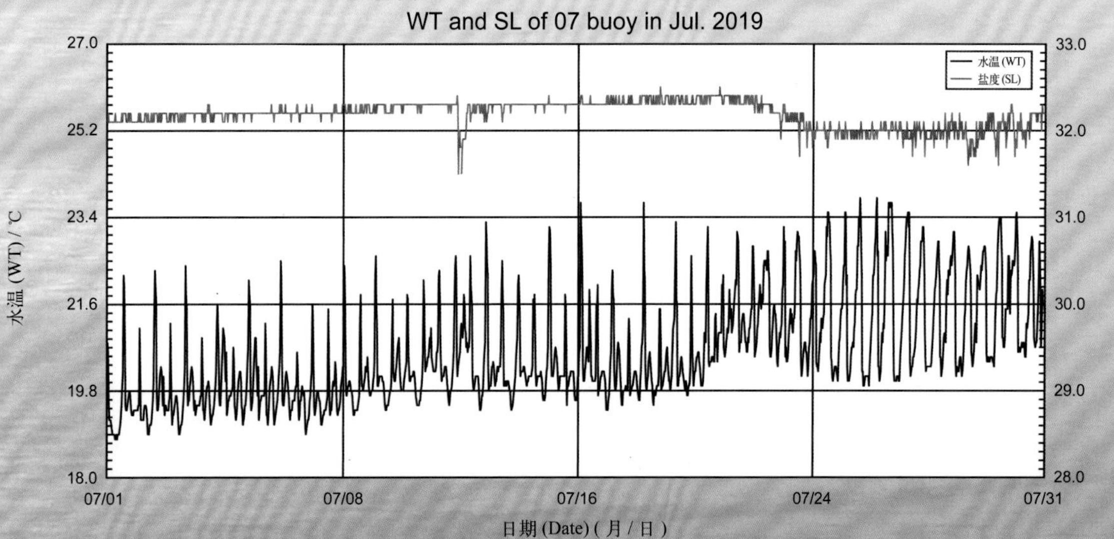

## 07 号浮标 2019 年 08 月水温、盐度观测数据曲线
WT and SL of 07 buoy in Aug. 2019

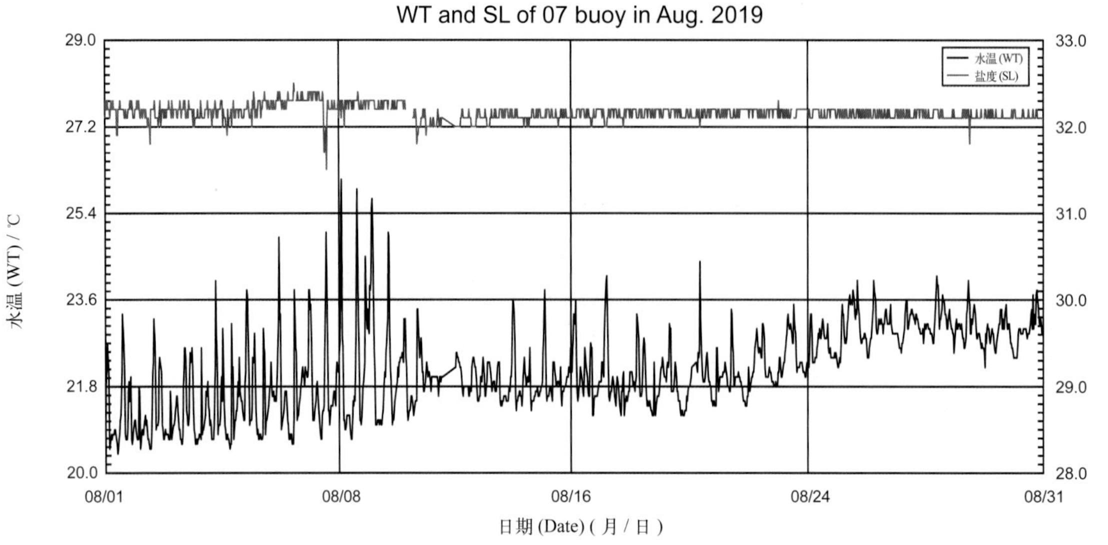


## 07 号浮标 2019 年 09 月水温、盐度观测数据曲线
WT and SL of 07 buoy in Sep. 2019

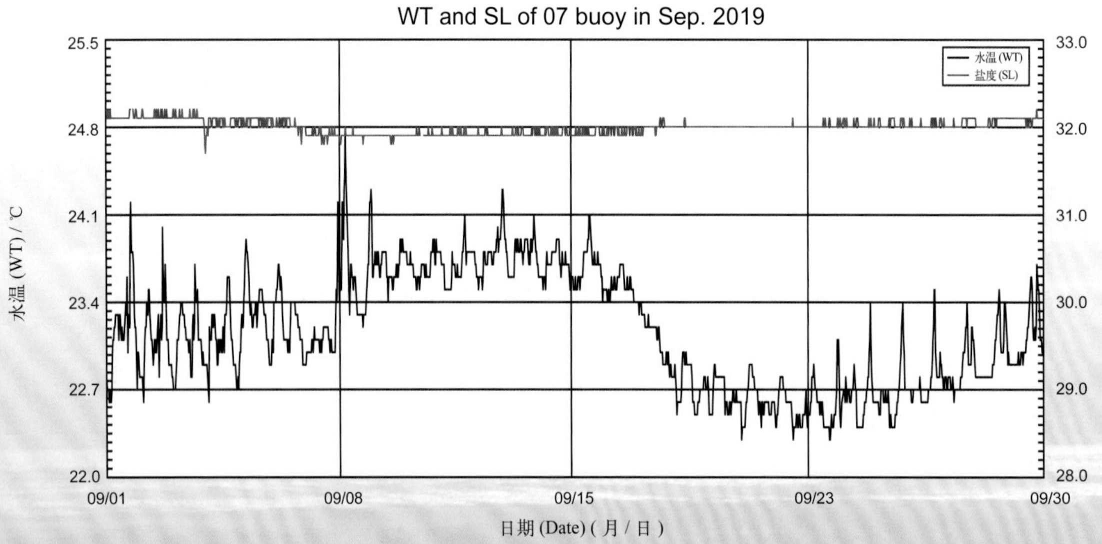


## 07 号浮标 2019 年 10 月水温、盐度观测数据曲线
WT and SL of 07 buoy in Oct. 2019

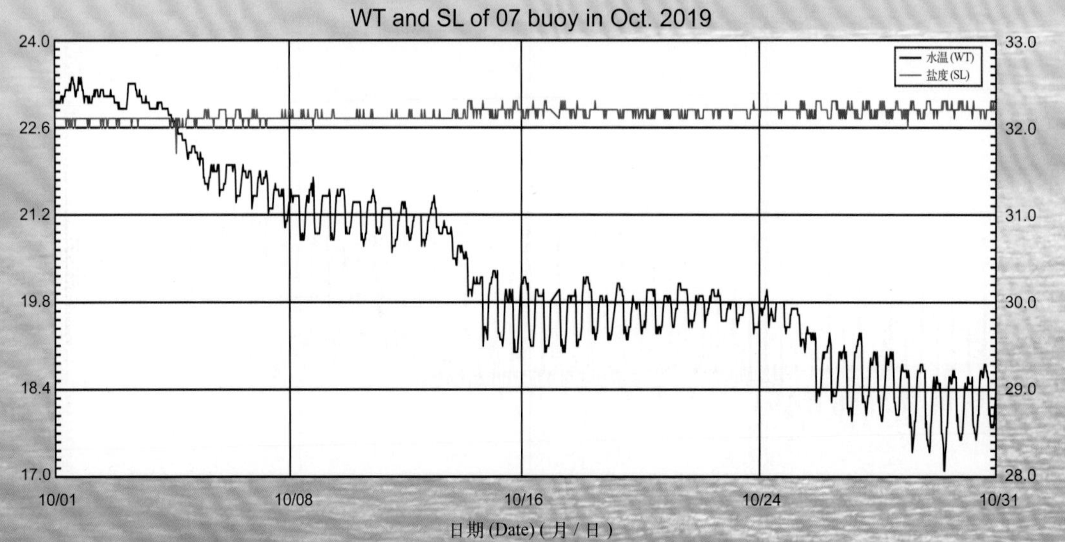

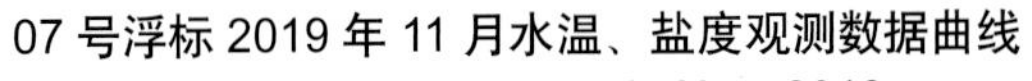

07 号浮标 2019 年 11 月水温、盐度观测数据曲线
WT and SL of 07 buoy in Nov. 2019

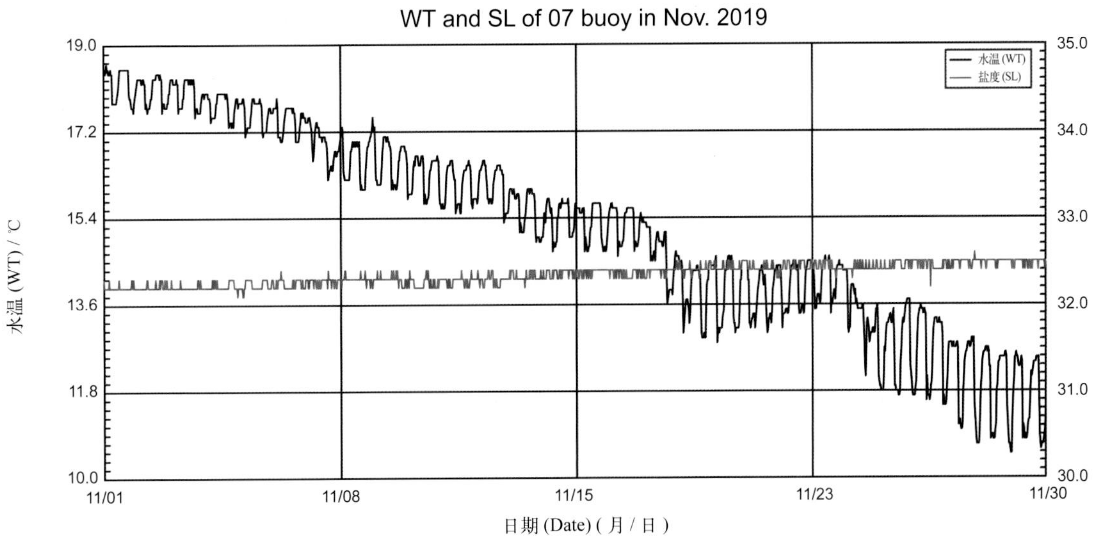


07 号浮标 2019 年 12 月水温、盐度观测数据曲线
WT and SL of 07 buoy in Dec. 2019

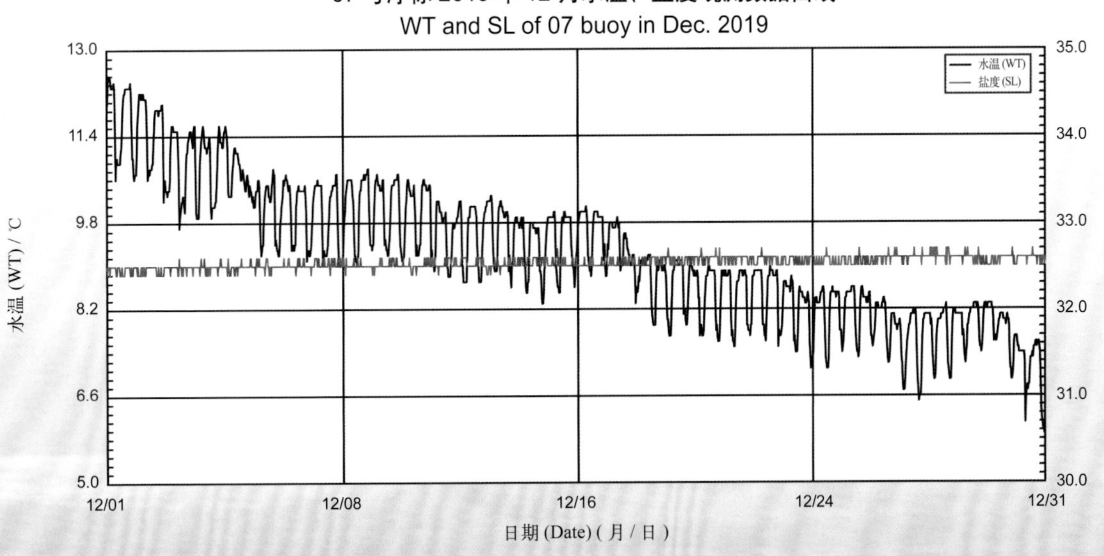

# 2019 年度 18 号浮标观测数据概述及曲线
# （水温和盐度）

2019 年，18 号浮标共获取 364 天的水温和盐度长序列观测数据。获取数据的主要区间为 1 月 2 日 08:40 至 12 月 31 日 23:50。通过对获取数据质量控制和分析，18 号浮标观测海域 2019 年度水温、盐度数据和季节数据特征如下。

年度水温平均值为 16.20℃，年度盐度平均值为 31.62；测得的年度最高水温和最低水温分别为 29.7℃和 4.9℃；测得的年度最高盐度和最低盐度分别为 32.4 和 30.2。以 2 月为冬季代表月，观测海域冬季的平均水温是 5.85℃，平均盐度是 31.88；以 5 月为春季代表月，观测海域春季的平均水温是 14.88℃，平均盐度是 31.44；以 8 月为夏季代表月，观测海域夏季的平均水温是 26.39℃，平均盐度是 31.41；以 11 月为秋季代表月，观测海域秋季的平均水温是 17.69℃，平均盐度是 31.92。

18 号浮标布放海域月度水温、盐度变化特征与该海域的气温和降水等因素密切相关。2019 年，18 号浮标观测海域的水温、盐度的月平均值、最高值和最低值数据参见表 18。

2019 年，18 号浮标记录到 1 次寒潮过程和 2 次台风过程。寒潮的具体过程中，11 月 24—25 日，水温降幅为 1.3℃（从 16.7℃降至 15.4℃），盐度变化幅度为 0.4（31.7 ~ 32.1）。第一次台风过程，8 月 10—11 日，受第 9 号超强台风“利奇马”的影响，18 号浮标水温发生下降，8 月 10 日 13:20 至 8 月 11 日 06:00，从 27.8℃降至 24.7℃；盐度发生上升，8 月 10 日 19:50 至 8 月 11 日 06:50，从 30.4 升至 31.5。第二次台风过程，9 月 6—8 日，受第 13 号超强台风“玲玲”的影响，18 号浮标水温发生上升，9 月 7 日 08:20 至 9 月 8 日 12:10，从 24.9℃升至 26.8℃；盐度比较稳定，变化幅度为 0.2（31.6 ~ 31.8）。

表 18　18 号浮标各月份水温、盐度观测数据

| 月份 | 水温 / ℃ | | | 盐度 | | | 备注 |
|---|---|---|---|---|---|---|---|
| | 平均 | 最高 | 最低 | 平均 | 最高 | 最低 | |
| 1 | 7.57 | 8.9 | 6.4 | 31.93 | 32.2 | 31.3 | 缺测 1 天数据 |
| 2 | 5.85 | 6.9 | 4.9 | 31.88 | 32.2 | 31.3 | |
| 3 | 6.97 | 9.1 | 5.2 | 31.53 | 32.0 | 30.6 | |
| 4 | 9.84 | 11.9 | 7.9 | 31.74 | 32.4 | 30.7 | |
| 5 | 14.88 | 18.0 | 11.2 | 31.44 | 32.0 | 30.5 | |
| 6 | 20.00 | 25.5 | 16.7 | 31.01 | 31.7 | 30.3 | |
| 7 | 24.90 | 29.7 | 21.9 | 31.01 | 31.6 | 30.2 | |
| 8 | 26.39 | 28.8 | 24.7 | 31.41 | 31.8 | 30.4 | 记录 1 次台风 |
| 9 | 25.03 | 26.9 | 24.1 | 31.72 | 31.8 | 31.6 | 记录 1 次台风 |
| 10 | 22.19 | 25.6 | 19.9 | 31.80 | 32.0 | 31.7 | |
| 11 | 17.69 | 20.6 | 14.4 | 31.92 | 32.1 | 31.6 | 记录 1 次寒潮 |
| 12 | 12.01 | 14.8 | 8.7 | 32.03 | 32.22 | 31.5 | |

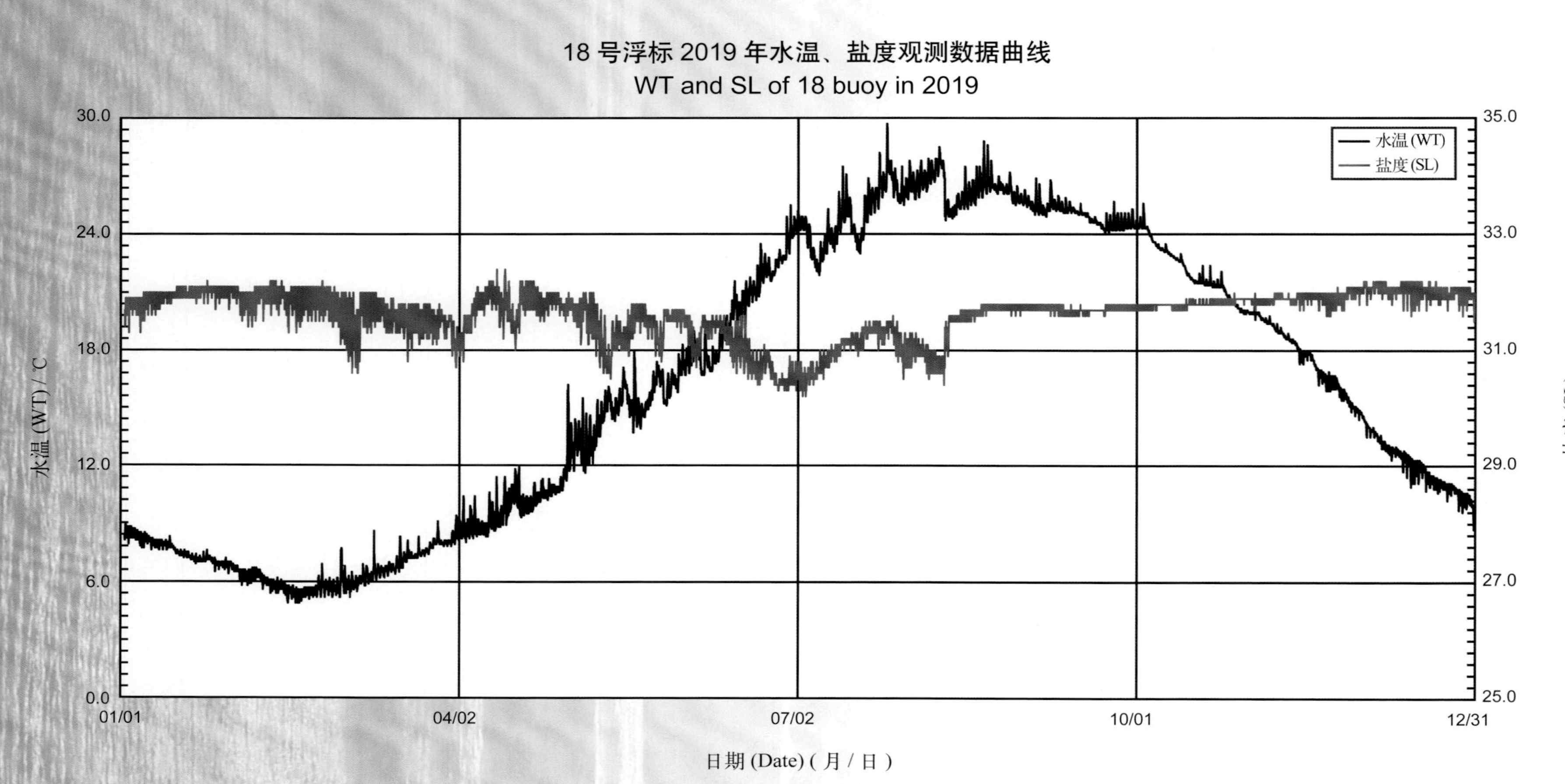

18 号浮标 2019 年水温、盐度观测数据曲线
WT and SL of 18 buoy in 2019
水温 (WT)
盐度 (SL)
30.0
24.0
18.0
12.0
6.0
0.0
35.0
33.0
31.0
29.0
27.0
25.0
01/01
04/02
07/02
10/01
12/31
水温 (WT) / ℃
日期 (Date) ( 月 / 日 )

盐度 (SL)

18 号浮标 2019 年 01 月水温、盐度观测数据曲线
WT and SL of 18 buoy in Jan. 2019

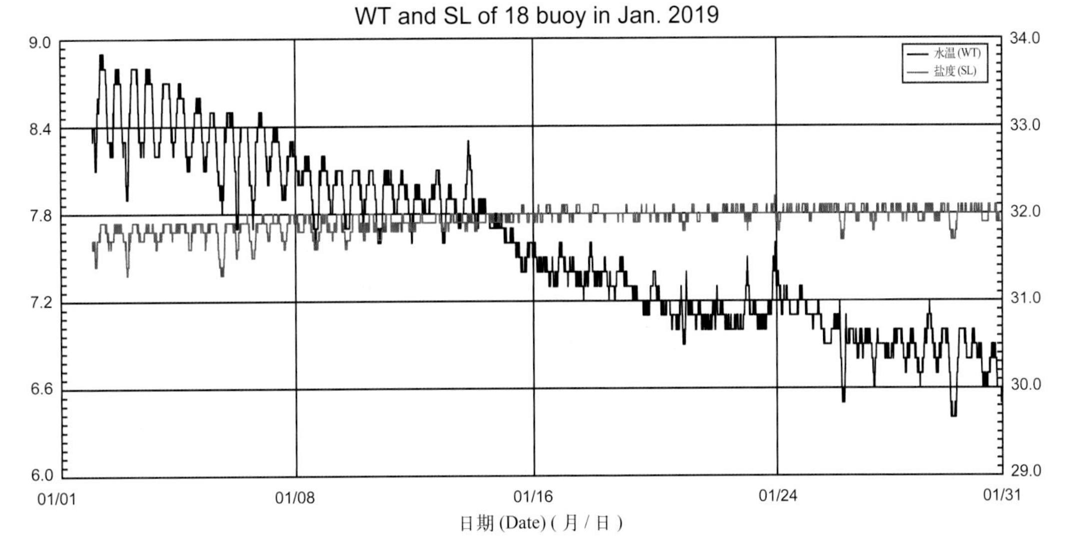


18 号浮标 2019 年 02 月水温、盐度观测数据曲线
WT and SL of 18 buoy in Feb. 2019

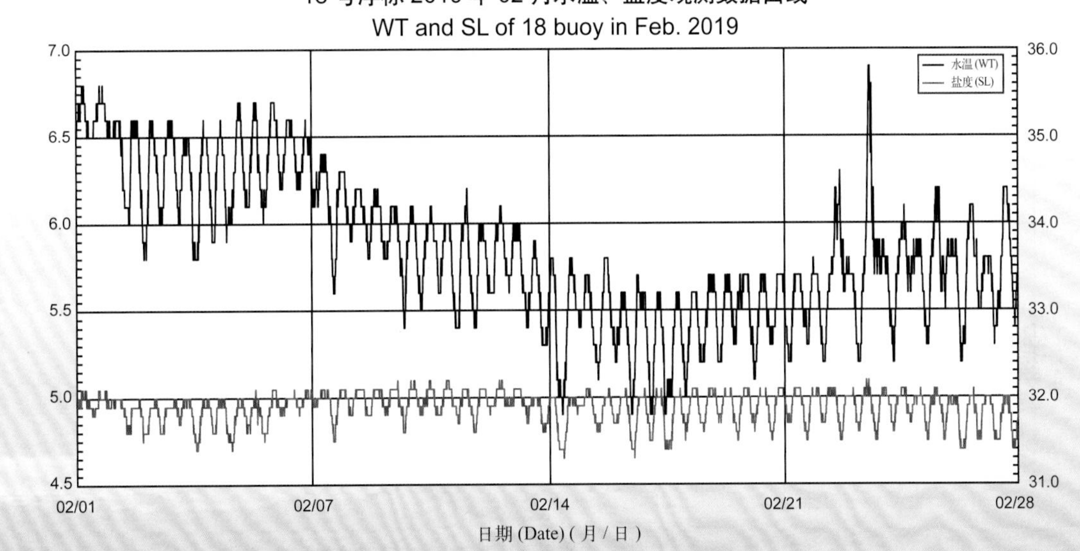


18 号浮标 2019 年 03 月水温、盐度观测数据曲线
WT and SL of 18 buoy in Mar. 2019

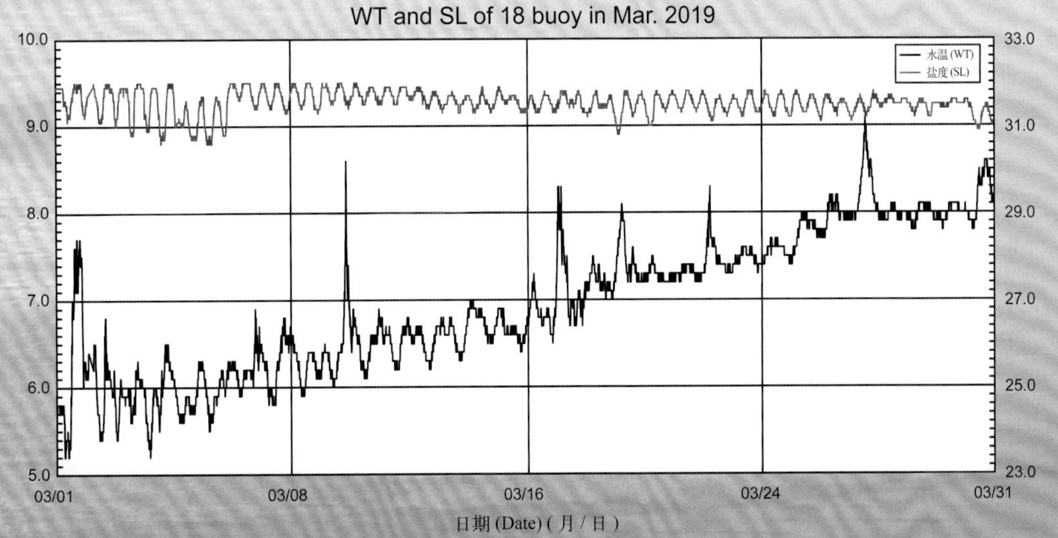

18 号浮标 2019 年 04 月水温、盐度观测数据曲线
WT and SL of 18 buoy in Apr. 2019

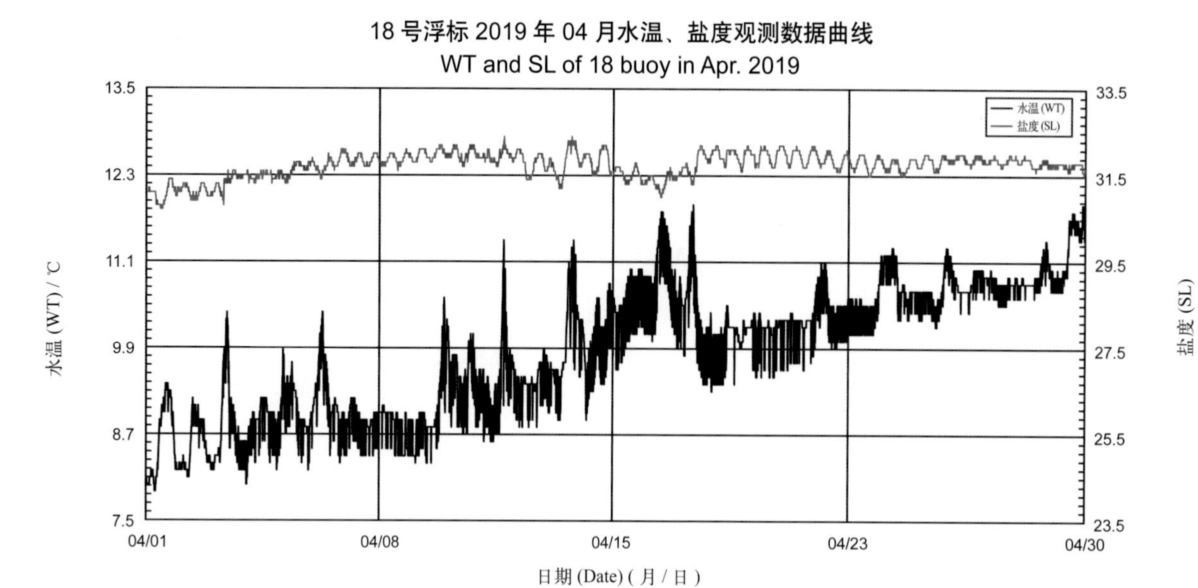


18 号浮标 2019 年 05 月水温、盐度观测数据曲线
WT and SL of 18 buoy in May 2019

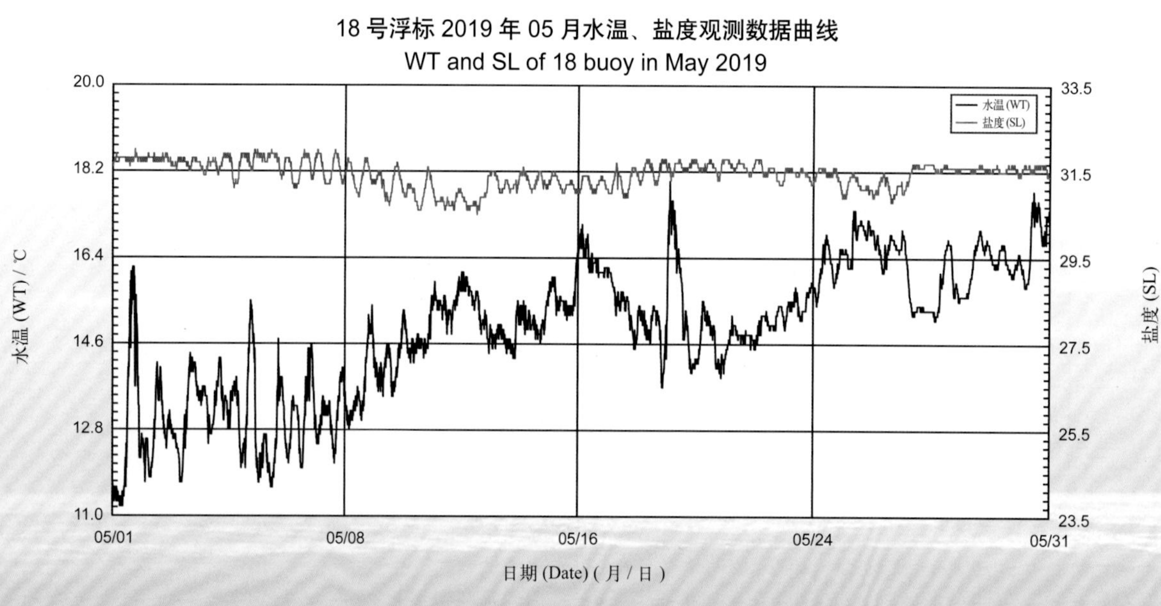


18 号浮标 2019 年 06 月水温、盐度观测数据曲线
WT and SL of 18 buoy in Jun. 2019

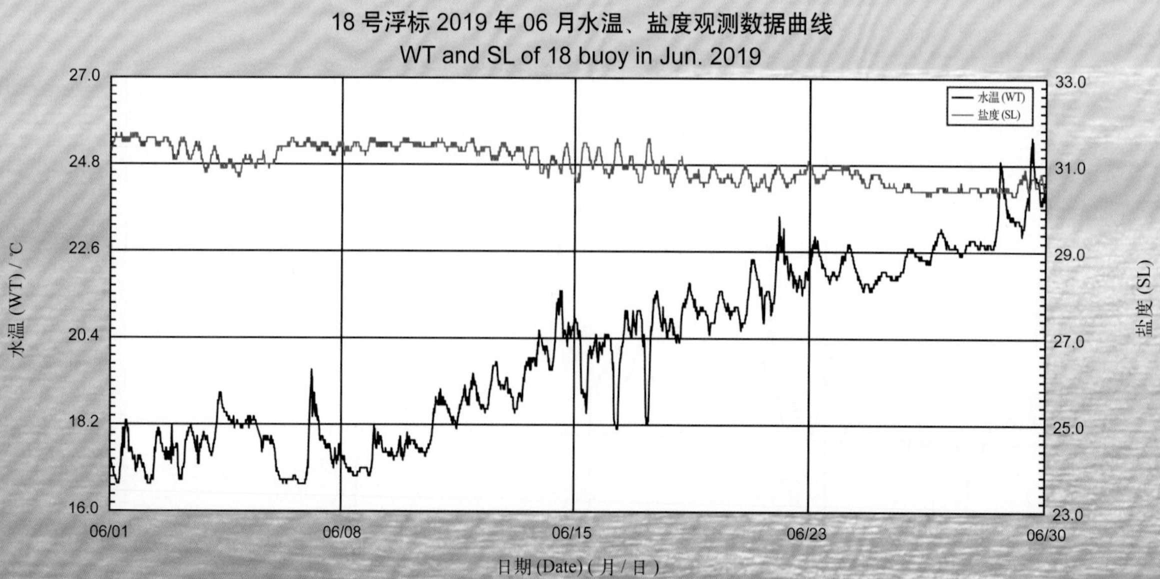

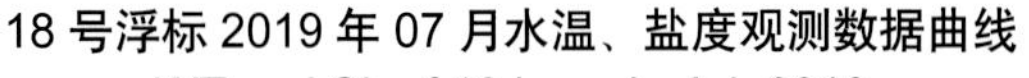

18 号浮标 2019 年 07 月水温、盐度观测数据曲线

WT and SL of 18 buoy in Jul. 2019

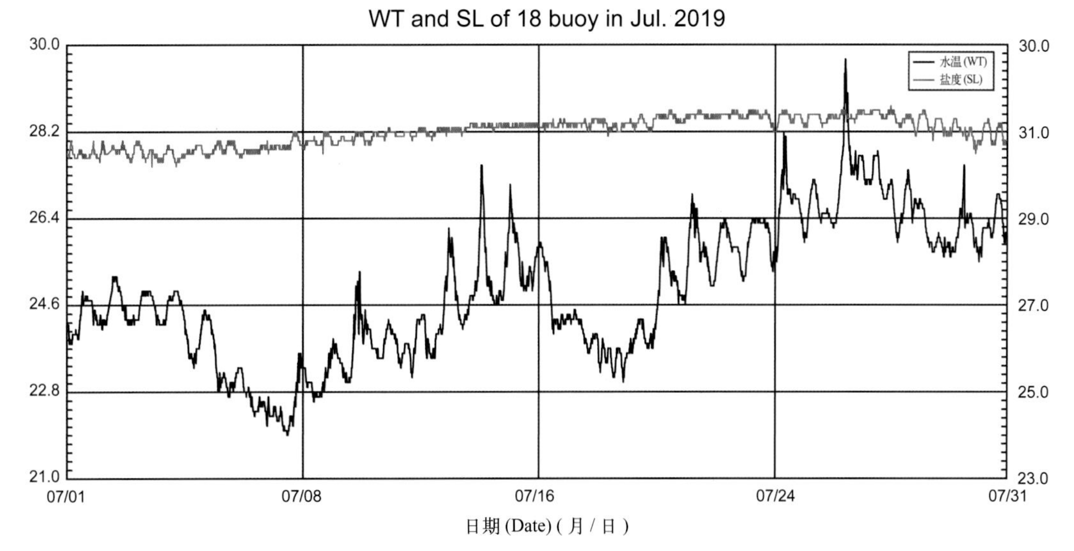


18 号浮标 2019 年 08 月水温、盐度观测数据曲线

WT and SL of 18 buoy in Aug. 2019

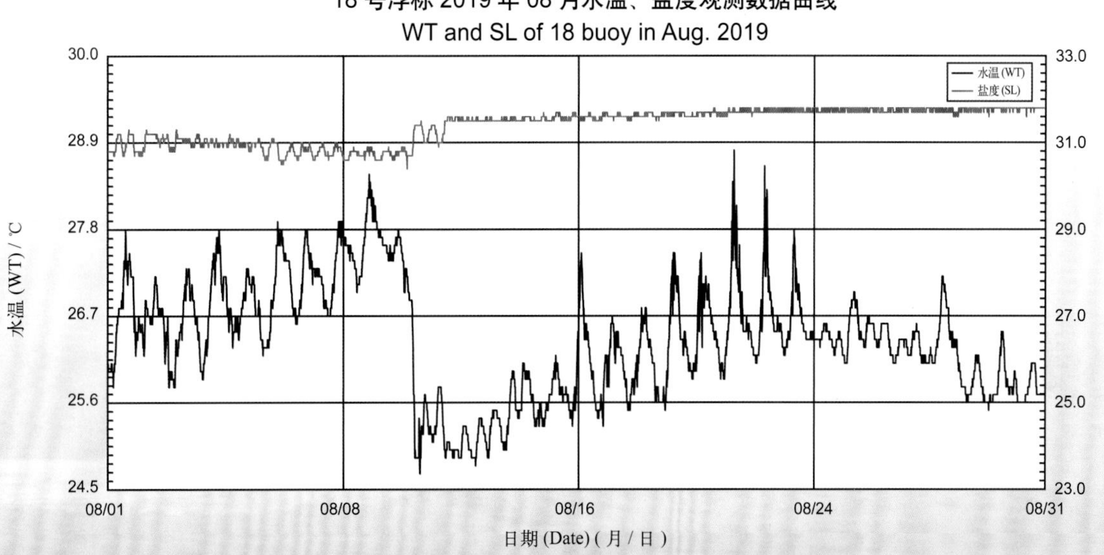


18 号浮标 2019 年 09 月水温、盐度观测数据曲线

WT and SL of 18 buoy in Sep. 2019

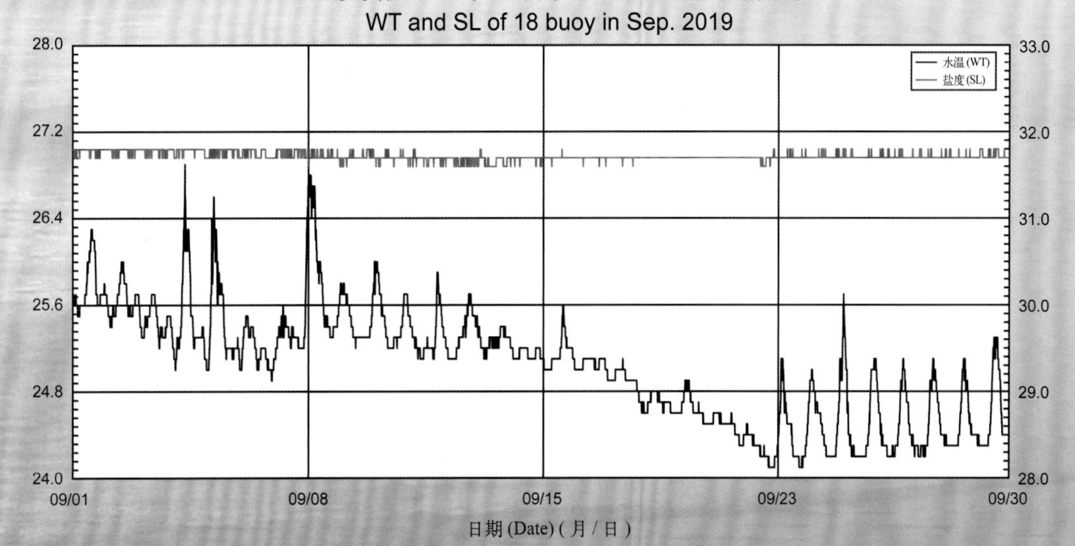

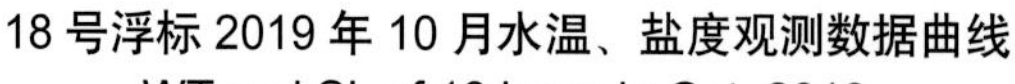
18 号浮标 2019 年 10 月水温、盐度观测数据曲线
WT and SL of 18 buoy in Oct. 2019

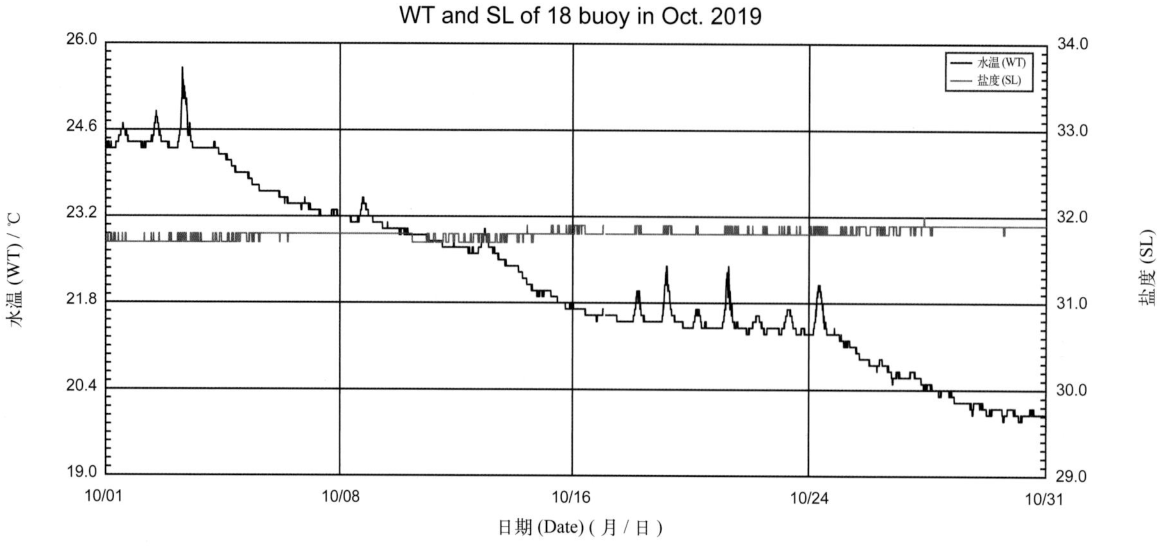


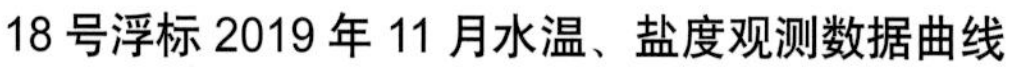
18 号浮标 2019 年 11 月水温、盐度观测数据曲线
WT and SL of 18 buoy in Nov. 2019

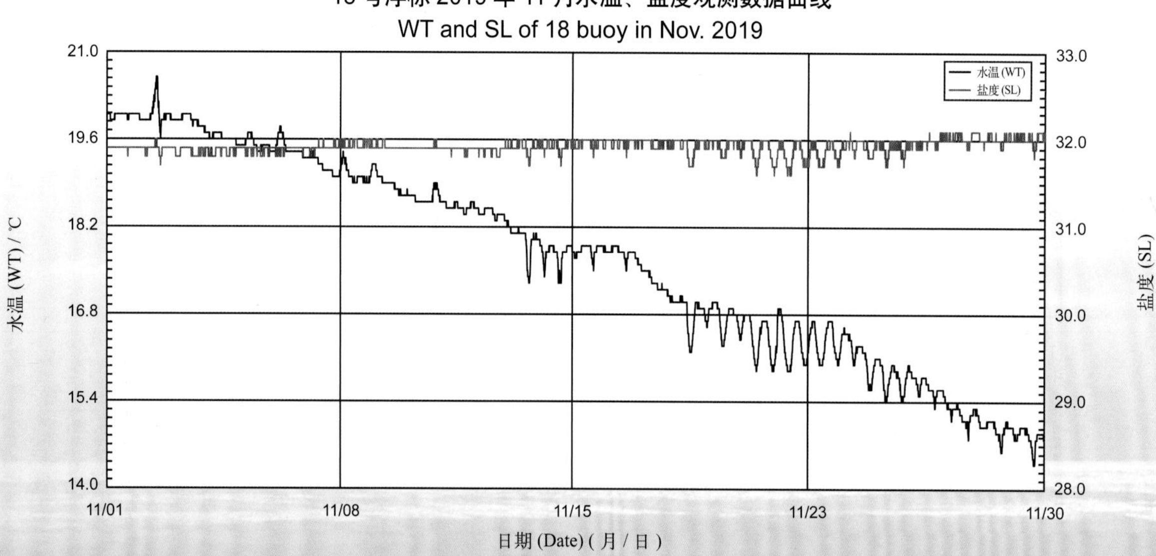


18 号浮标 2019 年 12 月水温、盐度观测数据曲线
WT and SL of 18 buoy in Dec. 2019

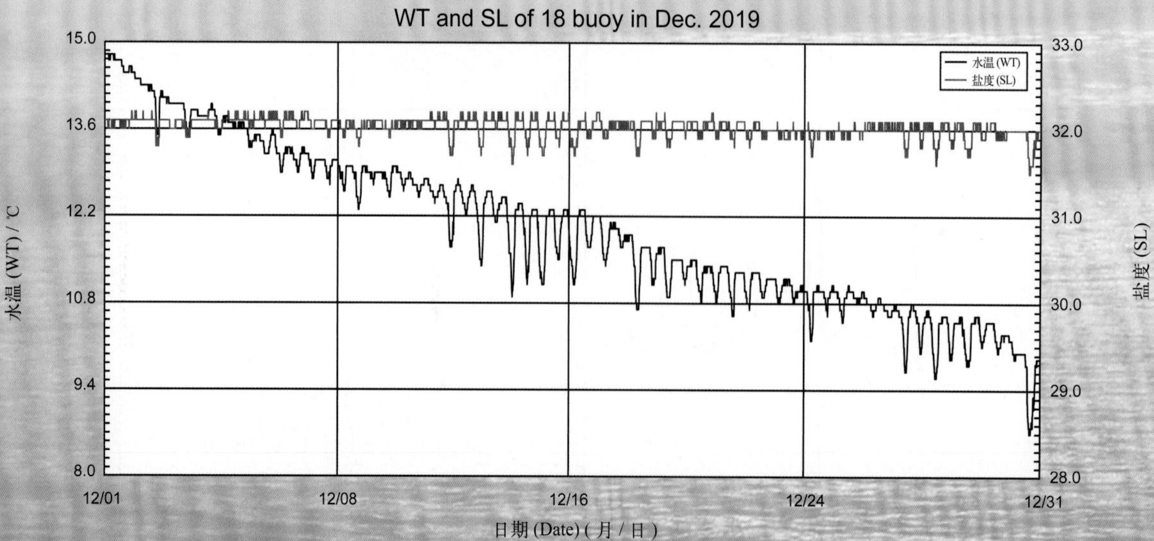

# 2019 年度 19 号浮标观测数据概述及曲线
## （水温和盐度）

2019 年， 19 号浮标共获取 365 天的水温和盐度长序列观测数据。通过对获取数据质量控制和分析，19 号浮标观测海域 2019 年度水温、盐度数据和季节数据特征如下。

年度水温平均值为 15.72℃，年度盐度平均值为 29.91；测得的年度最高水温和最低水温分别为 29.2℃和 4.0℃；测得的年度最高盐度和最低盐度分别为 31.6 和 27.7。以 2 月为冬季代表月，观测海域冬季的平均水温是 4.59℃，平均盐度是 28.82；以 5 月为春季代表月，观测海域春季的平均水温是 15.37℃，平均盐度是 30.33；以 8 月为夏季代表月，观测海域夏季的平均水温是 26.58℃，平均盐度是 29.85；以 11 月为秋季代表月，观测海域秋季的平均水温是 15.95℃，平均盐度是 31.01。

19 号浮标布放海域月度水温、盐度变化特征与该海域的气温和降水等因素密切相关。2019 年，19 号浮标观测海域的水温、盐度的月平均值、最高值和最低值数据参见表 19。

2019 年，19 号浮标记录到 1 次寒潮过程和 2 次台风过程。寒潮的具体过程中，11 月 24—25 日，水温降幅为 1.5℃（从 15.1℃降至 13.6℃），盐度变化幅度为 0.2（30.9 ~ 31.1）。第一次台风过程，8 月 10—13 日，受第 9 号超强台风“利奇马”的影响，19 号浮标水温发生下降，8 月 11 日 16:50 至 8 月 13 日 22:10，从 27.9℃降至 25.7℃；盐度先下降后又上升，8 月 10 日 11:10 至 8 月 11 日 15:50，从 30.1 降至 29.0，之后于 8 月 13 日 05:10 升至 30.5。第二次台风过程，9 月 6—8 日，受第 13 号超强台风“玲玲”的影响，19 号浮标水温发生上升，9 月 8 日 06:40—15:00，从 26.1℃升至 27.3℃；盐度变化幅度为 0.4（27.8 ~ 28.2）。

表19　19号浮标各月份水温、盐度观测数据

| 月份 | 水温 / ℃ | | | 盐度 | | | 备注 |
|---|---|---|---|---|---|---|---|
| | 平均 | 最高 | 最低 | 平均 | 最高 | 最低 | |
| 1 | 5.44 | 6.7 | 4.7 | 28.18 | 28.8 | 27.7 | |
| 2 | 4.59 | 5.6 | 4.0 | 28.82 | 29.2 | 28.3 | |
| 3 | 6.83 | 9.4 | 4.6 | 29.32 | 29.6 | 28.9 | |
| 4 | 11.02 | 14.2 | 8.6 | 30.02 | 30.3 | 29.2 | |
| 5 | 15.37 | 19.7 | 11.9 | 30.33 | 30.7 | 29.9 | |
| 6 | 20.36 | 26.3 | 16.6 | 30.53 | 30.8 | 30.1 | |
| 7 | 24.59 | 29.2 | 22.4 | 30.43 | 30.8 | 29.7 | |
| 8 | 26.58 | 28.9 | 24.8 | 29.85 | 30.7 | 28.6 | 记录1次台风 |
| 9 | 25.46 | 27.3 | 23.3 | 28.54 | 29.3 | 27.8 | 记录1次台风 |
| 10 | 20.97 | 25.1 | 18.2 | 30.27 | 31.6 | 28.6 | |
| 11 | 15.95 | 19.2 | 11.1 | 31.01 | 31.3 | 30.7 | 记录1次寒潮 |
| 12 | 9.46 | 12.3 | 7.4 | 31.23 | 31.5 | 30.8 | |

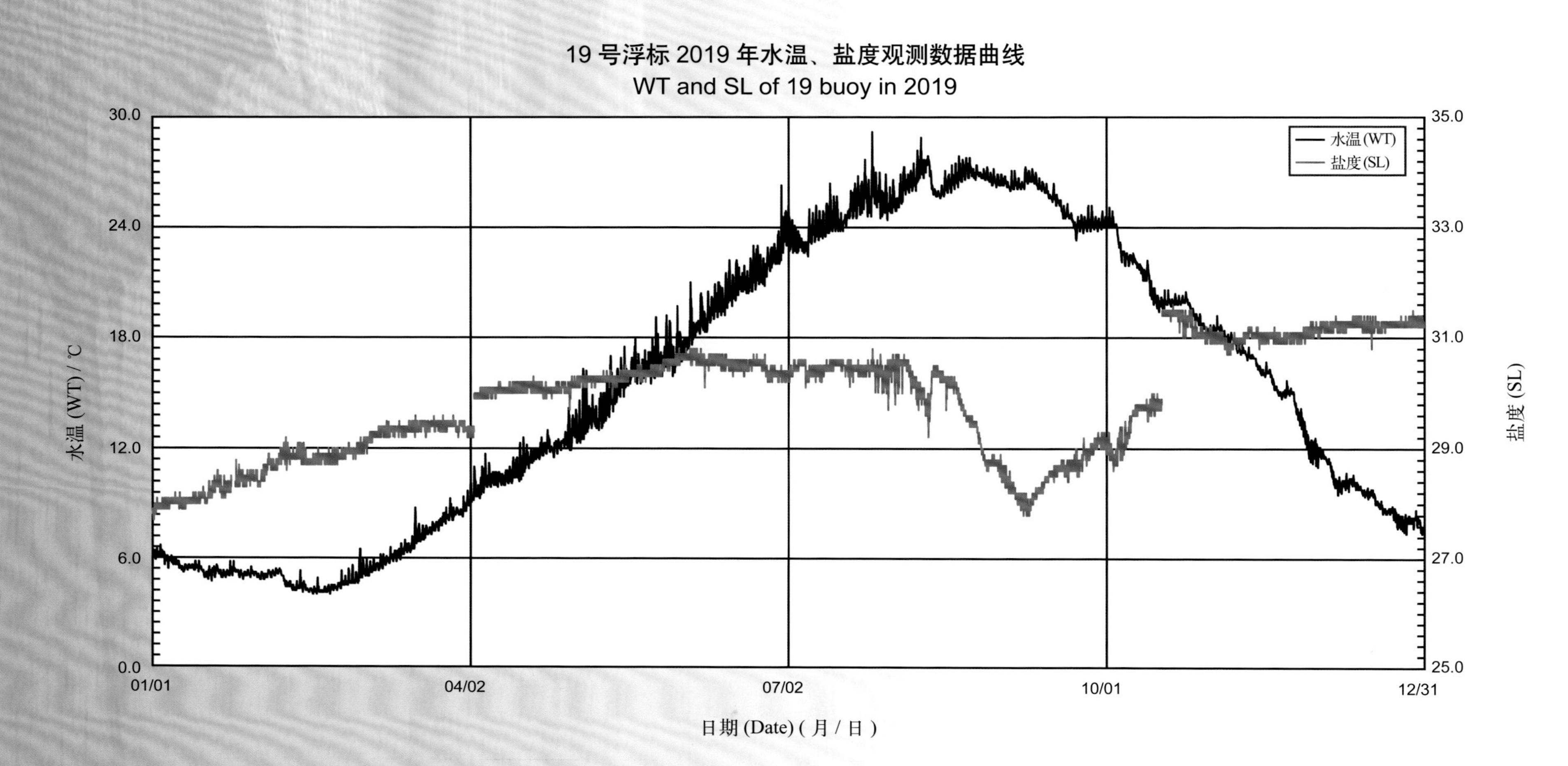

19 号浮标 2019 年水温、盐度观测数据曲线
WT and SL of 19 buoy in 2019
水温 (WT)
盐度 (SL)
水温 (WT) / ℃
盐度 (SL)
日期 (Date) ( 月 / 日 )
30.0
24.0
18.0
12.0
6.0
0.0
35.0
33.0
31.0
29.0
27.0
25.0
01/01
04/02
07/02
10/01
12/31

## 19 号浮标 2019 年 01 月水温、盐度观测数据曲线

WT and SL of 19 buoy in Jan. 2019

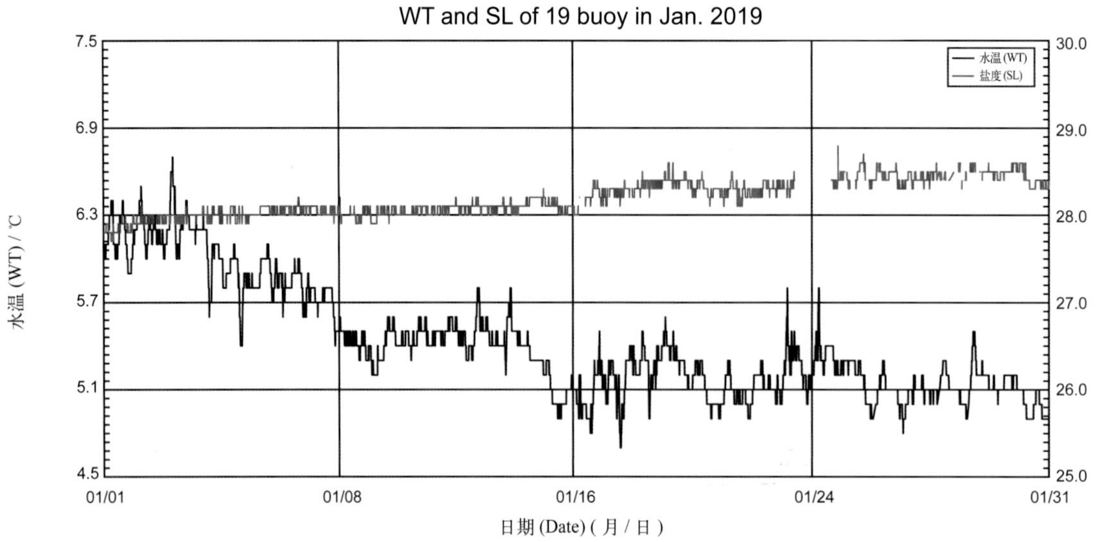


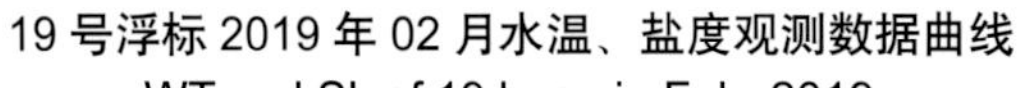

## 19 号浮标 2019 年 02 月水温、盐度观测数据曲线

WT and SL of 19 buoy in Feb. 2019

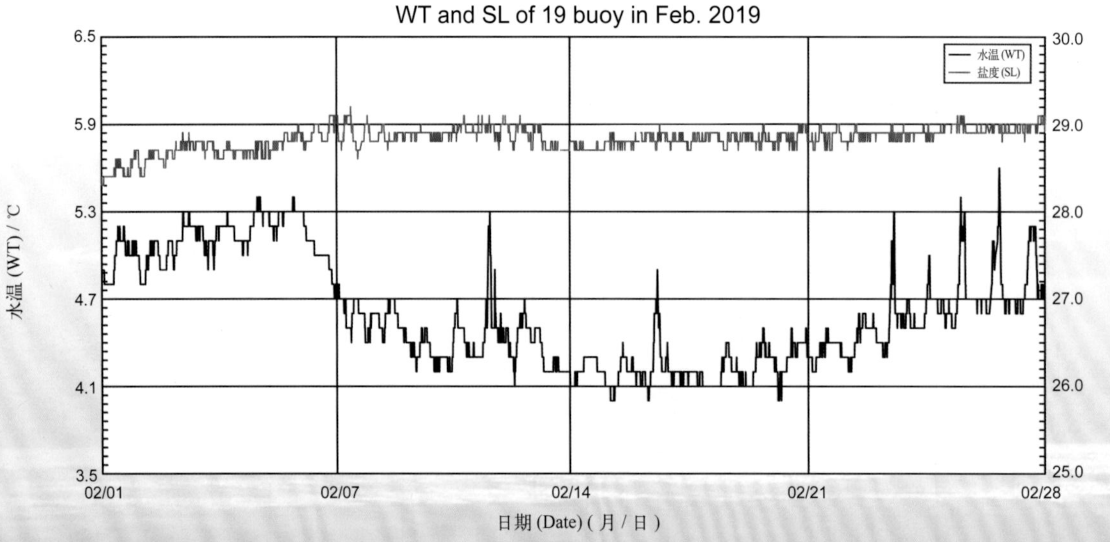


## 19 号浮标 2019 年 03 月水温、盐度观测数据曲线

WT and SL of 19 buoy in Mar. 2019

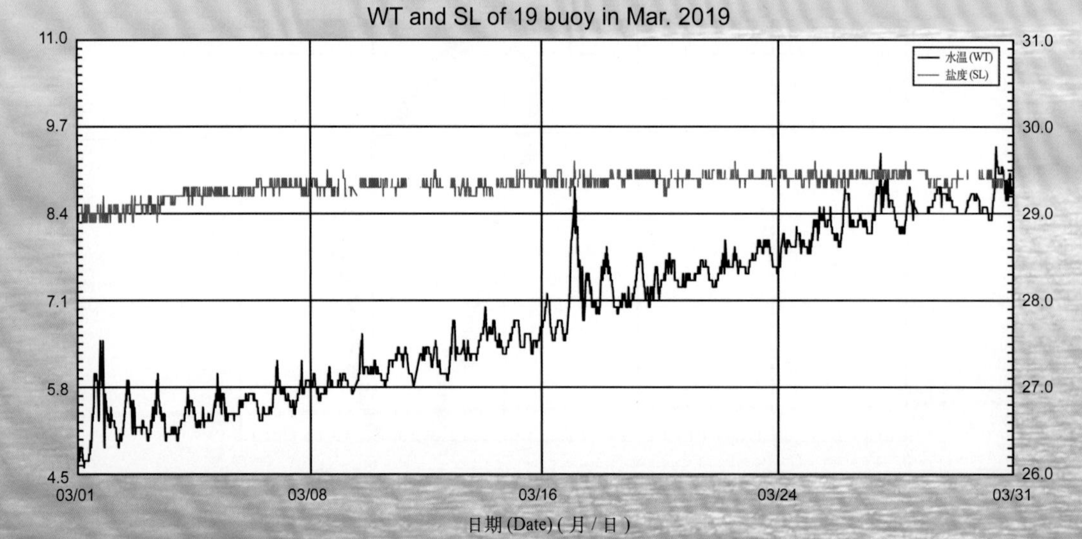

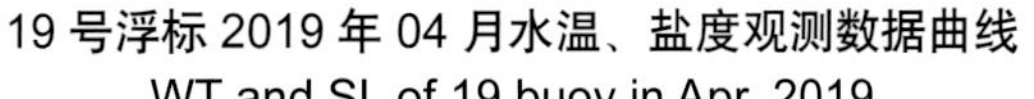

19 号浮标 2019 年 04 月水温、盐度观测数据曲线
WT and SL of 19 buoy in Apr. 2019

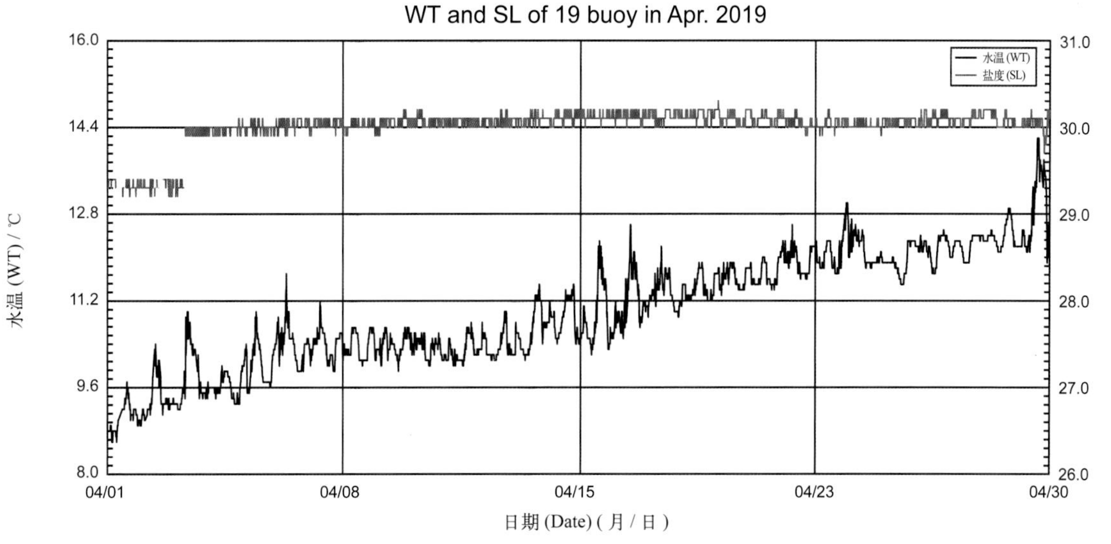


19 号浮标 2019 年 05 月水温、盐度观测数据曲线
WT and SL of 19 buoy in May 2019

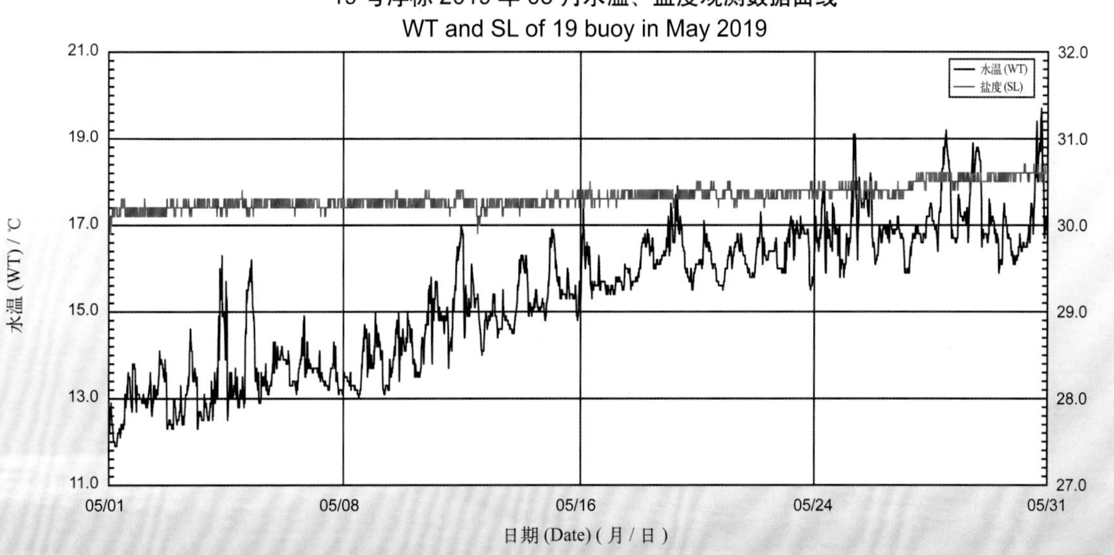


19 号浮标 2019 年 06 月水温、盐度观测数据曲线
WT and SL of 19 buoy in Jun. 2019

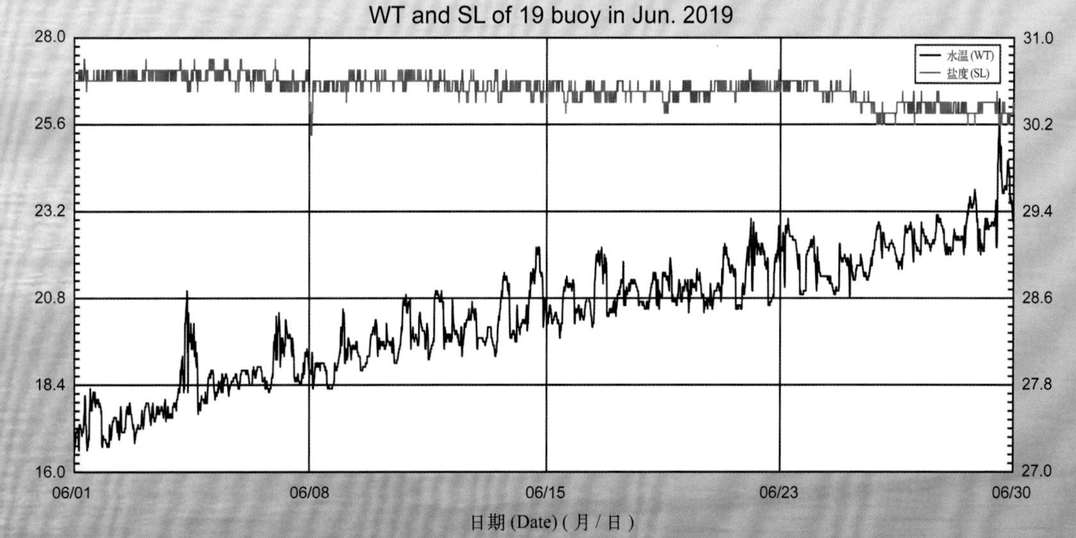

19号浮标2019年07月水温、盐度观测数据曲线
WT and SL of 19 buoy in Jul. 2019

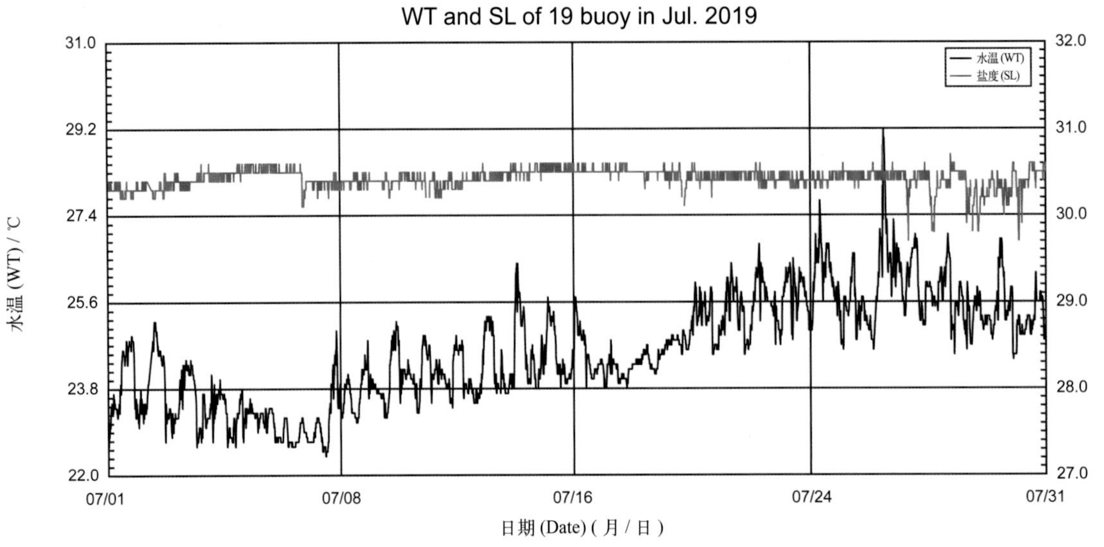


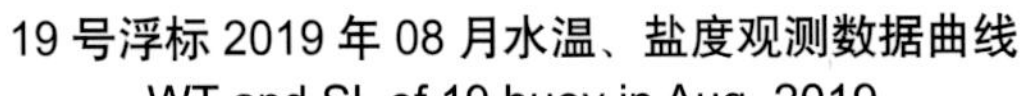
19号浮标2019年08月水温、盐度观测数据曲线
WT and SL of 19 buoy in Aug. 2019

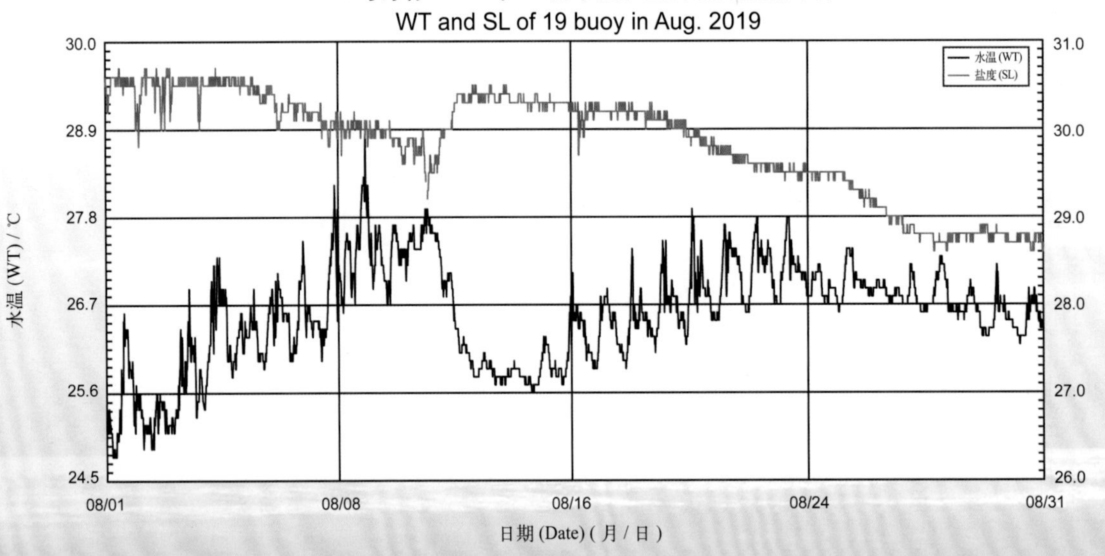


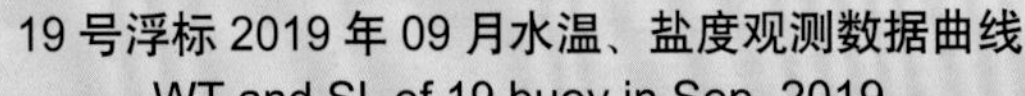
19号浮标2019年09月水温、盐度观测数据曲线
WT and SL of 19 buoy in Sep. 2019

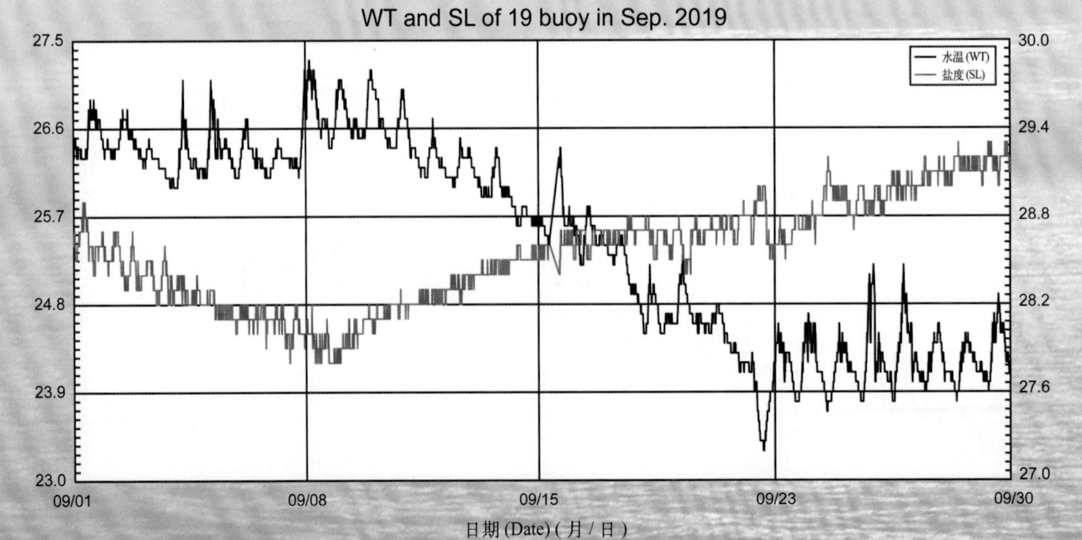

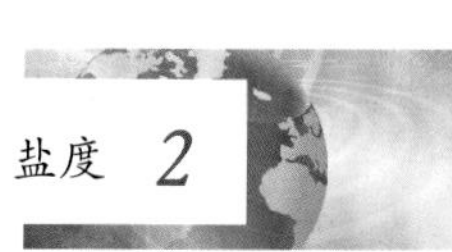

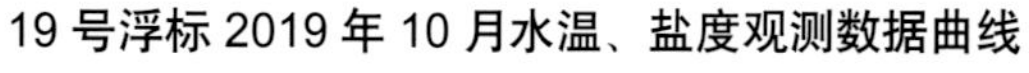

19 号浮标 2019 年 10 月水温、盐度观测数据曲线
WT and SL of 19 buoy in Oct. 2019

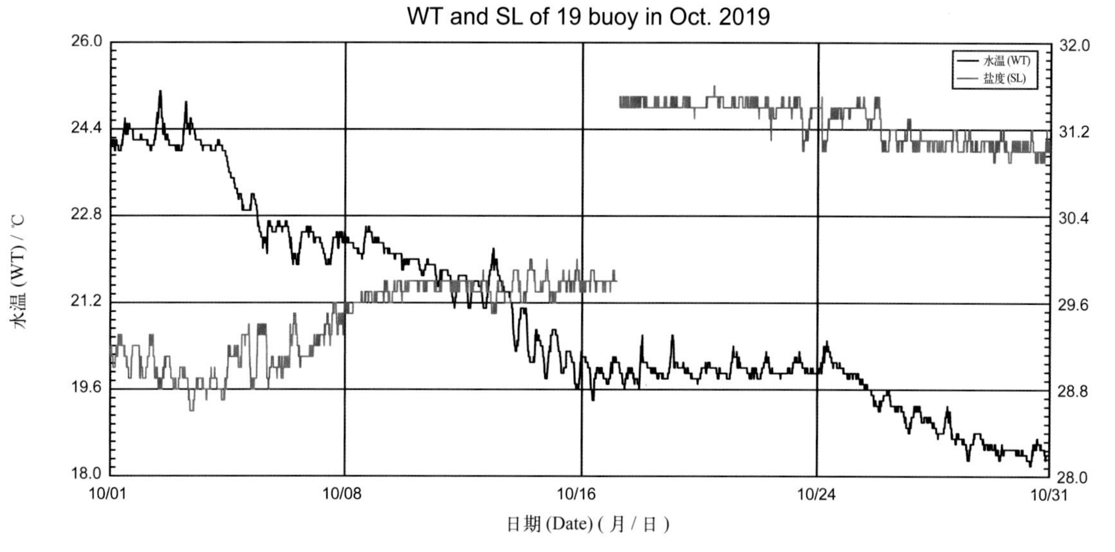


19 号浮标 2019 年 11 月水温、盐度观测数据曲线
WT and SL of 19 buoy in Nov. 2019

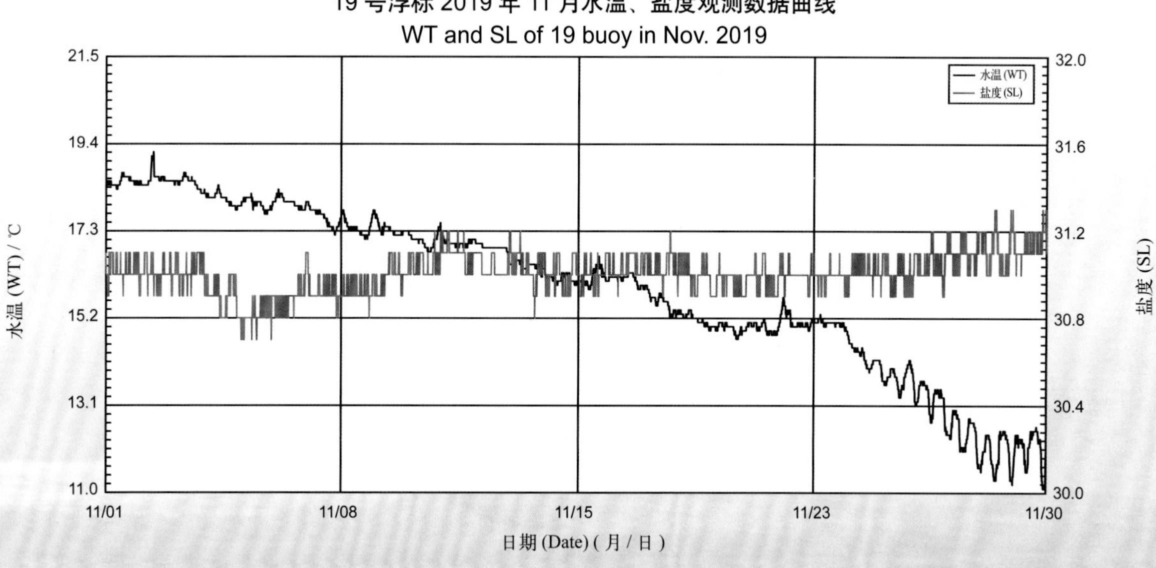


19 号浮标 2019 年 12 月水温、盐度观测数据曲线
WT and SL of 19 buoy in Dec. 2019

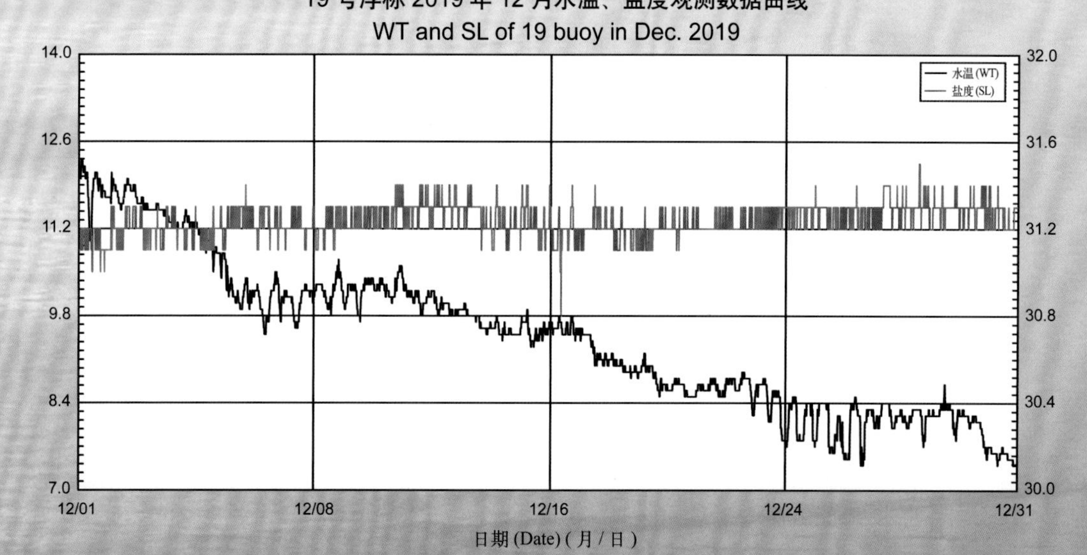

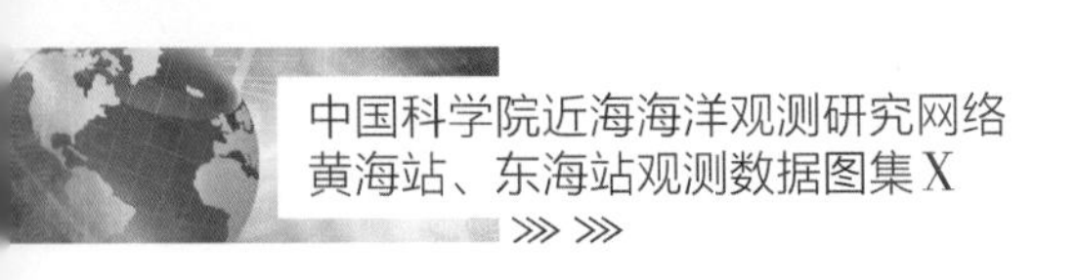


# 2019年度01号浮标观测数据概述及曲线
# （有效波高和有效波周期）

2019年，01号浮标共获取240天的有效波高和有效波周期长序列观测数据。获取数据的主要区间共两个时间段，具体为1月1日05:30至7月20日08:30和8月28日08:00至10月5日23:30。通过对获取数据质量控制和分析，01号浮标观测海域2019年度有效波高、有效波周期数据和季节数据特征如下。

年度有效波高平均值为0.61 m，年度有效波周期平均值为4.30 s；测得的年度最大有效波高为2.7 m（9月5日），对应的有效波周期为13.1 s，当时有效波高≥2 m以上的海浪持续了3.0 h；测得的年度最长有效波周期为13.1 s（10月2日）。以2月为冬季代表月，观测海域冬季的平均有效波高是0.68 m，平均有效波周期是4.03 s；以5月为春季代表月，观测海域春季的平均有效波高是0.63 m，平均有效波周期是4.14 s。

2019年，01号浮标观测海域的有效波高、有效波周期的月平均值、最大值和最小值数据参见表20。

2019年，01号浮标获取到有效波高≥2 m的海浪过程共有10次，记录到1次寒潮过程和1次台风过程。寒潮的具体过程中，获取到的最大有效波高为2.3 m（2月7日09:00），对应有效波周期为5.5 s。台风的具体过程中，受第13号超强台风“玲玲”的影响，获取到的最大有效波高为2.5 m（9月7日16:00），对应有效波周期为7 s。

表 20　01 号浮标各月份有效波高、有效波周期观测数据

| 月份 | 有效波高 / m | | | 有效波周期 / s | | | 备注 |
|---|---|---|---|---|---|---|---|
| | 平均 | 最大 | 最小 | 平均 | 最大 | 最小 | |
| 1 | 0.77 | 2.3 | 0.1 | 4.09 | 6.6 | 2.4 | 记录 2 次有效波高≥ 2 m 过程 |
| 2 | 0.68 | 2.3 | 0.1 | 4.03 | 8.5 | 2.3 | 记录 1 次寒潮，<br>记录 2 次有效波高≥ 2 m 过程 |
| 3 | 0.62 | 2.6 | 0.1 | 4.17 | 9.1 | 2.4 | 记录 2 次有效波高≥ 2 m 过程 |
| 4 | 0.48 | 1.7 | 0.1 | 4.13 | 7.5 | 2.4 | |
| 5 | 0.63 | 2.1 | 0.2 | 4.14 | 7.4 | 2.6 | 记录 1 次有效波高≥ 2 m 过程 |
| 6 | 0.52 | 2.0 | 0.1 | 4.32 | 7.3 | 2.5 | 记录 1 次有效波高≥ 2 m 过程 |
| 7 | 0.50 | 1.4 | 0.2 | 4.79 | 7.0 | 2.7 | 缺测 11 天数据 |
| 8 | — | — | — | — | — | — | 缺测数据 |
| 9 | 0.59 | 2.7 | 0.1 | 4.50 | 11.2 | 2.5 | 记录 1 次台风，<br>记录 2 次有效波高≥ 2 m 过程 |
| 10 | — | — | — | — | — | — | 缺测数据 |
| 11 | — | — | — | — | — | — | 缺测数据 |
| 12 | — | — | — | — | — | — | 缺测数据 |

01 号浮标 2019 年有效波高、有效波周期观测数据曲线
SignWH and SignWP of 01 buoy in 2019

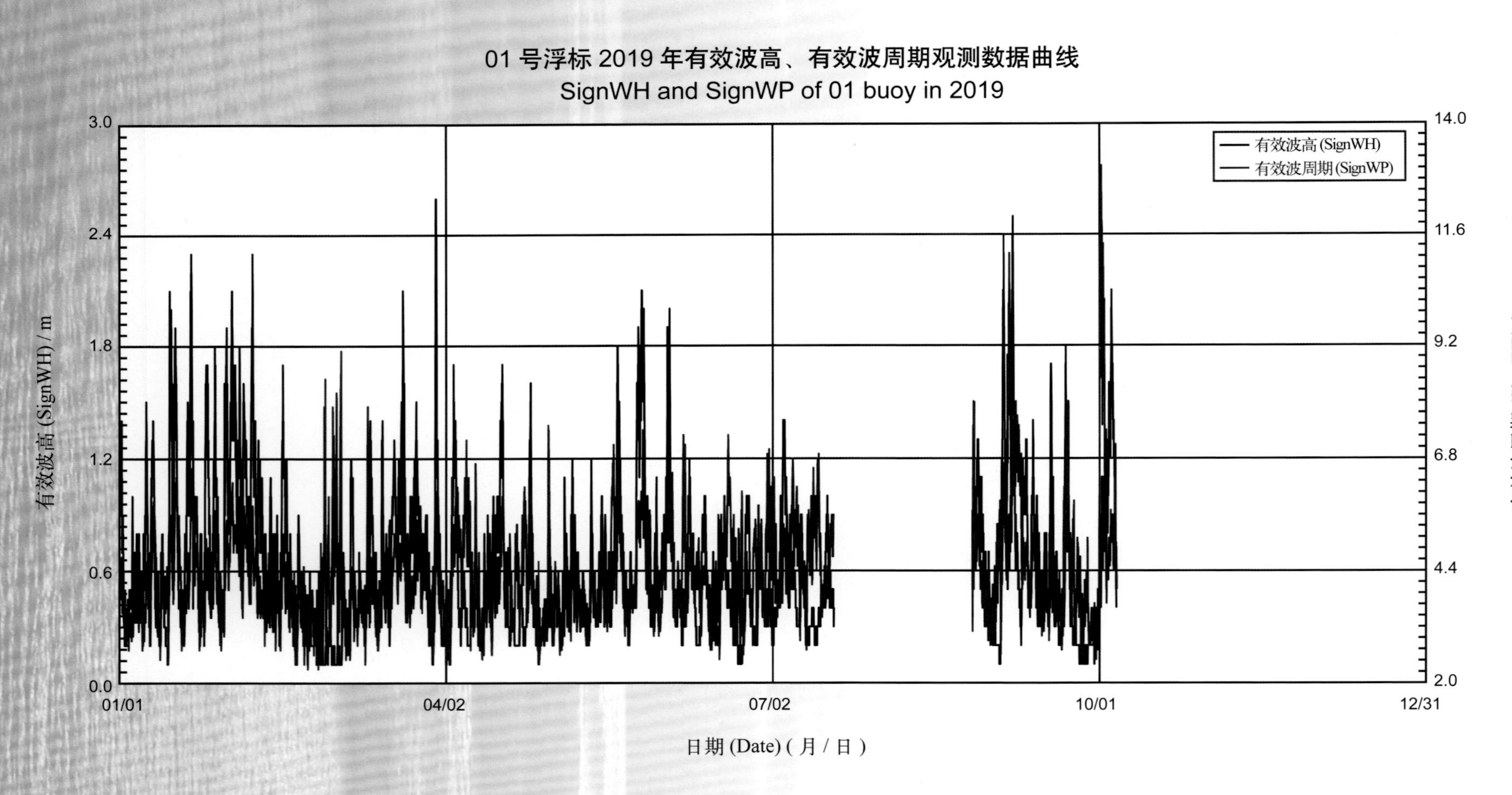

01 号浮标 2019 年 01 月有效波高、有效波周期观测数据曲线

SignWH and SignWP of 01 buoy in Jan. 2019

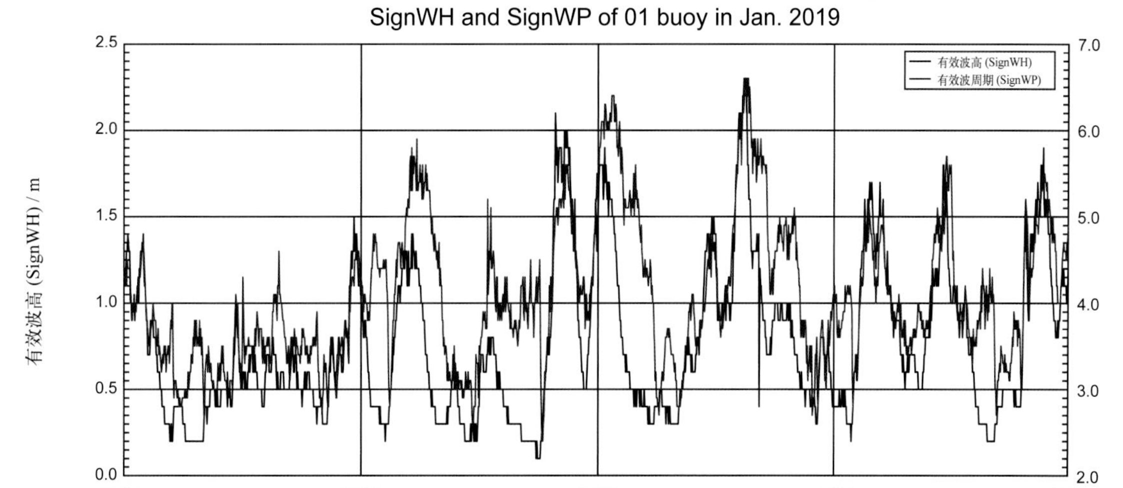


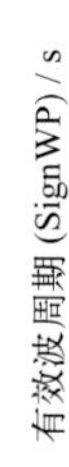


01 号浮标 2019 年 02 月有效波高、有效波周期观测数据曲线

SignWH and SignWP of 01 buoy in Feb. 2019

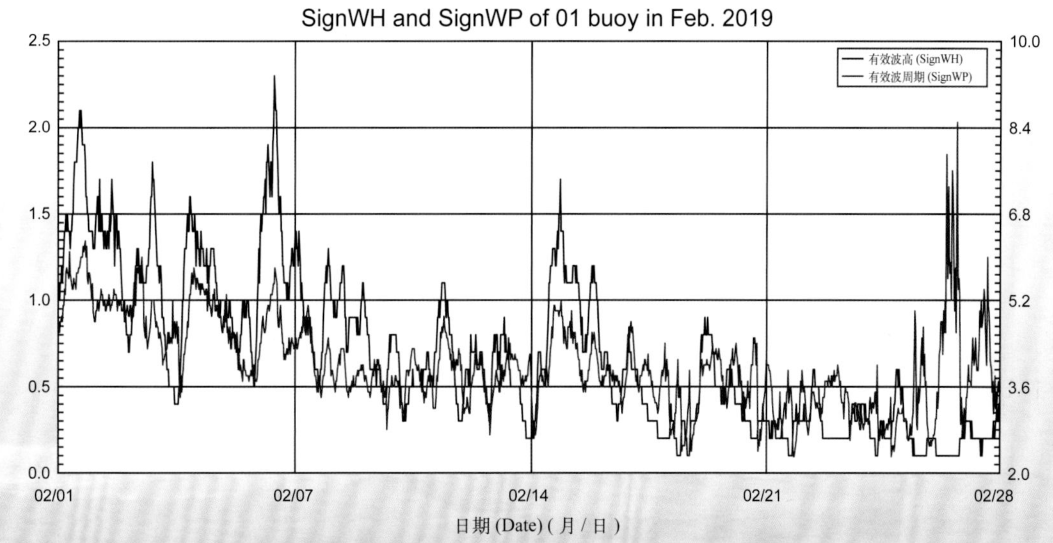


01 号浮标 2019 年 03 月有效波高、有效波周期观测数据曲线

SignWH and SignWP of 01 buoy in Mar. 2019

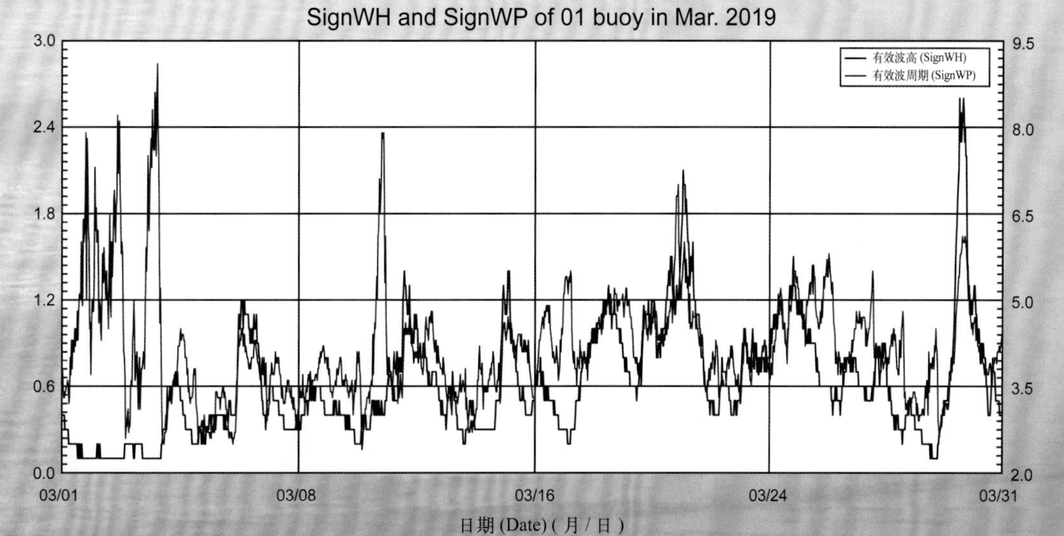

01 号浮标 2019 年 04 月有效波高、有效波周期观测数据曲线
SignWH and SignWP of 01 buoy in Apr. 2019

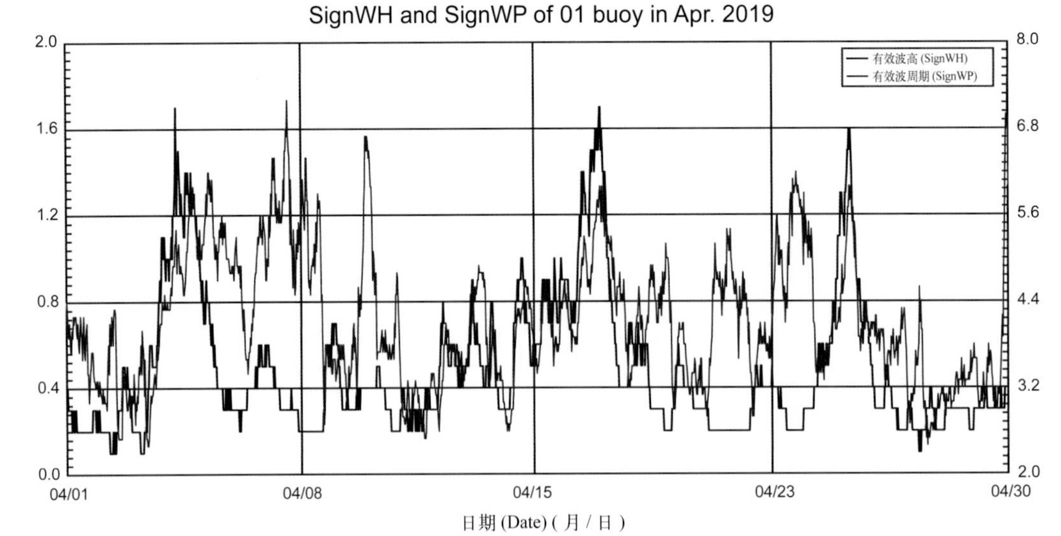


01 号浮标 2019 年 05 月有效波高、有效波周期观测数据曲线
SignWH and SignWP of 01 buoy in May 2019

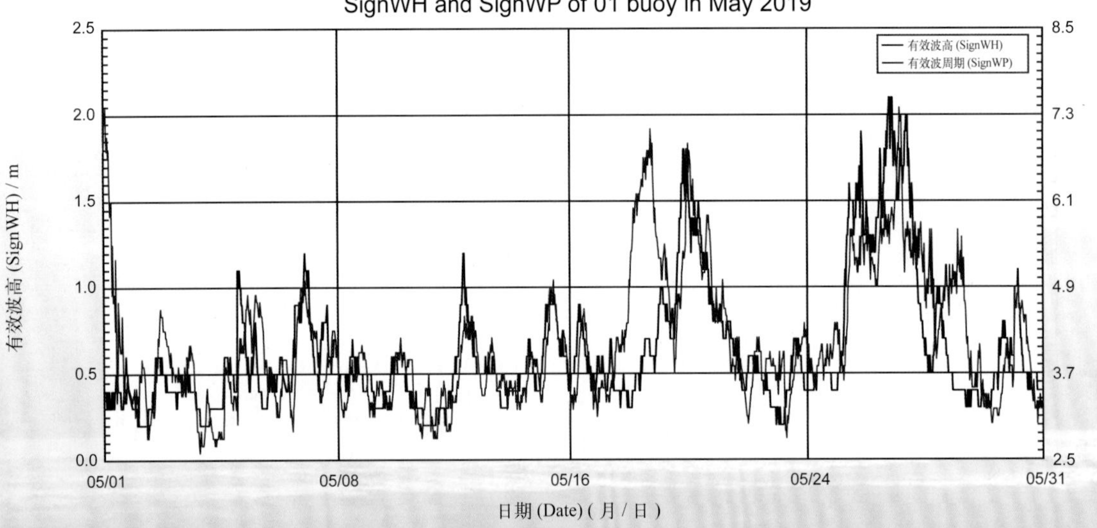


01 号浮标 2019 年 06 月有效波高、有效波周期观测数据曲线
SignWH and SignWP of 01 buoy in Jun. 2019

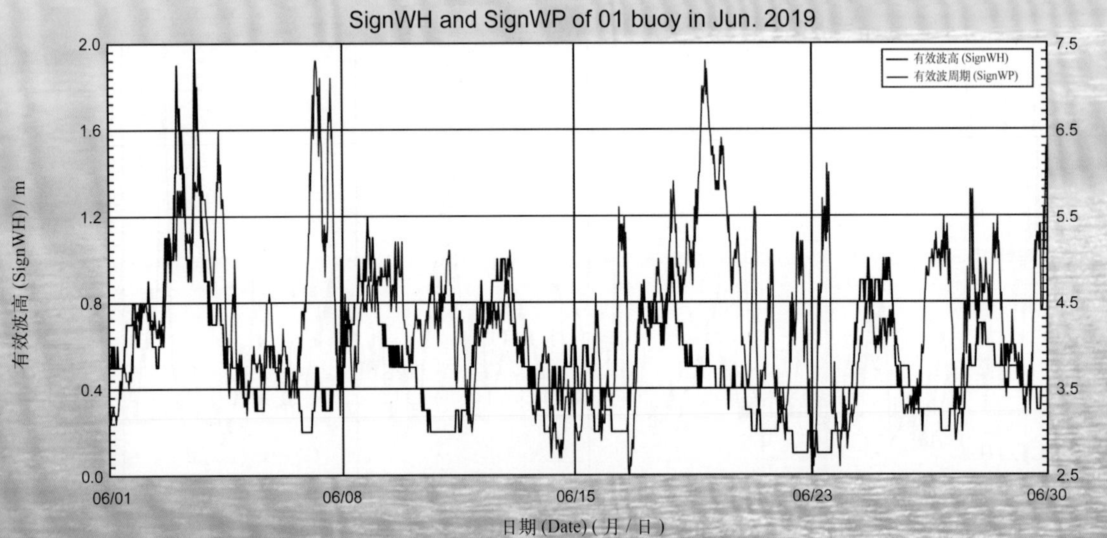

01 号浮标 2019 年 07 月有效波高、有效波周期观测数据曲线
SignWH and SignWP of 01 buoy in Jul. 2019

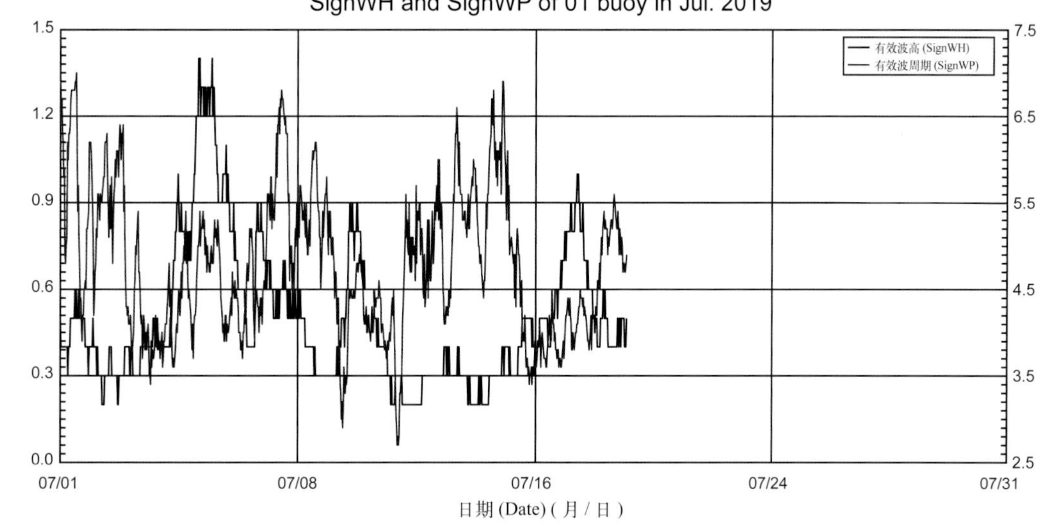


01 号浮标 2019 年 09 月有效波高、有效波周期观测数据曲线
SignWH and SignWP of 01 buoy in Sep. 2019

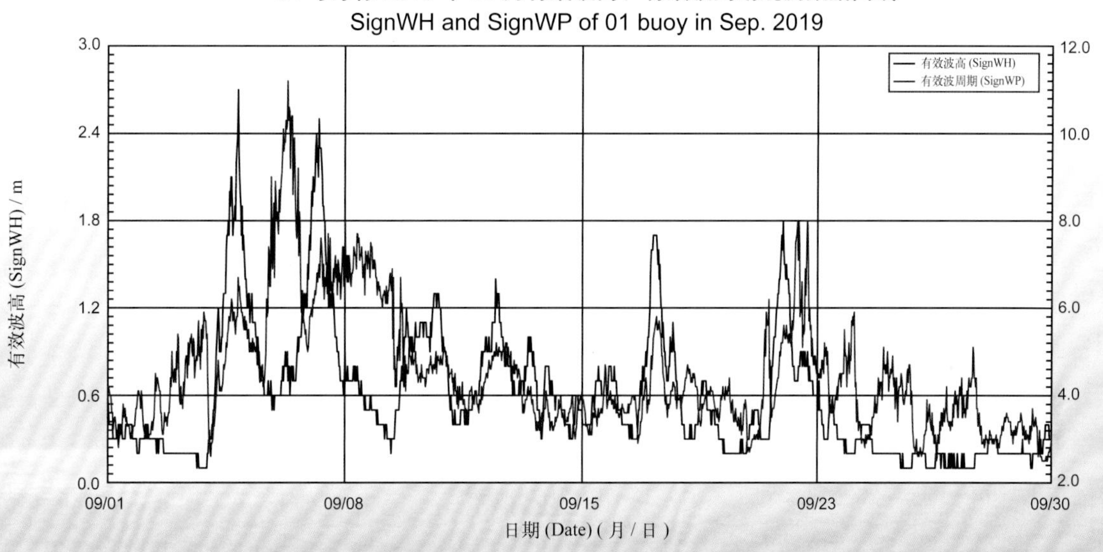

# 2019年度06号浮标观测数据概述及曲线
# （有效波高和有效波周期）

2019年，06号浮标共获取327天的有效波高和有效波周期长序列观测数据。获取数据的主要区间共两个时间段，具体为1月1日00:00至3月17日17:00和4月25日10:00至12月31日23:30。通过对获取数据质量控制和分析，06号浮标观测海域2019年度有效波高、有效波周期数据和季节数据特征如下。

年度有效波高平均值为1.30 m，年度有效波周期平均值为6.56 s；测得的年度最大有效波高为7.4 m（10月1日），对应的有效波周期为10.5 s，当时有效波高≥4 m以上的海浪持续了16 h；测得的年度最长有效波周期为15.3 s（10月11日）。以2月为冬季代表月，观测海域冬季的平均有效波高是1.34 m，平均有效波周期是6.03 s；以5月为春季代表月，观测海域春季的平均有效波高是0.91 m，平均有效波周期是6.54 s；以8月为夏季代表月，观测海域夏季的平均有效波高是1.32 m，平均有效波周期是6.94 s；以11月为秋季代表月，观测海域秋季的平均有效波高是1.38 m，平均有效波周期是6.34 s。

2019年，06号浮标观测海域的有效波高、有效波周期的月平均值、最大值和最小值数据参见表21。

2019年，06号浮标获取到有效波高≥4 m的灾害性海浪过程共有7次，记录到1次寒潮过程和5次台风过程。寒潮的具体过程中，获取到的最大有效波高为3.7 m（1月31日08:30），对应有效波周期为8.3 s。第一次台风过程，受第5号热带风暴“丹娜丝”的影响，获取到的最大有效波高为4.9 m（7月19日08:00），对应有效波周期为11.5 s。第二次台风过程，受第9号超强台风“利奇马”的影响，获取到的最大有效波高为7.3 m（8月10日07:00），对应有效波周期为11.0 s。第三次台风过程，受第13号超强台风“玲玲”的影响，获取到的最大有效波高为4.5 m（9月6日14:30），对应有效波周期为11.1 s。第四次台风过程，受第17号台风“塔巴”的影响，获取到的最大有效波高为6.4 m（9月22日03:30），对应有效波周期为10.4 s。第五次台风过程，受第18号台风“米娜”的影响，获取到的最大有效波高为7.4 m（10月1日20:30），对应有效波周期为10.5 s。

表 21　06 号浮标各月份有效波高、有效波周期观测数据

| 月份 | 有效波高 / m | | | 有效波周期 / s | | | 备注 |
|---|---|---|---|---|---|---|---|
| | 平均 | 最大 | 最小 | 平均 | 最大 | 最小 | |
| 1 | 1.15 | 3.7 | 0.4 | 5.61 | 8.6 | 3.6 | 记录 1 次寒潮 |
| 2 | 1.34 | 4.0 | 0.4 | 6.03 | 9.1 | 3.7 | 记录 1 次有效波高≥4 m 过程 |
| 3 | 1.06 | 2.3 | 0.3 | 5.94 | 8.5 | 3.3 | 缺测 14 天数据 |
| 4 | — | — | — | — | — | — | 缺测数据 |
| 5 | 0.91 | 2.9 | 0.3 | 6.54 | 10.6 | 3.9 | |
| 6 | 0.86 | 2.4 | 0.3 | 5.83 | 8.5 | 3.8 | |
| 7 | 1.20 | 4.9 | 0.4 | 6.18 | 11.9 | 0.4 | 记录 1 次台风，<br>记录 1 次有效波高≥4 m 过程 |
| 8 | 1.32 | 7.3 | 0.4 | 6.94 | 12.6 | 3.9 | 记录 1 次台风，<br>记录 1 次有效波高≥4 m 过程 |
| 9 | 1.49 | 6.4 | 0.4 | 7.08 | 14.0 | 4.7 | 记录 2 次台风，<br>记录 2 次有效波高≥4 m 过程 |
| 10 | 1.41 | 7.4 | 0.3 | 7.2 | 15.3 | 3.5 | 记录 1 次台风，<br>记录 1 次有效波高≥4 m 过程 |
| 11 | 1.38 | 4.3 | 0.3 | 6.34 | 9.3 | 3.8 | 记录 1 次有效波高≥4 m 过程 |
| 12 | 1.34 | 3.8 | 0.4 | 6.42 | 9.4 | 4.0 | |

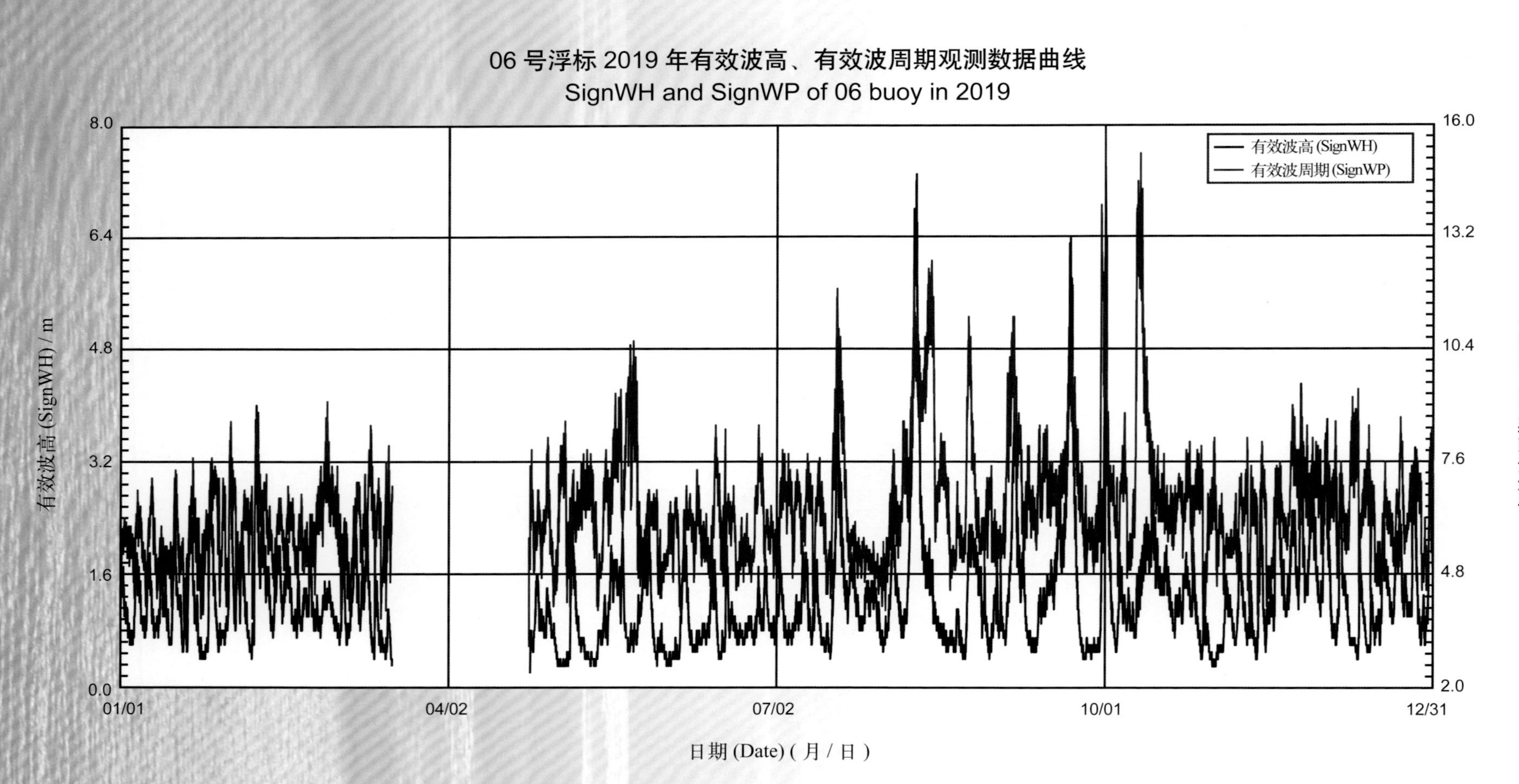
06 号浮标 2019 年有效波高、有效波周期观测数据曲线
SignWH and SignWP of 06 buoy in 2019
有效波高 (SignWH)
有效波周期 (SignWP)
有效波高 (SignWH) / m
有效波周期 (SignWP) / s
日期 (Date) ( 月 / 日 )
8.0
6.4
4.8
3.2
1.6
0.0
16.0
13.2
10.4
7.6
4.8
2.0
01/01
04/02
07/02
10/01
12/31

06 号浮标 2019 年 01 月有效波高、有效波周期观测数据曲线

SignWH and SignWP of 06 buoy in Jan. 2019

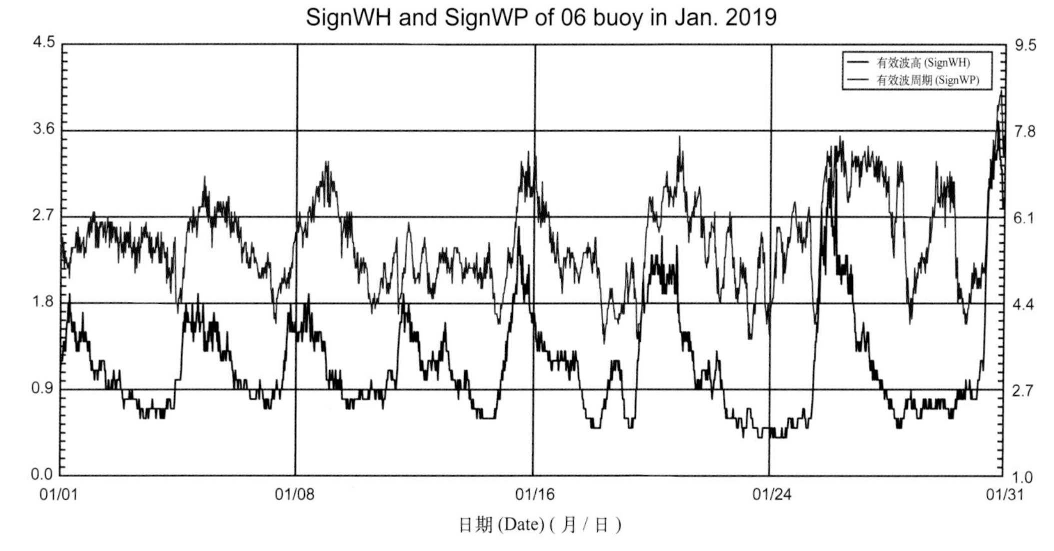

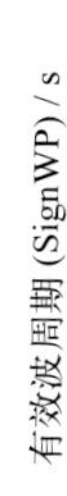


06 号浮标 2019 年 02 月有效波高、有效波周期观测数据曲线

SignWH and SignWP of 06 buoy in Feb. 2019

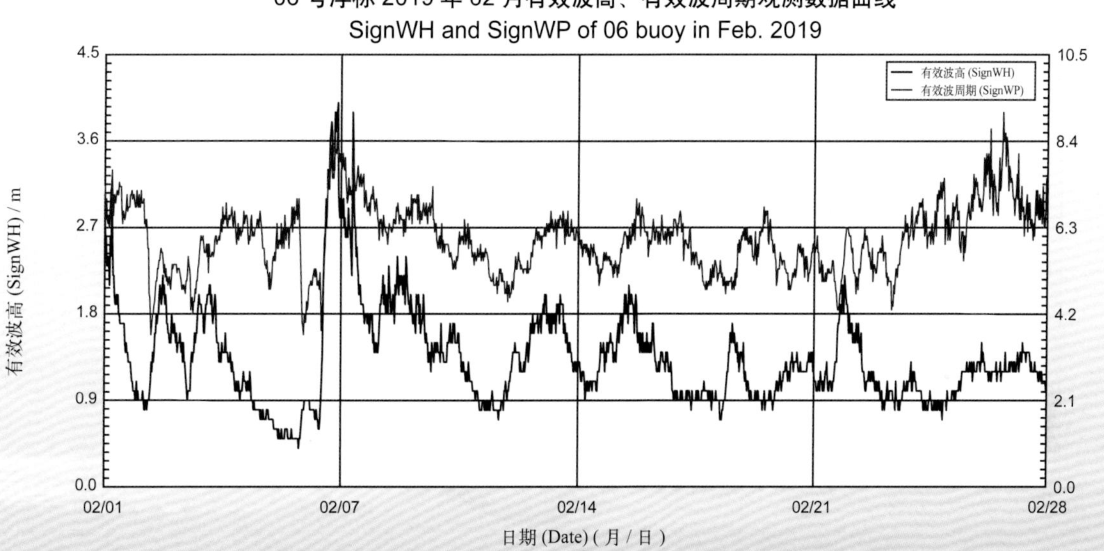


06 号浮标 2019 年 03 月有效波高、有效波周期观测数据曲线

SignWH and SignWP of 06 buoy in Mar. 2019

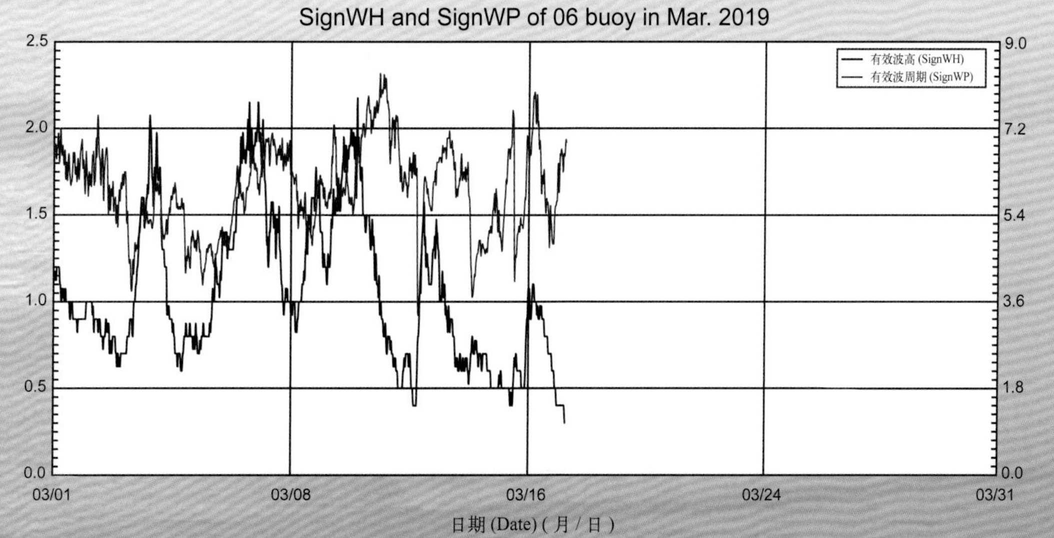

06号浮标2019年05月有效波高、有效波周期观测数据曲线
SignWH and SignWP of 06 buoy in May 2019

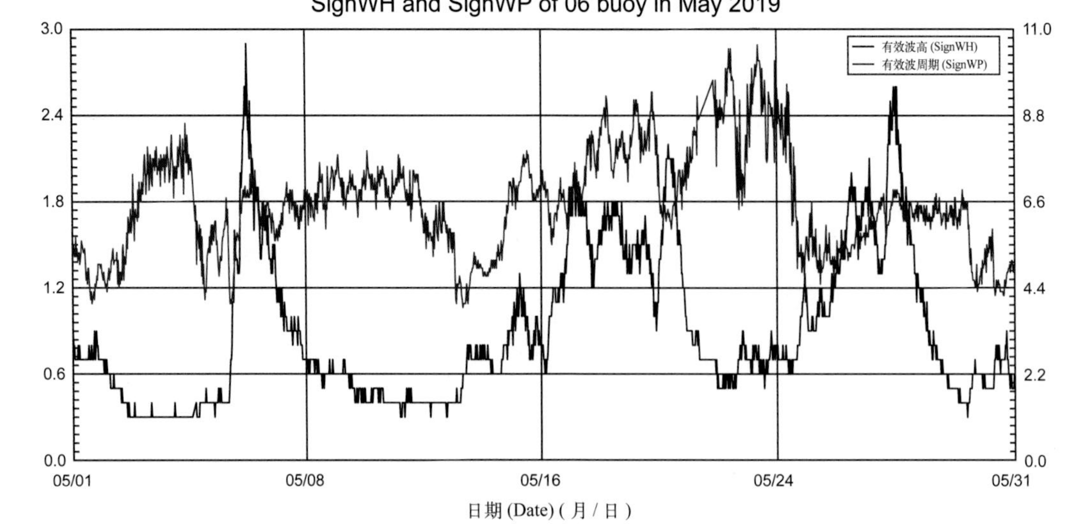


06号浮标2019年06月有效波高、有效波周期观测数据曲线
SignWH and SignWP of 06 buoy in Jun. 2019

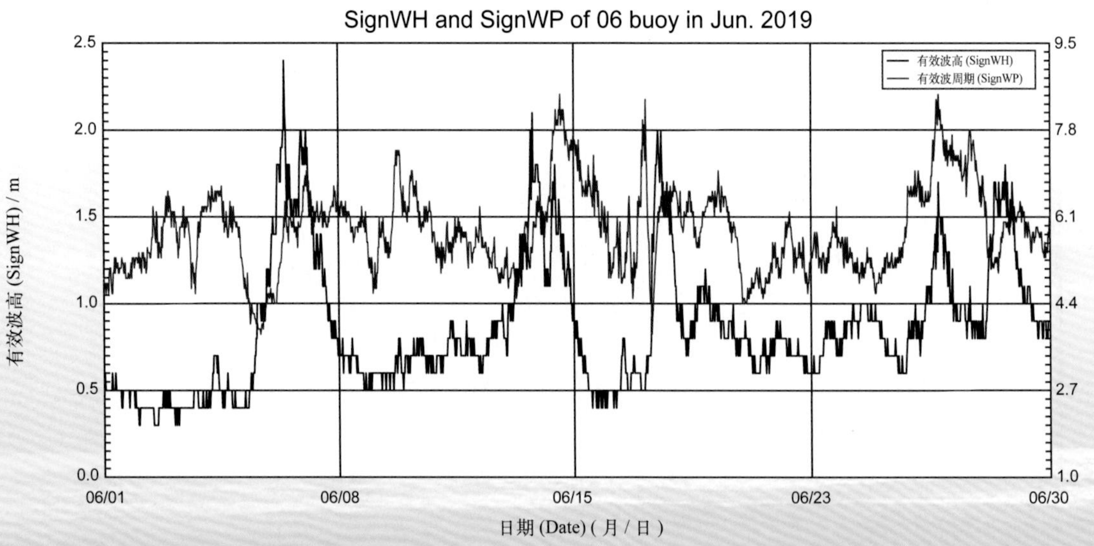


06号浮标2019年07月有效波高、有效波周期观测数据曲线
SignWH and SignWP of 06 buoy in Jul. 2019

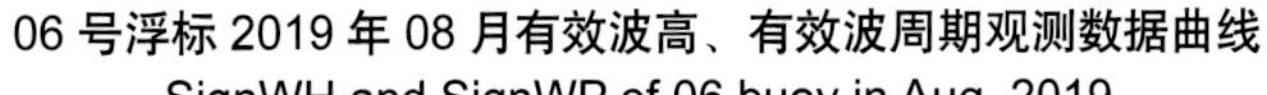

06 号浮标 2019 年 08 月有效波高、有效波周期观测数据曲线

SignWH and SignWP of 06 buoy in Aug. 2019

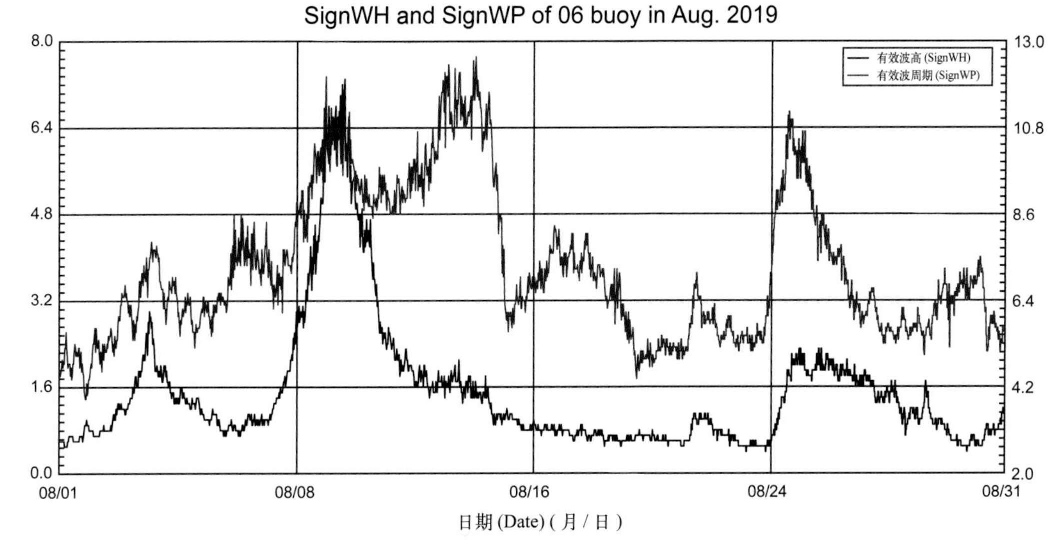


06 号浮标 2019 年 09 月有效波高、有效波周期观测数据曲线

SignWH and SignWP of 06 buoy in Sep. 2019

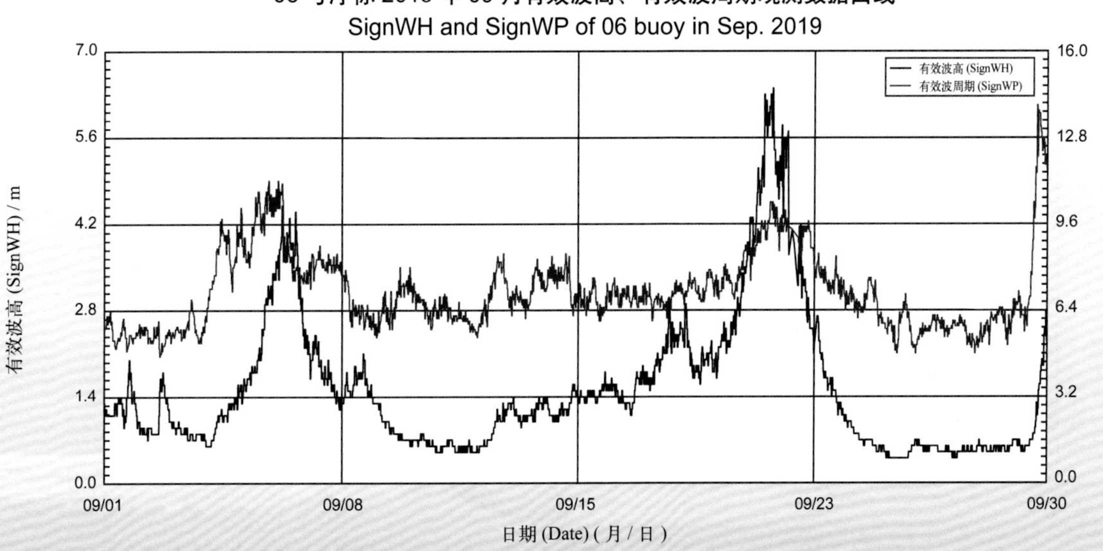


06 号浮标 2019 年 10 月有效波高、有效波周期观测数据曲线

SignWH and SignWP of 06 buoy in Oct. 2019

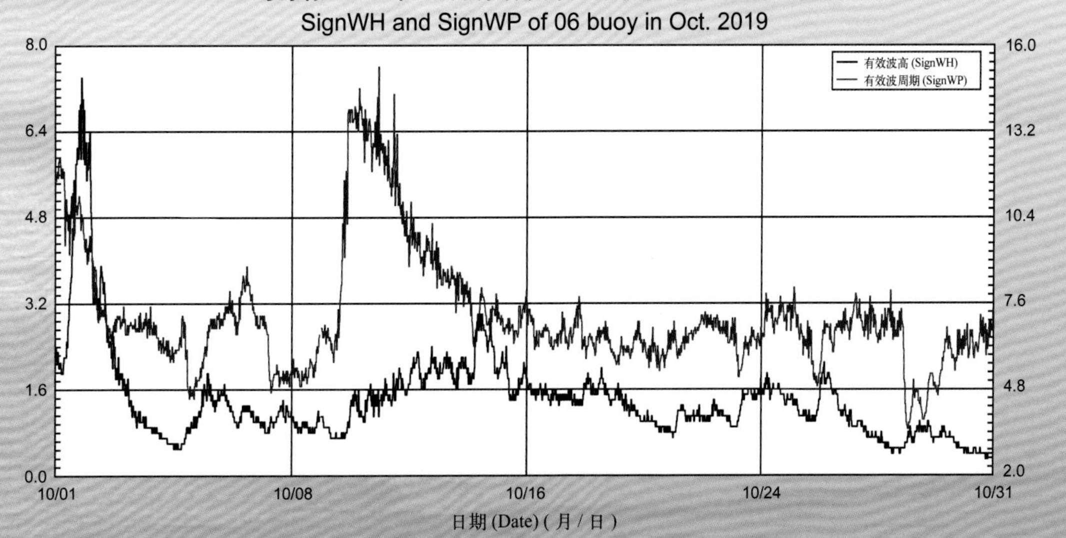

06 号浮标 2019 年 11 月有效波高、有效波周期观测数据曲线
SignWH and SignWP of 06 buoy in Nov. 2019

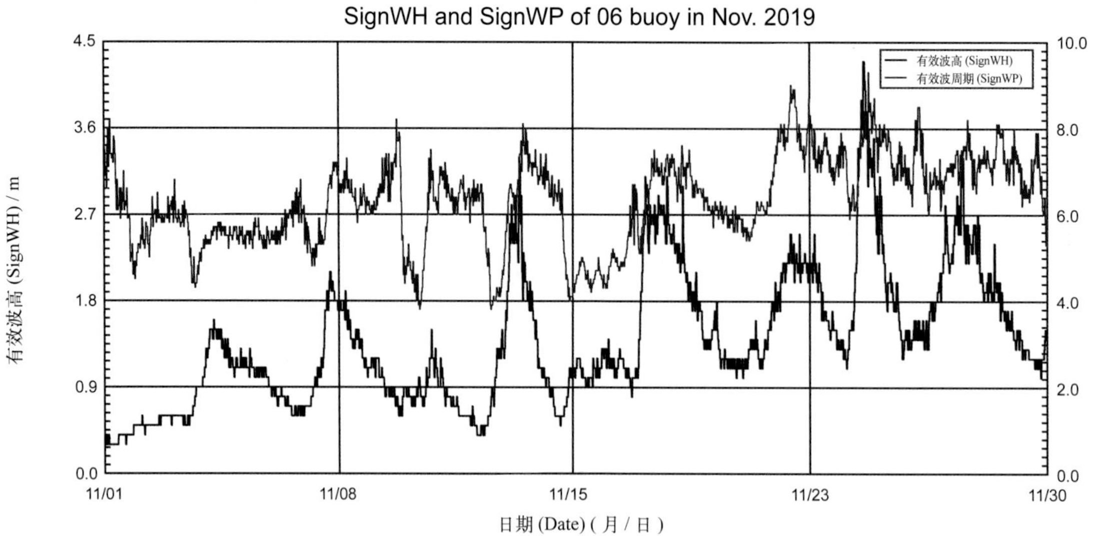


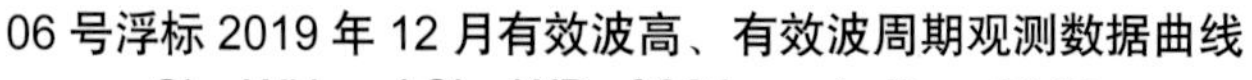

06 号浮标 2019 年 12 月有效波高、有效波周期观测数据曲线
SignWH and SignWP of 06 buoy in Dec. 2019

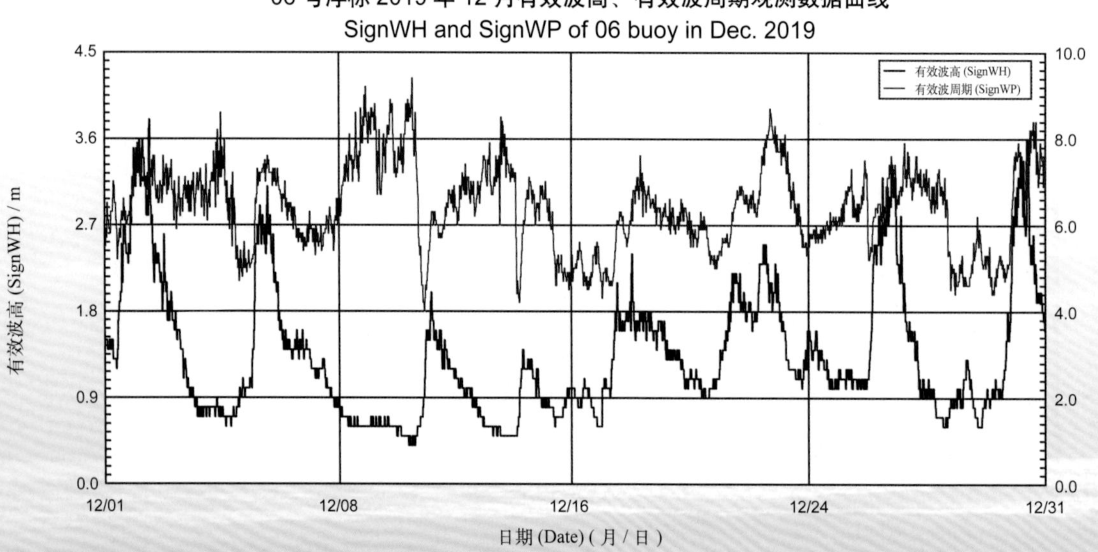

# 2019年度07号浮标观测数据概述及曲线
## （有效波高和有效波周期）

2019年，07号浮标共获取337天的有效波高和有效波周期长序列观测数据。获取数据的主要区间为1月29日09:30至12月31日23:30。通过对获取数据质量控制和分析，07号浮标观测海域2019年度有效波高、有效波周期数据和季节数据特征如下。

年度有效波高平均值为0.39 m，年度有效波周期平均值为5.60 s；测得的年度最大有效波高为3.5 m（8月11日），对应的有效波周期为8.6 s，当时有效波高≥2 m以上的海浪持续了23 h；测得的年度最长有效波周期为15.3 s（10月1日）。以2月为冬季代表月，观测海域冬季的平均有效波高是0.30 m，平均有效波周期是5.20 s；以5月为春季代表月，观测海域春季的平均有效波高是0.26 m，平均有效波周期是4.73 s；以8月为夏季代表月，观测海域夏季的平均有效波高是0.51 m，平均有效波周期是6.92 s；以11月为秋季代表月，观测海域秋季的平均有效波高是0.56 m，平均有效波周期是5.36 s。

2019年，07号浮标观测海域的有效波高、有效波周期的月平均值、最大值和最小值数据参见表22。

2019年，07号浮标获取到有效波高≥2 m的海浪过程共有3次，记录到3次寒潮过程和2次台风过程。第一次寒潮过程，获取到的最大有效波高为1.9 m（2月7日01:30），对应有效波周期为8.2 s。第二次寒潮过程，获取到的最大有效波高为1.8 m（11月24日18:00），对应有效波周期为7.7 s。第三次寒潮过程，获取到的最大有效波高为1.4 m（12月30日22:30），对应有效波周期为7.2 s。第一次台风过程，受第9号超强台风“利奇马”的影响，获取到的最大有效波高为3.5 m（8月11日17:30），对应有效波周期为8.6 s。第二次台风过程，受第13号超强台风“玲玲”的影响，获取到的最大有效波高为2.9 m（9月7日10:00），对应有效波周期为9.0 s。

表 22　07 号浮标各月份有效波高、有效波周期观测数据

| 月份 | 有效波高 / m | | | 有效波周期 / s | | | 备注 |
| --- | --- | --- | --- | --- | --- | --- | --- |
| | 平均 | 最大 | 最小 | 平均 | 最大 | 最小 | |
| 1 | — | — | — | — | — | — | 缺测数据 |
| 2 | 0.30 | 1.9 | 0.0 | 5.20 | 13.2 | 0.0 | 记录 1 次寒潮 |
| 3 | 0.29 | 1.4 | 0.0 | 5.85 | 14.3 | 0.0 | |
| 4 | 0.26 | 1.7 | 0.0 | 4.87 | 10.2 | 0.0 | |
| 5 | 0.26 | 1.7 | 0.0 | 4.73 | 8.7 | 0.0 | |
| 6 | 0.28 | 1.2 | 0.0 | 5.28 | 9.5 | 0.0 | |
| 7 | 0.49 | 2.1 | 0.2 | 6.17 | 12.9 | 3.8 | 记录 1 次有效波高≥ 2 m 过程 |
| 8 | 0.51 | 3.5 | 0.0 | 6.92 | 13.7 | 0.0 | 记录 1 次台风，记录 1 次有效波高≥ 2 m 过程 |
| 9 | 0.50 | 2.9 | 0.0 | 5.71 | 11.8 | 0.0 | 记录 1 次台风，记录 1 次有效波高≥ 2 m 过程 |
| 10 | 0.44 | 1.6 | 0.0 | 5.90 | 15.3 | 0.0 | |
| 11 | 0.56 | 1.8 | 0.0 | 5.36 | 9.6 | 0.0 | 记录 1 次寒潮 |
| 12 | 0.41 | 1.4 | 0.1 | 5.50 | 10.3 | 2.9 | 记录 1 次寒潮 |

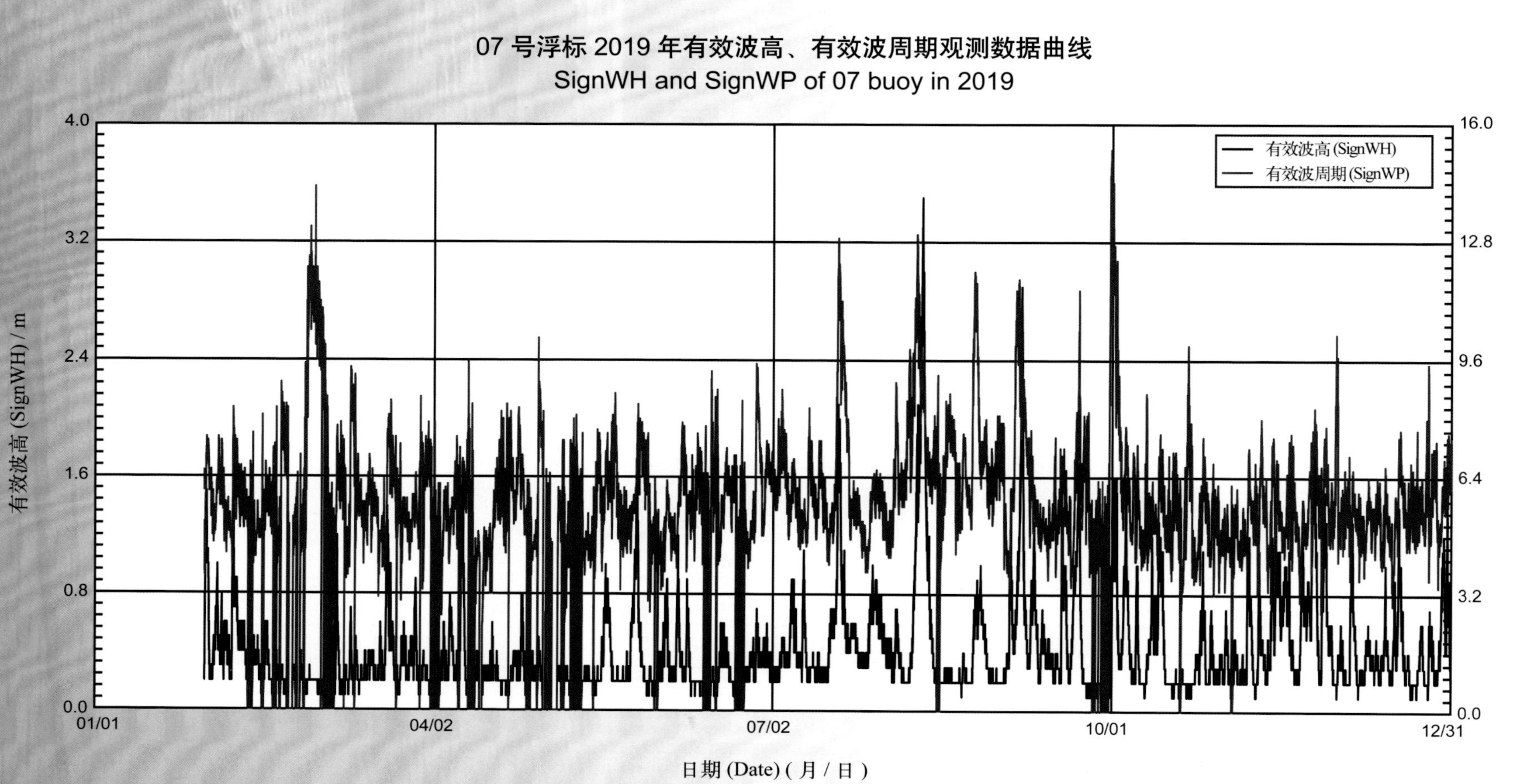
07 号浮标 2019 年有效波高、有效波周期观测数据曲线
SignWH and SignWP of 07 buoy in 2019
有效波高 (SignWH)
有效波周期 (SignWP)
有效波高 (SignWH) / m
4.0
3.2
2.4
1.6
0.8
0.0
16.0
12.8
9.6
6.4
3.2
0.0
01/01
04/02
07/02
10/01
12/31
日期 (Date) ( 月 / 日 )

有效波周期 (SignWP) / s

07 号浮标 2019 年 02 月有效波高、有效波周期观测数据曲线
SignWH and SignWP of 07 buoy in Feb. 2019

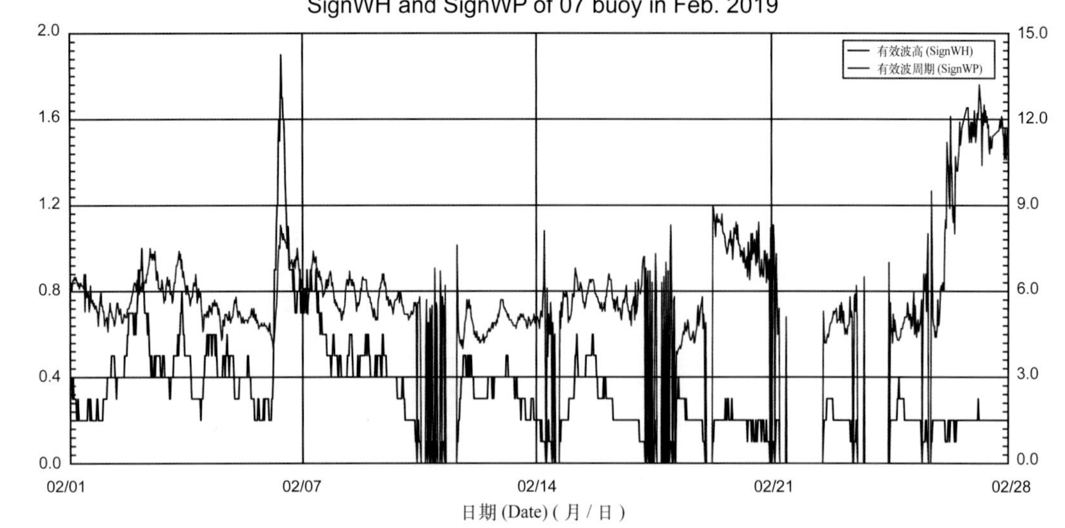


07 号浮标 2019 年 03 月有效波高、有效波周期观测数据曲线
SignWH and SignWP of 07 buoy in Mar. 2019

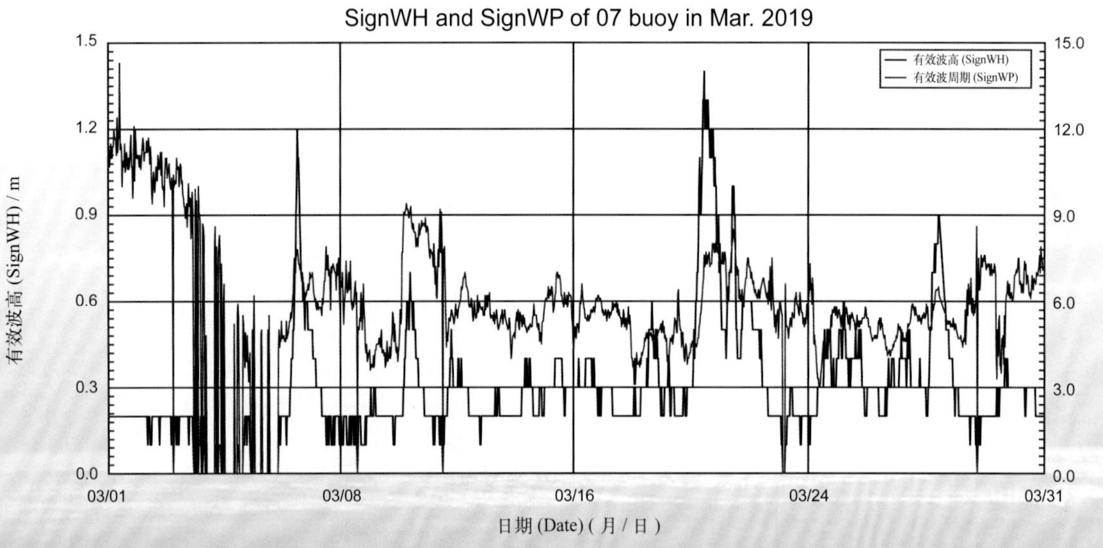


07 号浮标 2019 年 04 月有效波高、有效波周期观测数据曲线
SignWH and SignWP of 07 buoy in Apr. 2019

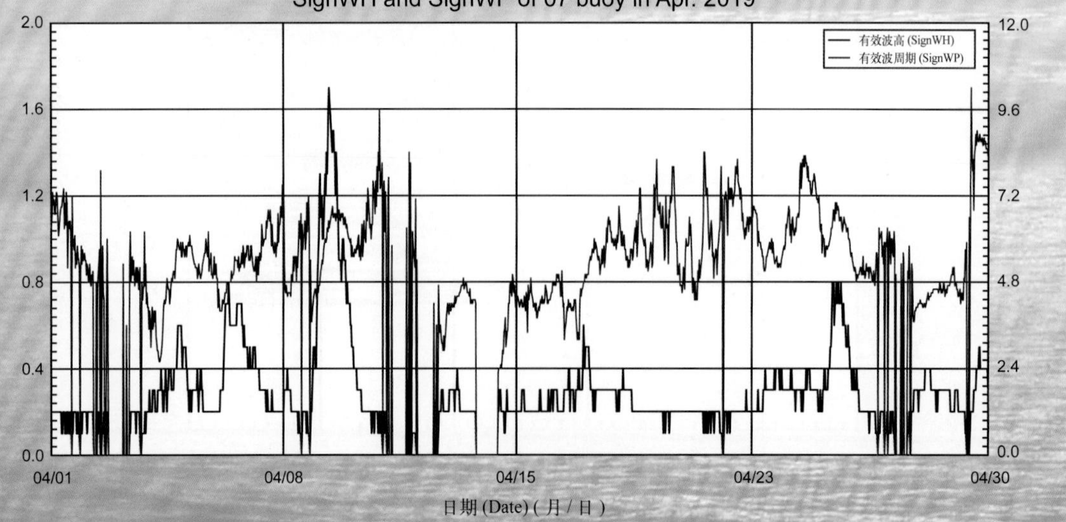

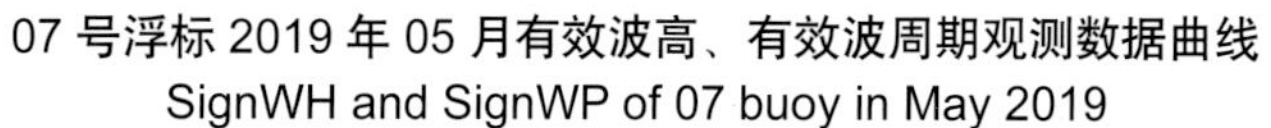

07 号浮标 2019 年 05 月有效波高、有效波周期观测数据曲线
SignWH and SignWP of 07 buoy in May 2019

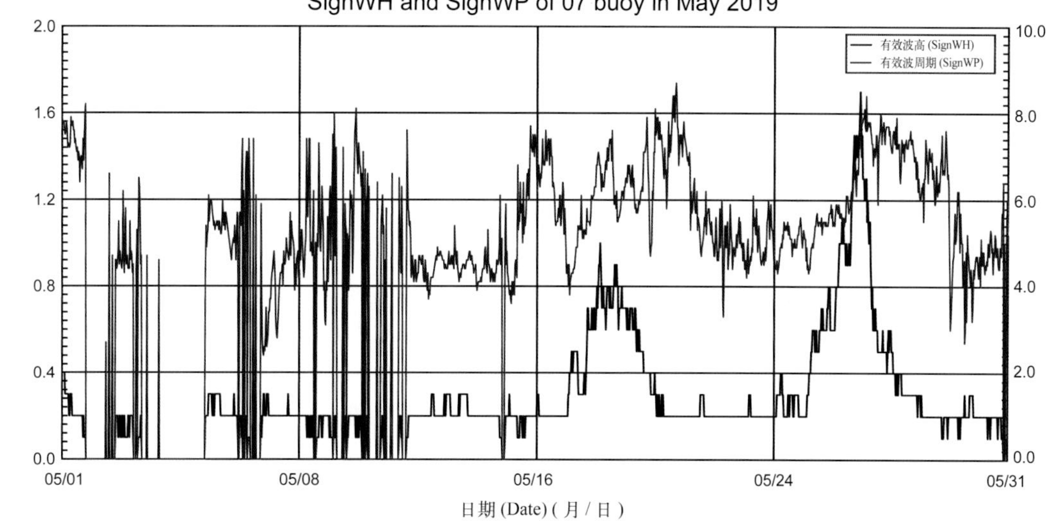


07 号浮标 2019 年 06 月有效波高、有效波周期观测数据曲线
SignWH and SignWP of 07 buoy in Jun. 2019

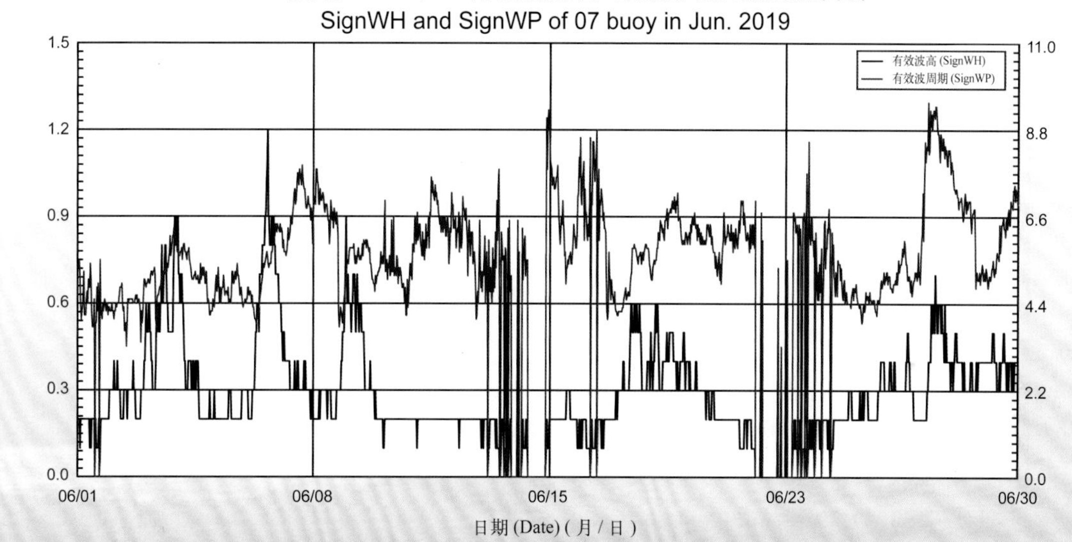


07 号浮标 2019 年 07 月有效波高、有效波周期观测数据曲线
SignWH and SignWP of 07 buoy in Jul. 2019

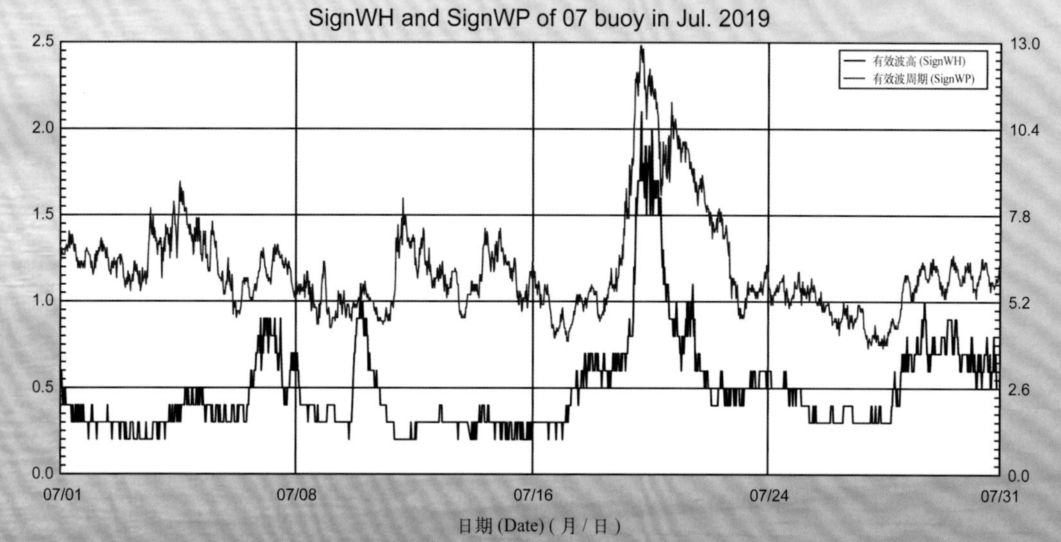

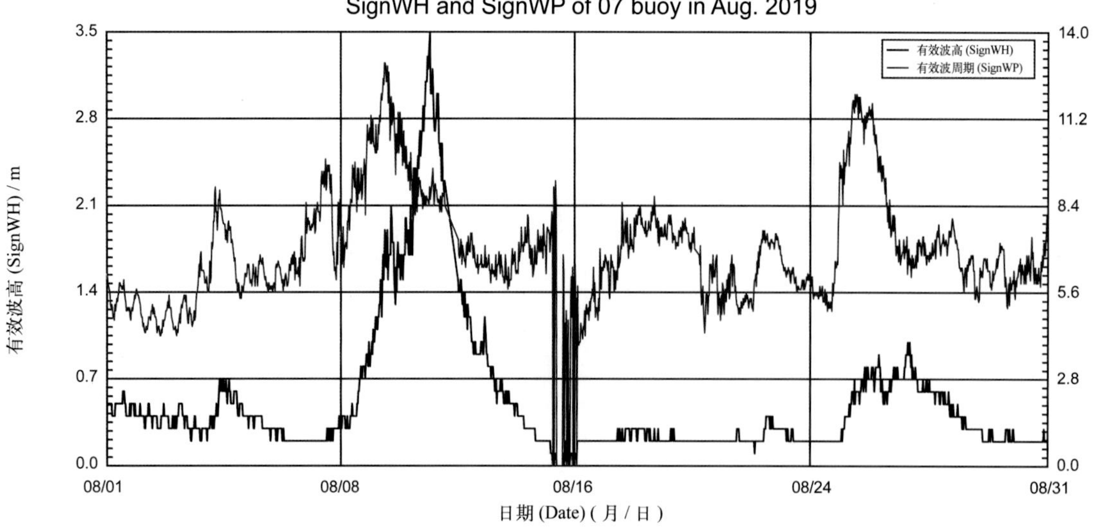


## 07 号浮标 2019 年 09 月有效波高、有效波周期观测数据曲线
## SignWH and SignWP of 07 buoy in Sep. 2019

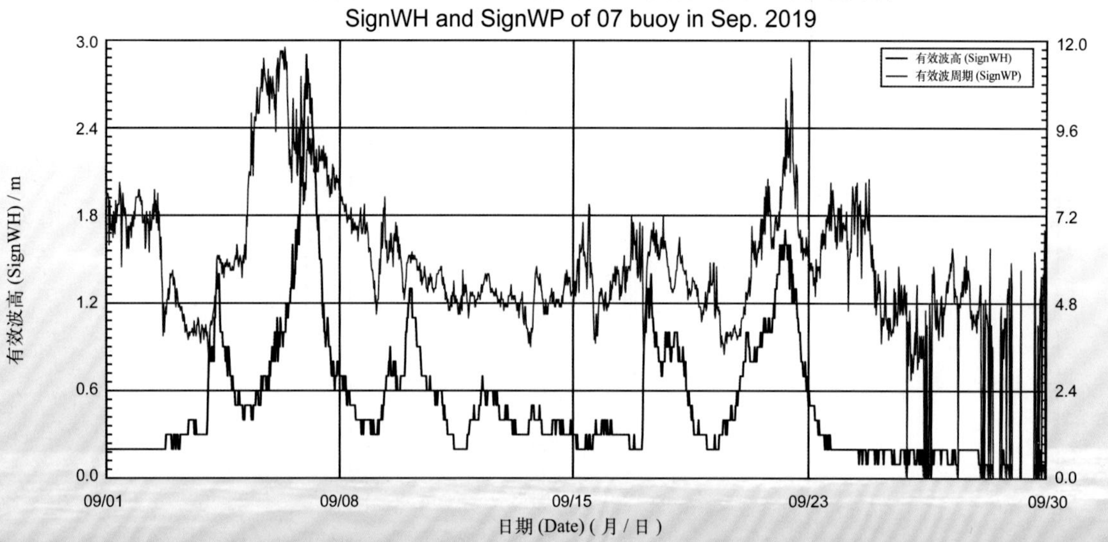


## 07 号浮标 2019 年 10 月有效波高、有效波周期观测数据曲线
## SignWH and SignWP of 07 buoy in Oct. 2019

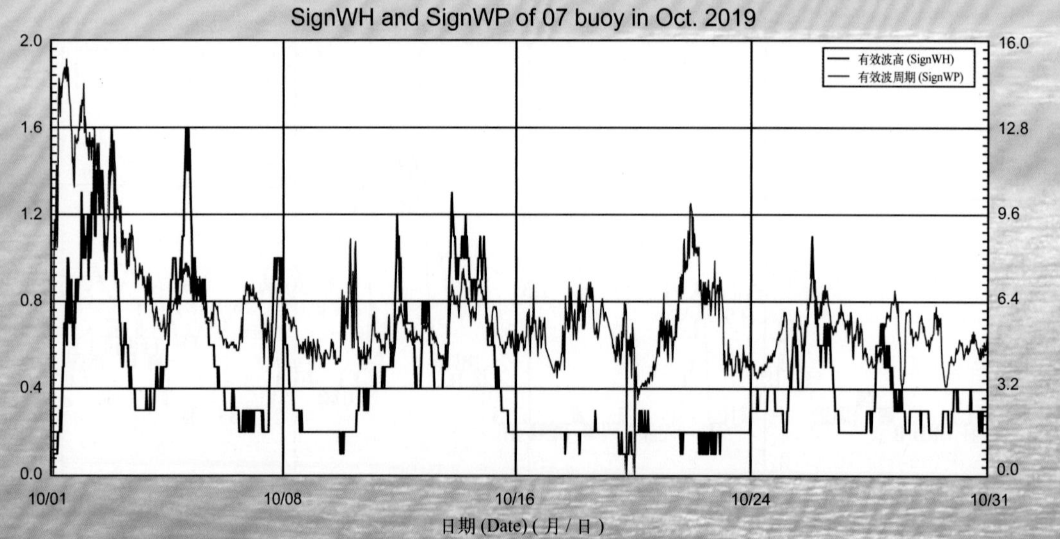

07 号浮标 2019 年 11 月有效波高、有效波周期观测数据曲线
SignWH and SignWP of 07 buoy in Nov. 2019

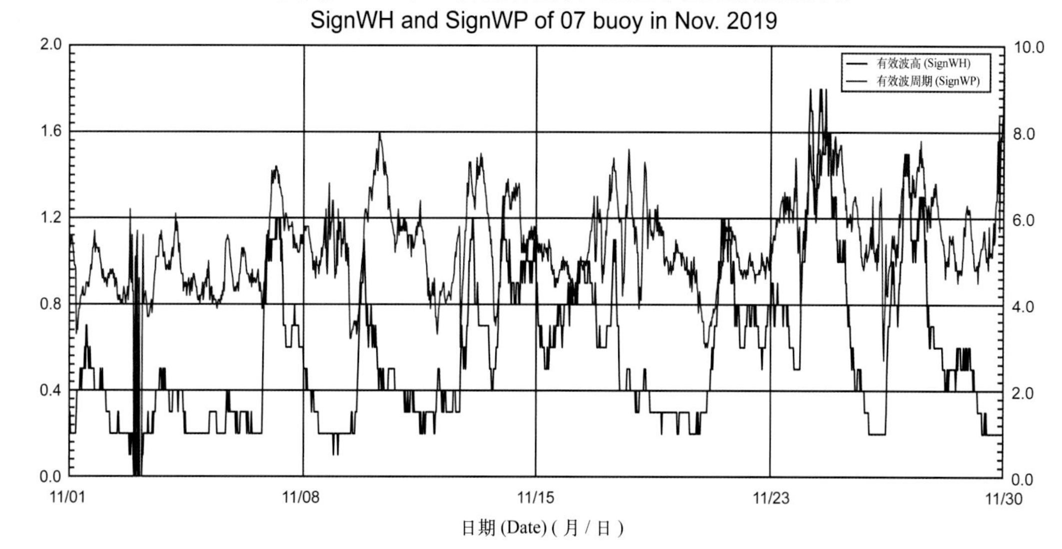

07 号浮标 2019 年 12 月有效波高、有效波周期观测数据曲线
SignWH and SignWP of 07 buoy in Dec. 2019

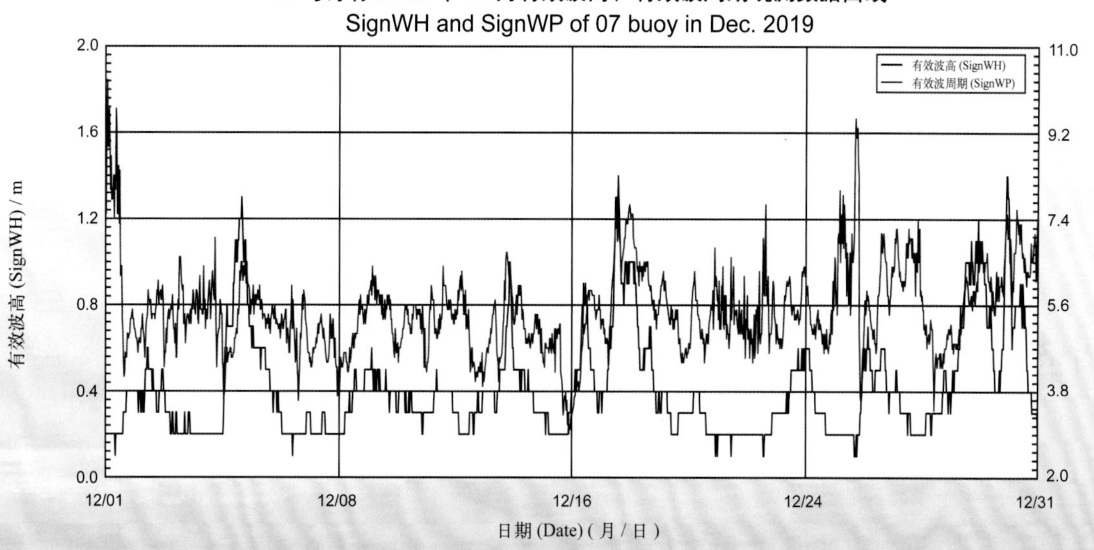

# 2019年度12号浮标观测数据概述及曲线
## （有效波高和有效波周期）

2019年，12号浮标共获取365天的有效波高和有效波周期长序列观测数据。通过对获取数据质量控制和分析，12号浮标观测海域2019年度有效波高、有效波周期数据和季节数据特征如下。

年度有效波高平均值为0.69 m，年度有效波周期平均值为6.61 s；测得的年度最大有效波高为5.9 m（10月1日），对应的有效波周期为10.5 s，当时有效波高≥4 m以上的海浪持续了10.3 h；测得的年度最长有效波周期为14.9 s（10月11日）。以2月为冬季代表月，观测海域冬季的平均有效波高是0.67 m，平均有效波周期是6.23 s；以5月为春季代表月，观测海域春季的平均有效波高是0.57 m，平均有效波周期是6.93 s；以8月为夏季代表月，观测海域夏季的平均有效波高是0.97 m，平均有效波周期是7.39 s；以11月为秋季代表月，观测海域秋季的平均有效波高是0.74 m，平均有效波周期是6.28 s。

2019年，12号浮标观测海域的有效波高、有效波周期的月平均值、最大值和最小值数据参见表23。

2019年，12号浮标获取到有效波高≥2 m的海浪过程共有8次，记录到1次寒潮过程和5次台风过程。寒潮的具体过程中，获取到的最大有效波高为1.9 m（1月31日12:00），对应有效波周期为4.7 s。第一次台风过程，受第5号热带风暴“丹娜丝”的影响，获取到的最大有效波高为3.3 m（7月19日10:00），对应有效波周期为10.4 s。第二次台风过程，受第9号超强台风“利奇马”的影响，获取到的最大有效波高为5.8 m（8月10日03:00），对应有效波周期为10.6 s。第三次台风过程，受第13号超强台风“玲玲”的影响，获取到的最大有效波高为3.2 m（9月6日03:00），对应有效波周期为11.3 s。第四次台风过程，受第17号台风“塔巴”的影响，获取到的最大有效波高为4.3 m（9月21日20:00），对应有效波周期为9.9 s。第五次台风过程，受第18号台风“米娜”的影响，获取到的最大有效波高为5.9 m（10月1日20:30），对应有效波周期为10.5 s。

表 23　12 号浮标各月份有效波高、有效波周期观测数据

| 月份 | 有效波高 / m | | | 有效波周期 / s | | | 备注 |
|---|---|---|---|---|---|---|---|
| | 平均 | 最大 | 最小 | 平均 | 最大 | 最小 | |
| 1 | 0.50 | 1.9 | 0.1 | 5.96 | 10.0 | 3.6 | 记录 1 次寒潮 |
| 2 | 0.67 | 1.9 | 0.2 | 6.23 | 12.2 | 4.0 | |
| 3 | 0.53 | 1.5 | 0.2 | 6.46 | 9.6 | 3.6 | |
| 4 | 0.53 | 1.5 | 0.2 | 6.13 | 9.8 | 3.7 | |
| 5 | 0.57 | 1.7 | 0.1 | 6.93 | 11.6 | 3.9 | |
| 6 | 0.55 | 1.5 | 0.2 | 6.06 | 11.7 | 3.7 | |
| 7 | 0.71 | 3.3 | 0.2 | 6.25 | 12.2 | 4.1 | 记录 1 次台风，<br>记录 1 次有效波高≥ 2 m 过程 |
| 8 | 0.97 | 5.8 | 0.2 | 7.39 | 12.6 | 4.2 | 记录 1 次台风，<br>记录 2 次有效波高≥ 2 m 过程 |
| 9 | 0.95 | 4.3 | 0.2 | 7.60 | 14.1 | 4.3 | 记录 2 次台风，<br>记录 2 次有效波高≥ 2 m 过程 |
| 10 | 0.83 | 5.9 | 0.2 | 7.53 | 14.9 | 4.1 | 记录 1 次台风，<br>记录 2 次有效波高≥ 2 m 过程 |
| 11 | 0.74 | 1.9 | 0.2 | 6.28 | 9.8 | 3.8 | |
| 12 | 0.72 | 2 | 0.3 | 6.42 | 11.1 | 4.0 | 记录 1 次有效波高≥ 2 m 过程 |

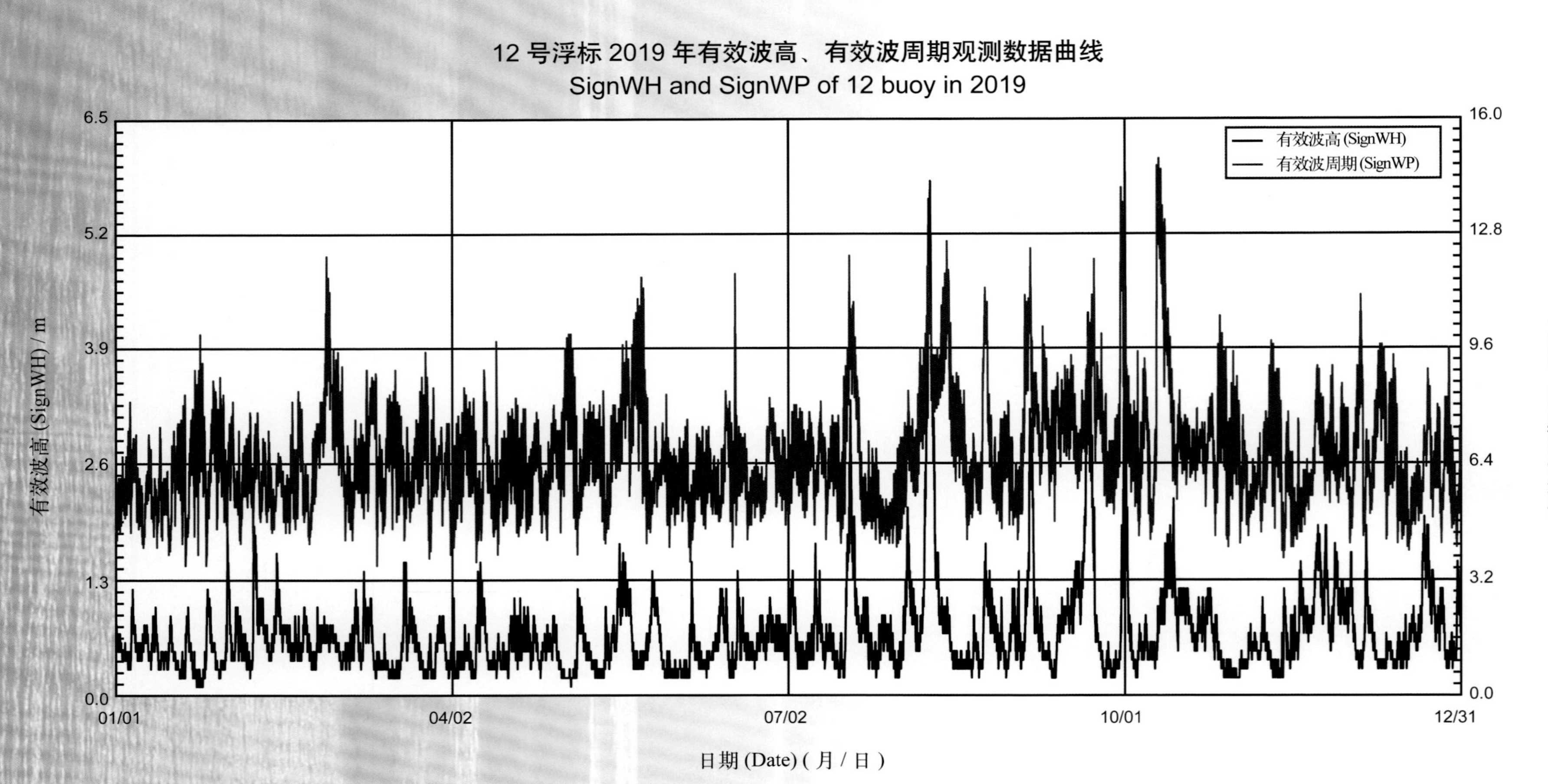
12 号浮标 2019 年有效波高、有效波周期观测数据曲线
SignWH and SignWP of 12 buoy in 2019
有效波高 (SignWH)
有效波周期 (SignWP)
有效波高 (SignWH) / m
6.5
5.2
3.9
2.6
1.3
0.0
有效波周期 (SignWP) / s
16.0
12.8
9.6
6.4
3.2
0.0
01/01
04/02
07/02
10/01
12/31
日期 (Date) ( 月 / 日 )

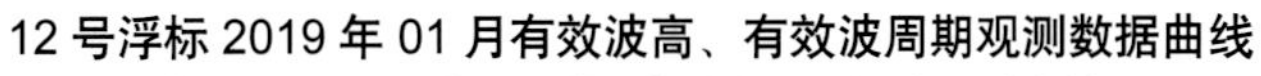

12 号浮标 2019 年 01 月有效波高、有效波周期观测数据曲线
SignWH and SignWP of 12 buoy in Jan. 2019

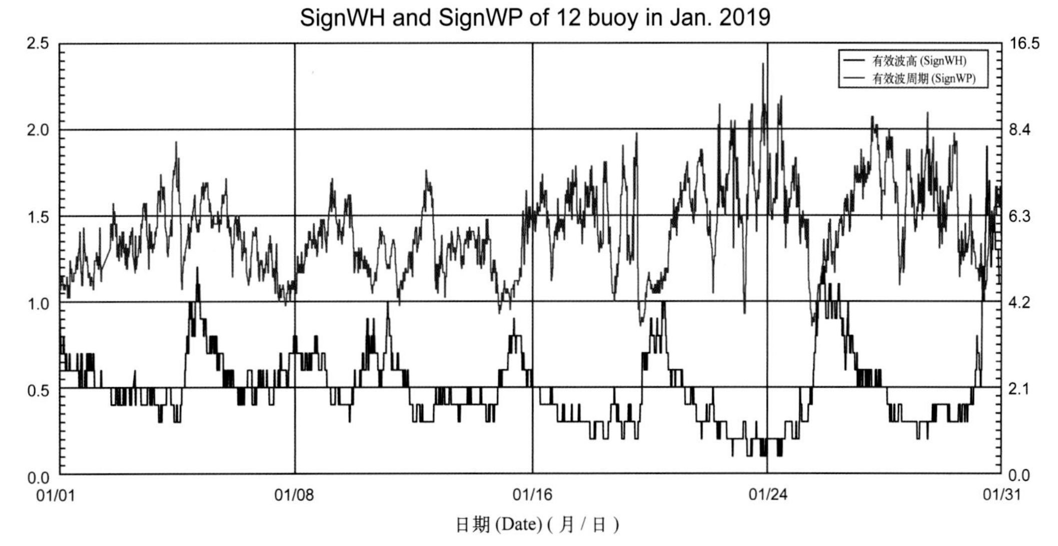


12 号浮标 2019 年 02 月有效波高、有效波周期观测数据曲线
SignWH and SignWP of 12 buoy in Feb. 2019

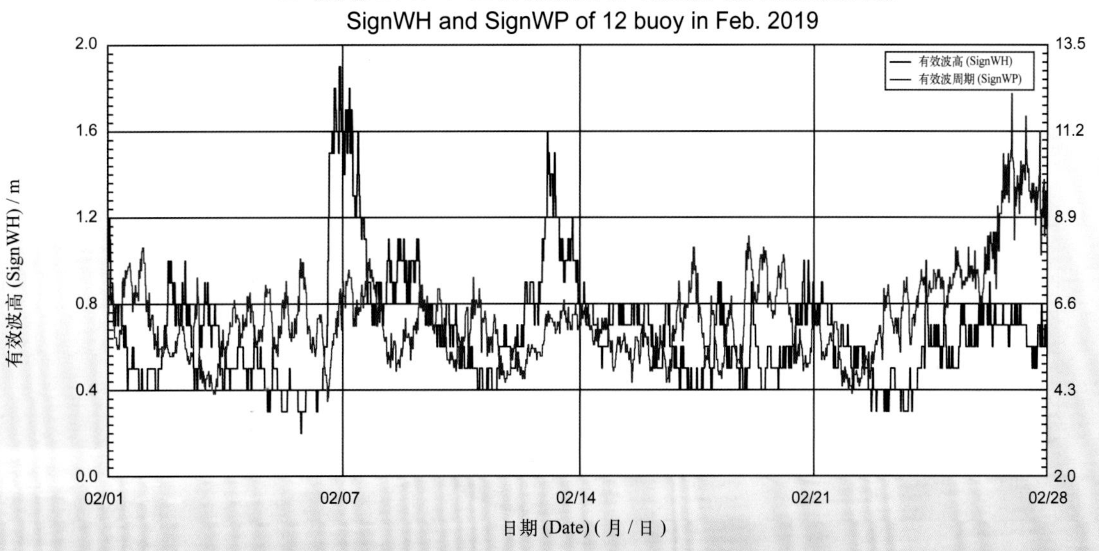


12 号浮标 2019 年 03 月有效波高、有效波周期观测数据曲线
SignWH and SignWP of 12 buoy in Mar. 2019

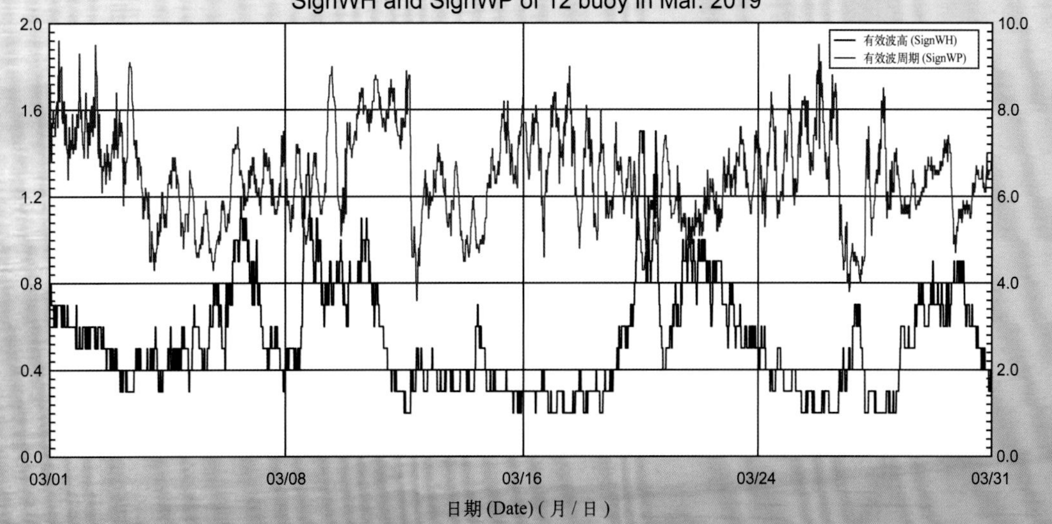

12 号浮标 2019 年 04 月有效波高、有效波周期观测数据曲线
SignWH and SignWP of 12 buoy in Apr. 2019

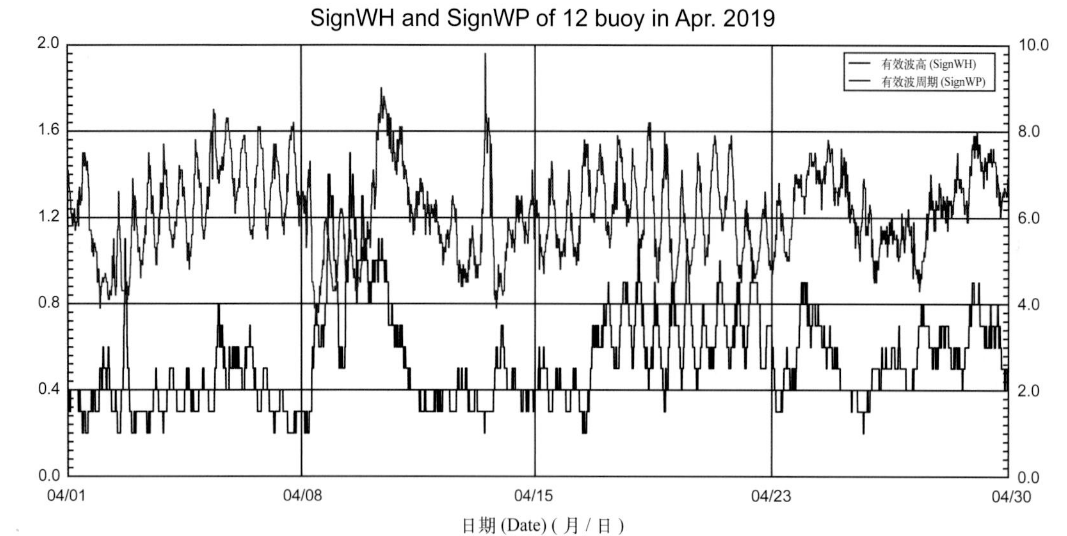


12 号浮标 2019 年 05 月有效波高、有效波周期观测数据曲线
SignWH and SignWP of 12 buoy in May 2019

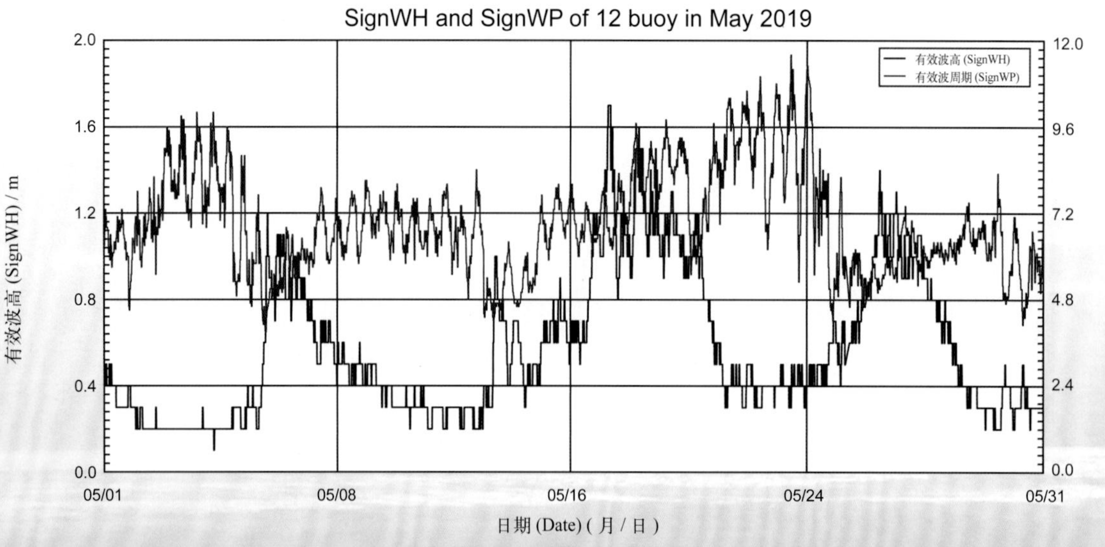


12 号浮标 2019 年 06 月有效波高、有效波周期观测数据曲线
SignWH and SignWP of 12 buoy in Jun. 2019

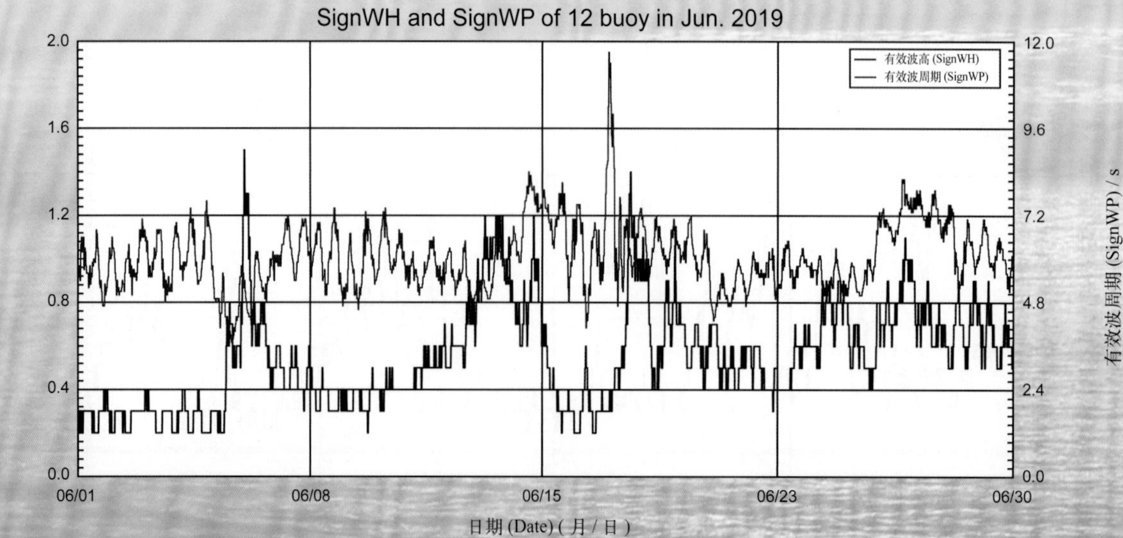

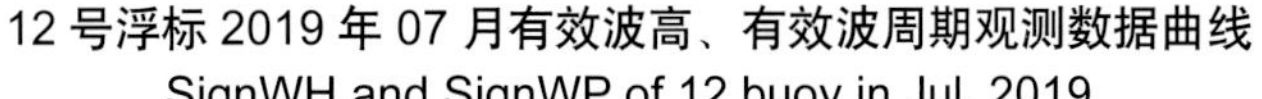

12 号浮标 2019 年 07 月有效波高、有效波周期观测数据曲线
SignWH and SignWP of 12 buoy in Jul. 2019

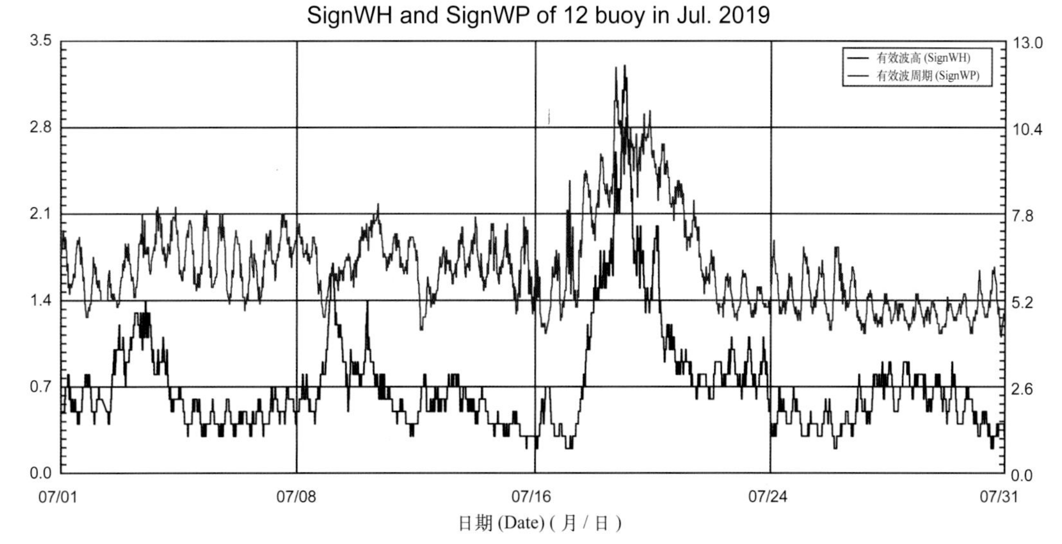


12 号浮标 2019 年 08 月有效波高、有效波周期观测数据曲线
SignWH and SignWP of 12 buoy in Aug. 2019

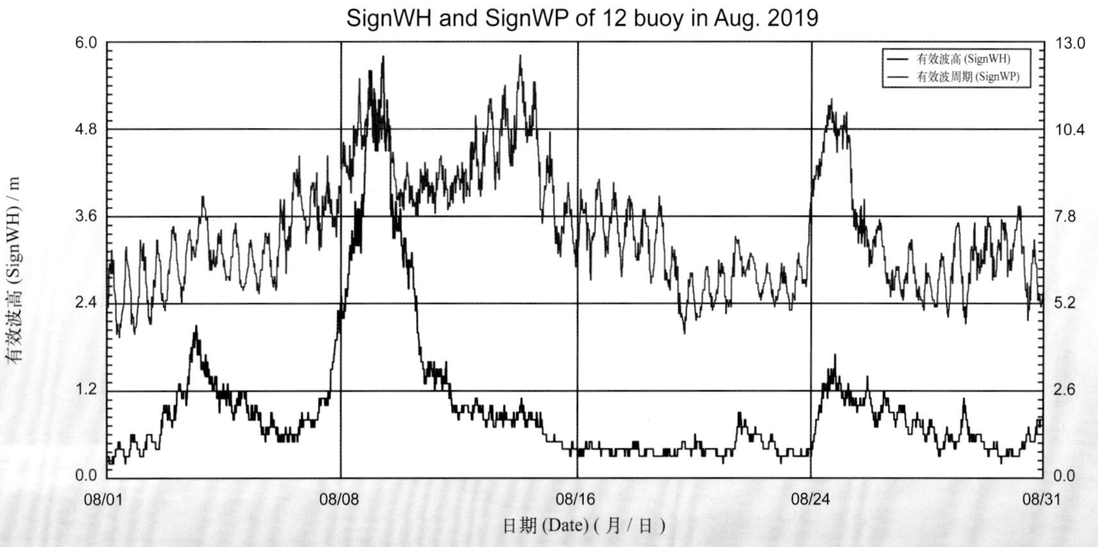


12 号浮标 2019 年 09 月有效波高、有效波周期观测数据曲线
SignWH and SignWP of 12 buoy in Sep. 2019

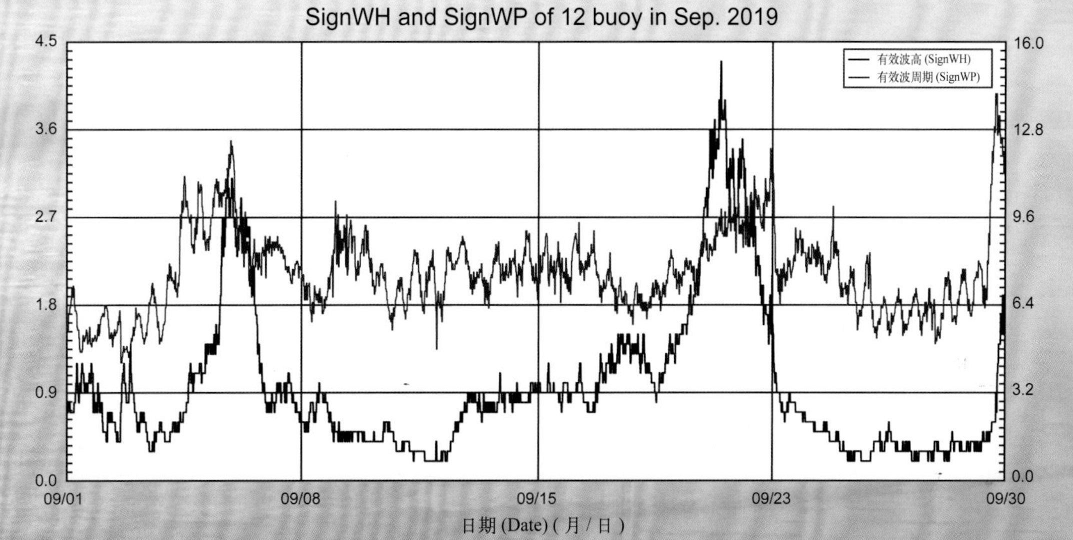

12 号浮标 2019 年 10 月有效波高、有效波周期观测数据曲线
SignWH and SignWP of 12 buoy in Oct. 2019

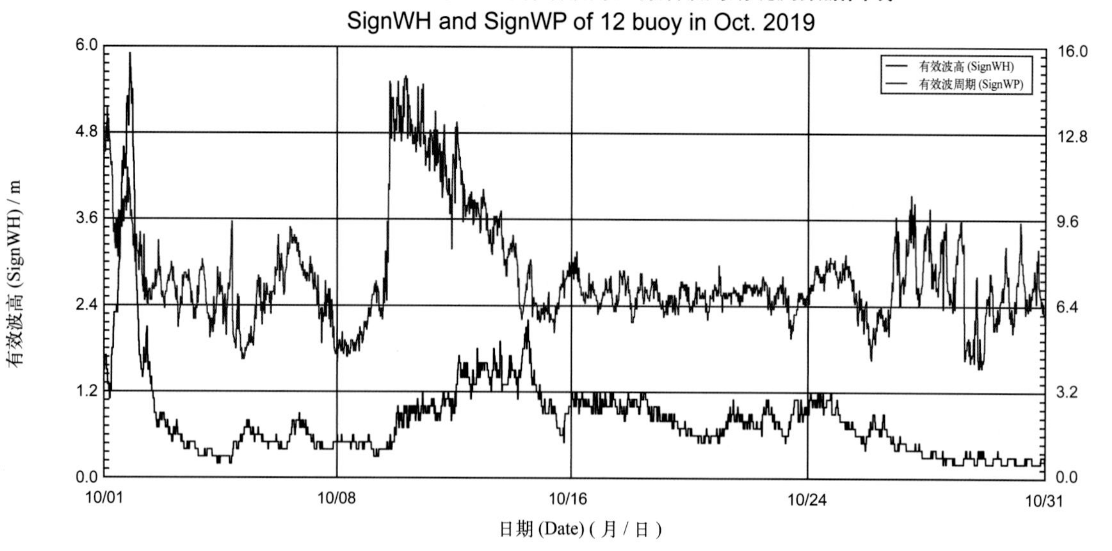


12 号浮标 2019 年 11 月有效波高、有效波周期观测数据曲线
SignWH and SignWP of 12 buoy in Nov. 2019

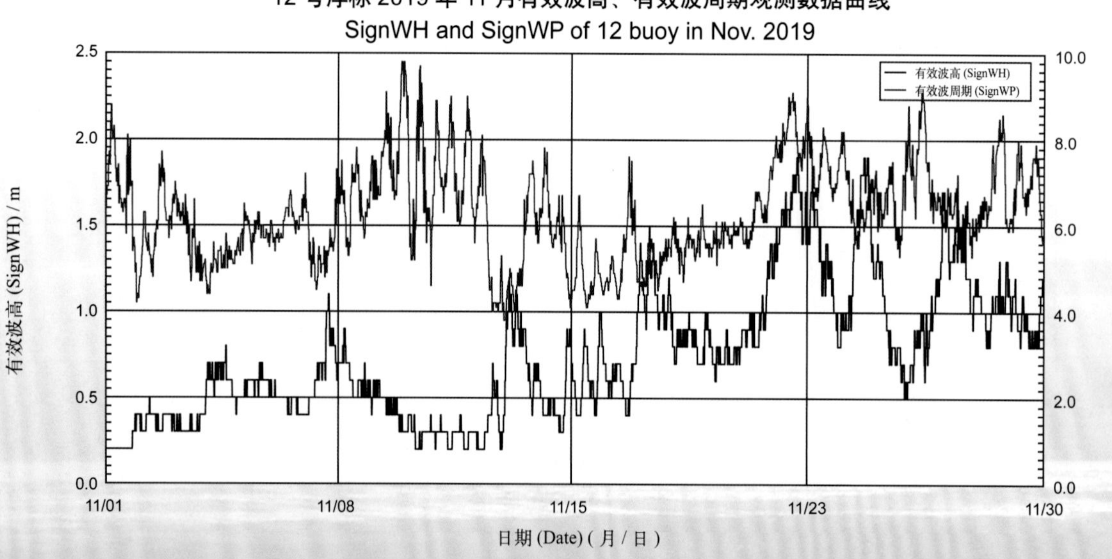


12 号浮标 2019 年 12 月有效波高、有效波周期观测数据曲线
SignWH and SignWP of 12 buoy in Dec. 2019

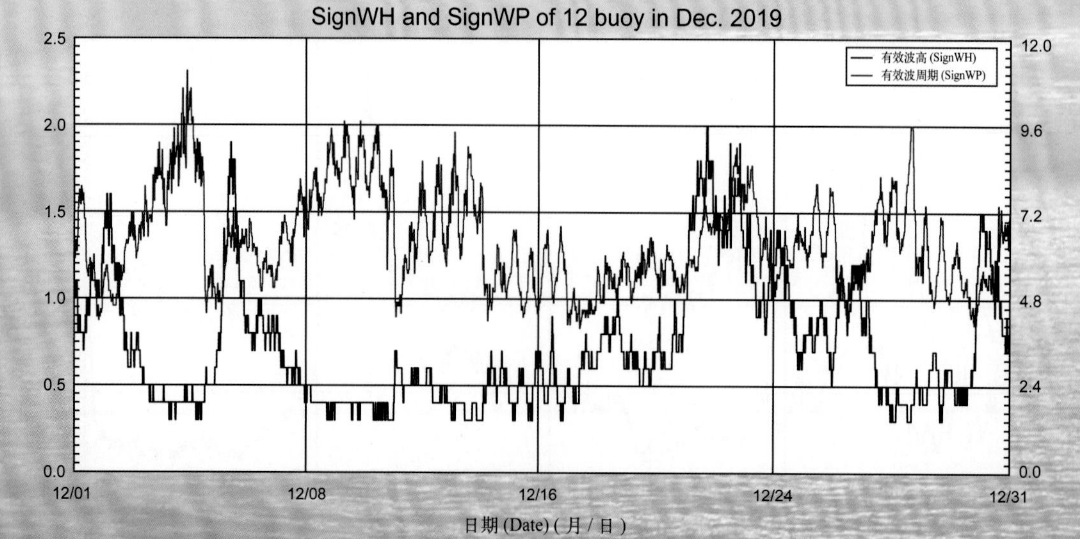

# 2019 年度 18 号浮标观测数据概述及曲线（有效波高和有效波周期）

2019 年，18 号浮标共获取 364 天的有效波高和有效波周期长序列观测数据。获取数据的主要区间为 1 月 2 日 08:40 至 12 月 31 日 23:50。通过对获取数据质量控制和分析，18 号浮标观测海域 2019 年度有效波高、有效波周期数据和季节数据特征如下。

年度有效波高平均值为 0.60 m，年度有效波周期平均值为 4.92 s；测得的年度最大有效波高为 4.0 m（4 月 9 日），对应的有效波周期为 7.6 s，当时有效波高≥3 m 以上的海浪持续了 4.0 h；测得的年度最长有效波周期为 14.6 s（10 月 4 日）。以 2 月为冬季代表月，观测海域冬季的平均有效波高是 0.57 m，平均有效波周期是 4.82 s；以 5 月为春季代表月，观测海域春季的平均有效波高是 0.51 m，平均有效波周期是 4.86 s；以 8 月为夏季代表月，观测海域夏季的平均有效波高是 0.55 m，平均有效波周期是 5.36 s；以 11 月为秋季代表月，观测海域秋季的平均有效波高是 0.78 m，平均有效波周期是 4.96 s。

2019 年，18 号浮标观测海域的有效波高、有效波周期的月平均值、最大值和最小值数据参见表 24。

2019 年，18 号浮标获取到有效波高≥2 m 的海浪过程共有 17 次，记录到 1 次寒潮过程和 2 次台风过程。寒潮的具体过程中，获取到的最大有效波高为 2.5 m（11 月 24 日 12:40），对应有效波周期为 5.3 s。第一次台风过程，受第 9 号超强台风“利奇马”的影响，获取到的最大有效波高为 3.6 m（8 月 11 日 13:00），对应有效波周期为 8.1 s。第二次台风过程，受第 13 号超强台风“玲玲”的影响，获取到的最大有效波高为 2.1 m（9 月 7 日 11:00），对应有效波周期为 10.4 s。

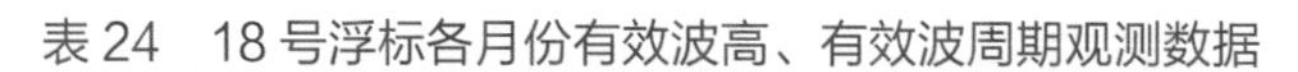

表 24　18 号浮标各月份有效波高、有效波周期观测数据

| 月份 | 有效波高 / m | | | 有效波周期 / s | | | 备注 |
|---|---|---|---|---|---|---|---|
| | 平均 | 最大 | 最小 | 平均 | 最大 | 最小 | |
| 1 | 0.48 | 2.4 | 0.1 | 4.58 | 9.5 | 2.8 | 缺测 1 天数据，<br>记录 1 次有效波高≥ 2 m 过程 |
| 2 | 0.57 | 2.5 | 0.1 | 4.82 | 10.3 | 3.1 | 记录 1 次有效波高≥ 2 m 过程 |
| 3 | 0.54 | 2.4 | 0.1 | 4.86 | 12.1 | 2.9 | 记录 2 次有效波高≥ 2 m 过程 |
| 4 | 0.70 | 4.0 | 0.1 | 4.55 | 8.7 | 3.0 | 记录 1 次有效波高≥ 2 m 过程 |
| 5 | 0.51 | 2.0 | 0.1 | 4.86 | 12.3 | 2.8 | 记录 1 次有效波高≥ 2 m 过程 |
| 6 | 0.57 | 3.4 | 0.1 | 4.78 | 7.6 | 3.2 | 记录 1 次有效波高≥ 2 m 过程 |
| 7 | 0.56 | 2.5 | 0.2 | 5.09 | 10.4 | 3.4 | 记录 1 次有效波高≥ 2 m 过程 |
| 8 | 0.55 | 3.6 | 0.1 | 5.36 | 10.5 | 2.9 | 记录 1 次台风，<br>记录 1 次有效波高≥ 2 m 过程 |
| 9 | 0.68 | 2.6 | 0.1 | 5.34 | 10.4 | 3.1 | 记录 1 次台风，<br>记录 2 次有效波高≥ 2 m 过程 |
| 10 | 0.64 | 2.1 | 0.1 | 5.09 | 14.6 | 3.1 | 记录 2 次有效波高≥ 2 m 过程 |
| 11 | 0.78 | 2.5 | 0.1 | 4.96 | 7.9 | 3.0 | 记录 1 次寒潮，<br>记录 4 次有效波高≥ 2 m 过程 |
| 12 | 0.65 | 1.9 | 0.1 | 4.58 | 8.7 | 3.0 | |

有效波周期 (SignWP) / s

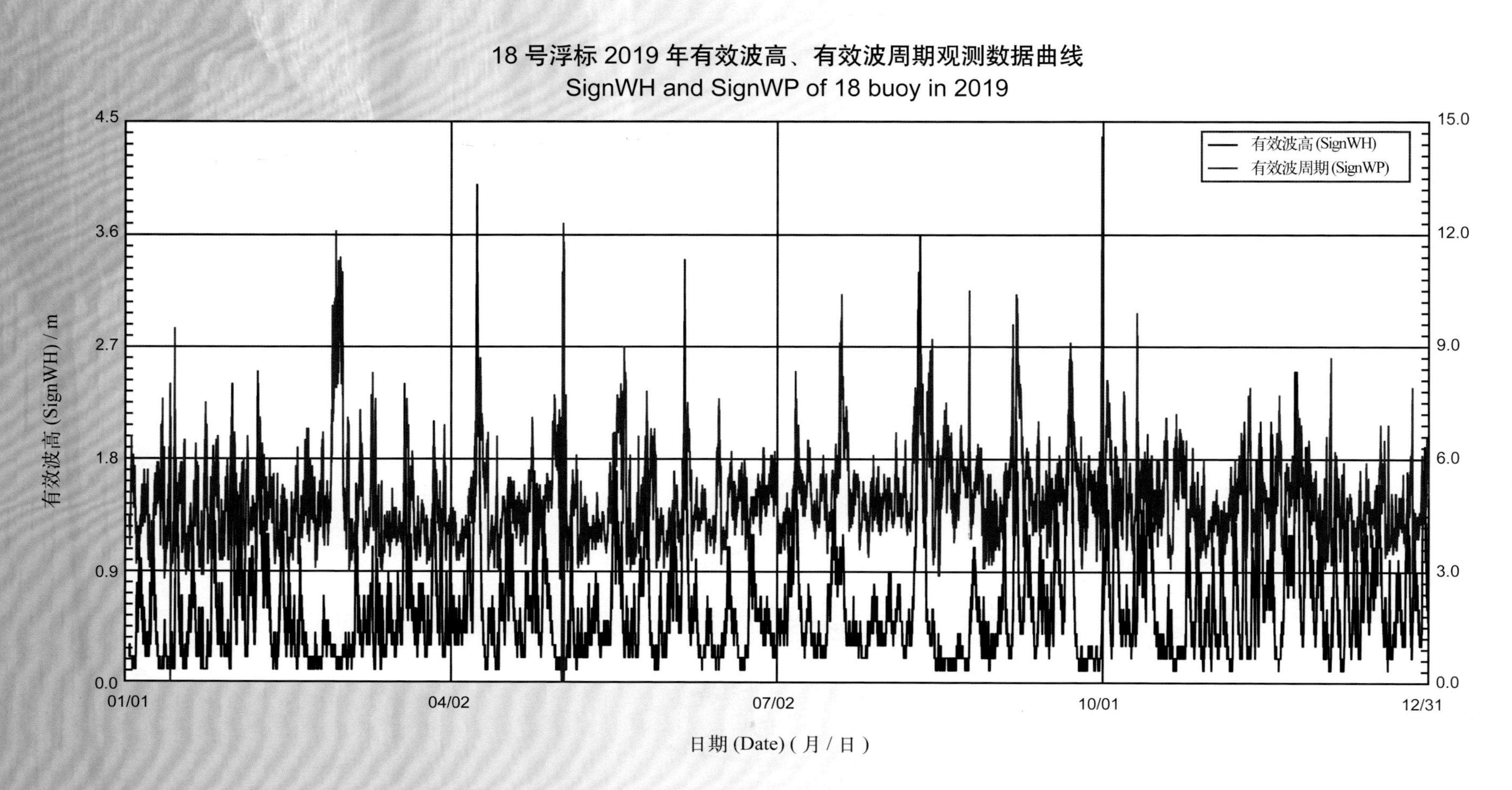
18 号浮标 2019 年有效波高、有效波周期观测数据曲线
SignWH and SignWP of 18 buoy in 2019
有效波高 (SignWH)
有效波周期 (SignWP)
15.0
12.0
9.0
6.0
3.0
0.0
4.5
3.6
2.7
1.8
0.9
0.0
01/01
04/02
07/02
10/01
12/31
日期 (Date) ( 月 / 日 )
有效波高 (SignWH) / m

## 18 号浮标 2019 年 01 月有效波高、有效波周期观测数据曲线
SignWH and SignWP of 18 buoy in Jan. 2019

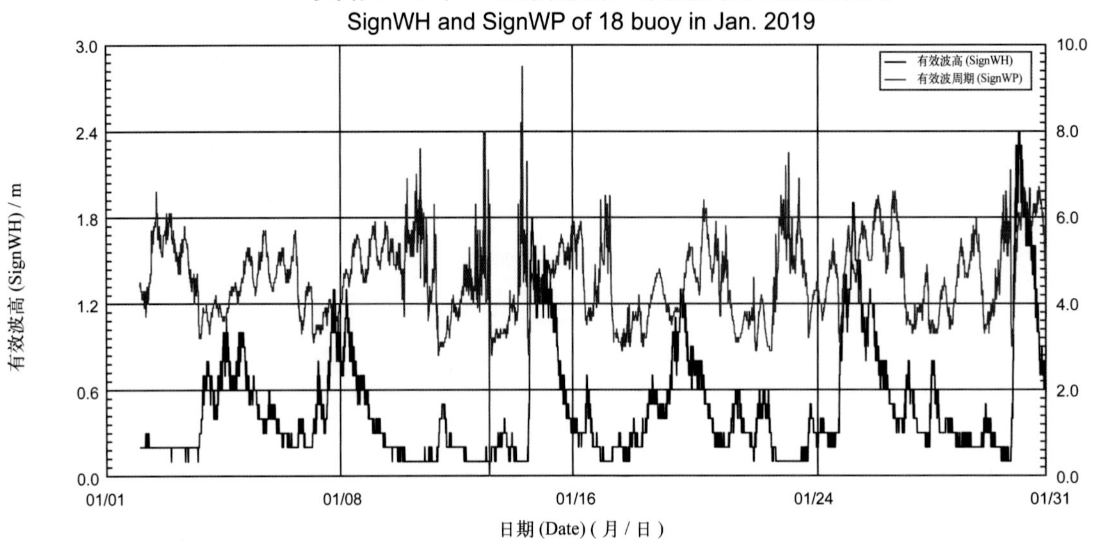


## 18 号浮标 2019 年 02 月有效波高、有效波周期观测数据曲线
SignWH and SignWP of 18 buoy in Feb. 2019

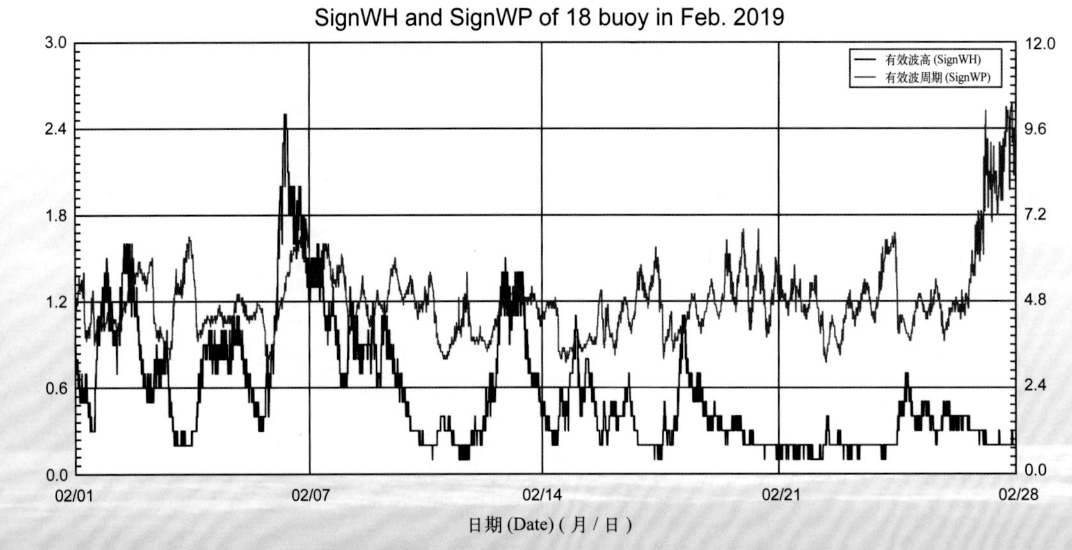


## 18 号浮标 2019 年 03 月有效波高、有效波周期观测数据曲线
SignWH and SignWP of 18 buoy in Mar. 2019

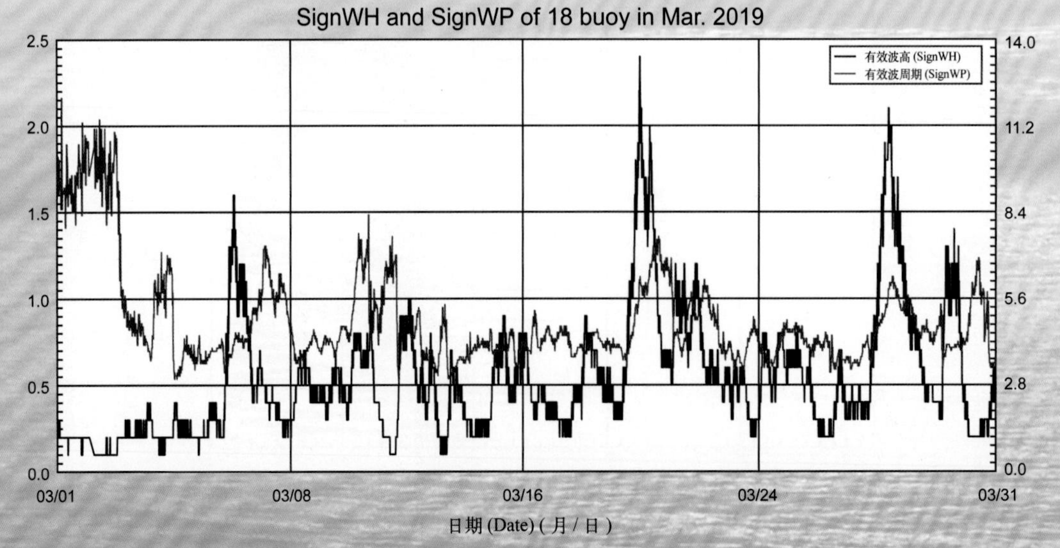

18 号浮标 2019 年 04 月有效波高、有效波周期观测数据曲线
SignWH and SignWP of 18 buoy in Apr. 2019

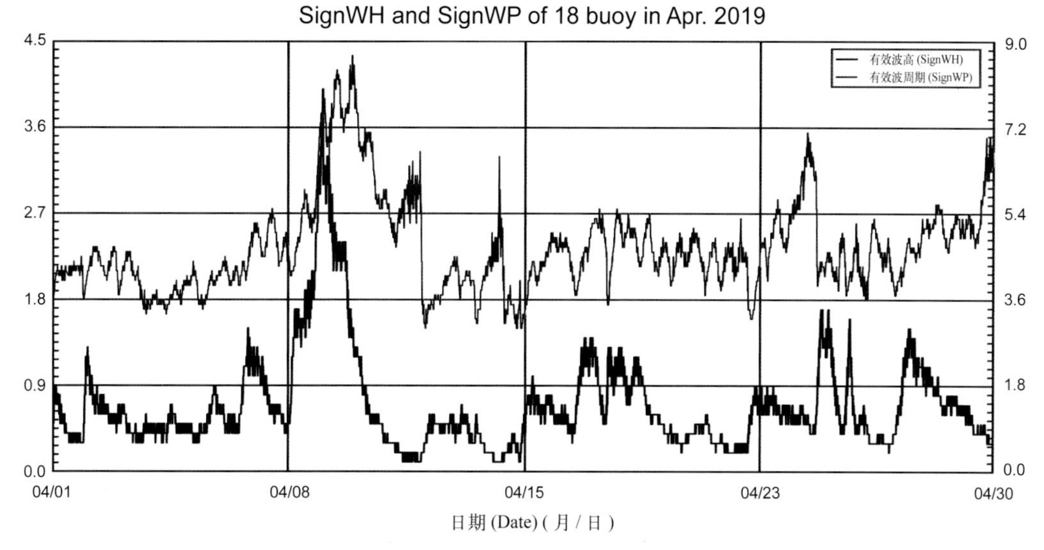

18 号浮标 2019 年 05 月有效波高、有效波周期观测数据曲线
SignWH and SignWP of 18 buoy in May 2019

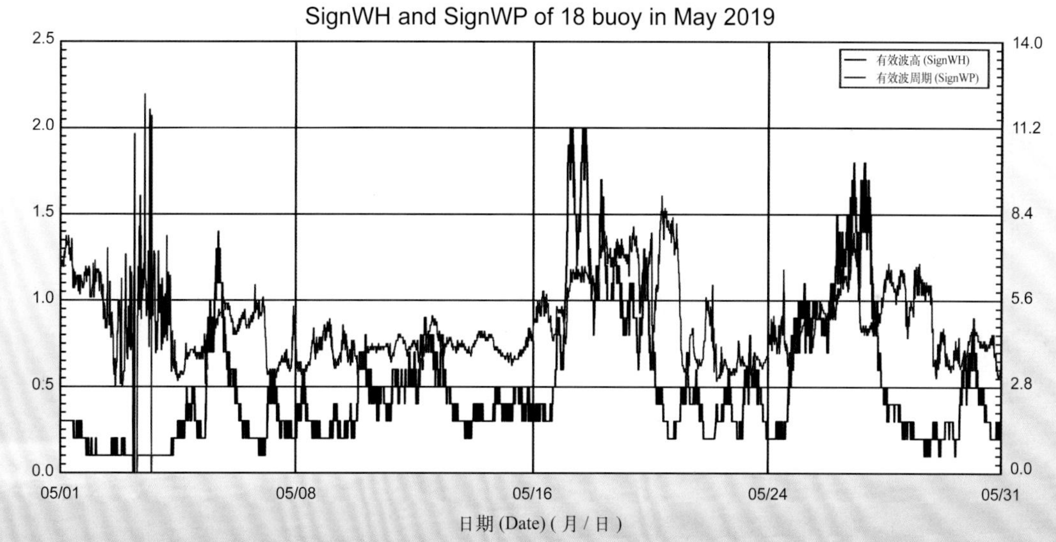


18 号浮标 2019 年 06 月有效波高、有效波周期观测数据曲线
SignWH and SignWP of 18 buoy in Jun. 2019

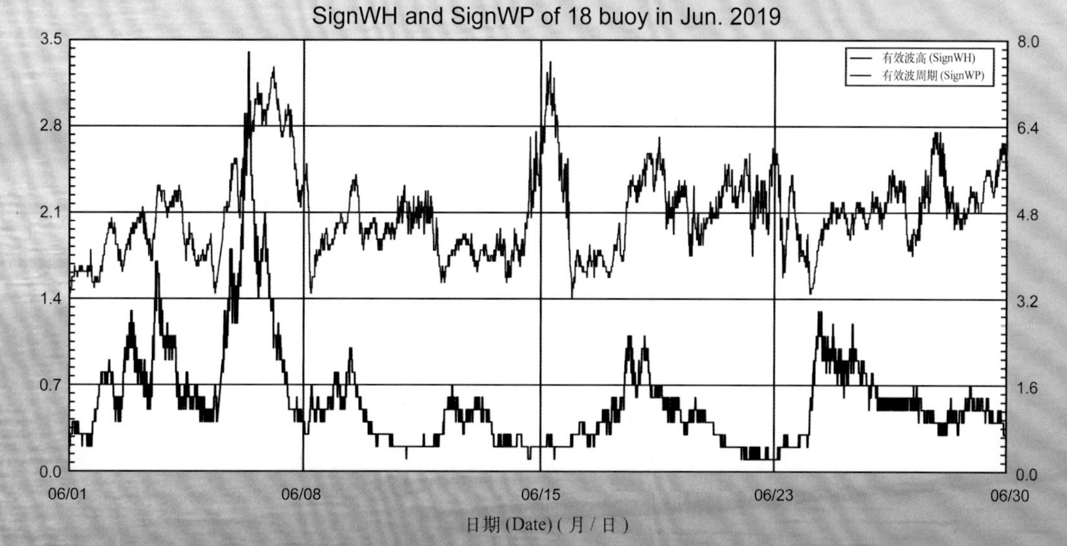

18 号浮标 2019 年 07 月有效波高、有效波周期观测数据曲线
SignWH and SignWP of 18 buoy in Jul. 2019

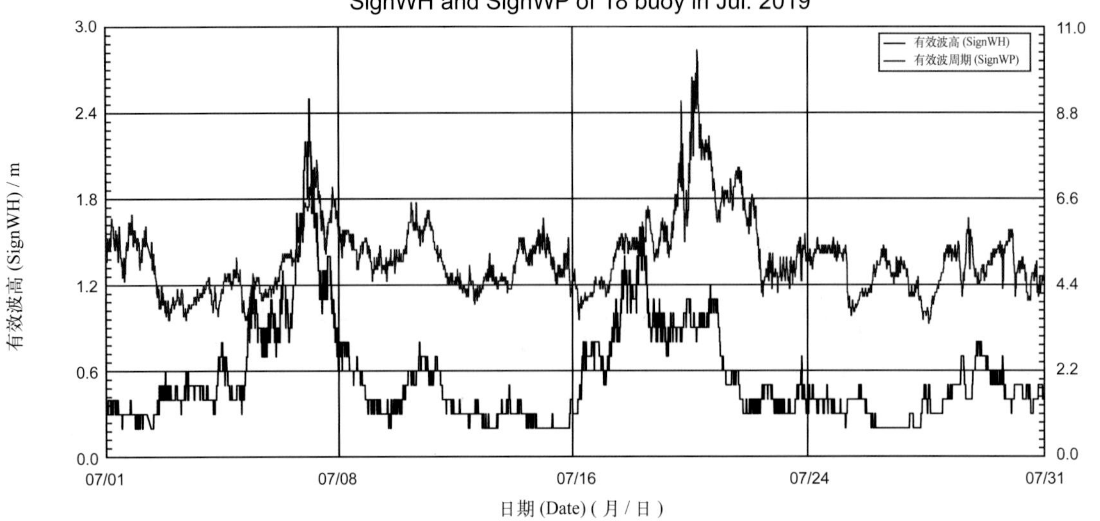


18 号浮标 2019 年 08 月有效波高、有效波周期观测数据曲线
SignWH and SignWP of 18 buoy in Aug. 2019

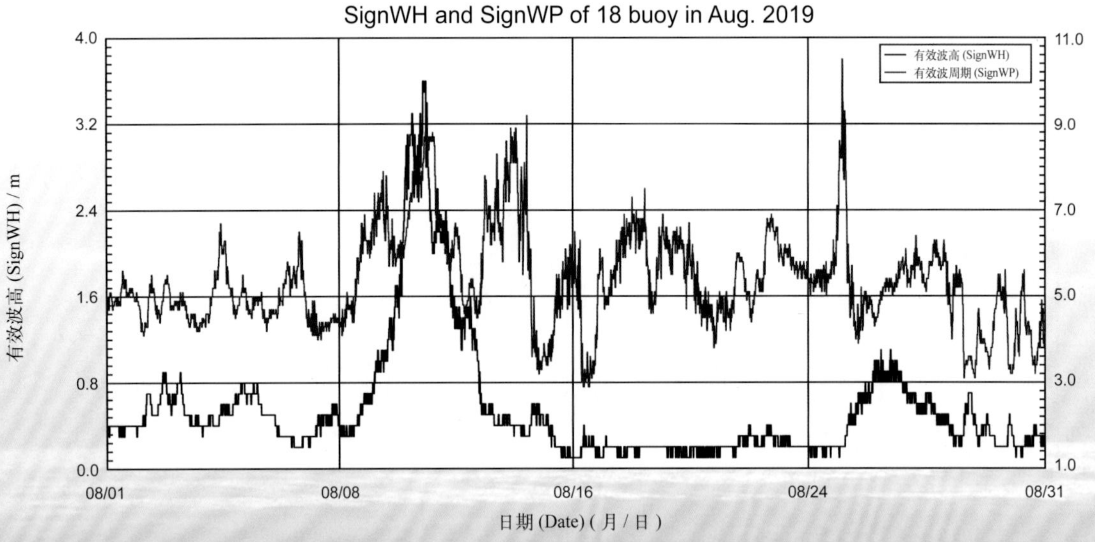


18 号浮标 2019 年 09 月有效波高、有效波周期观测数据曲线
SignWH and SignWP of 18 buoy in Sep. 2019

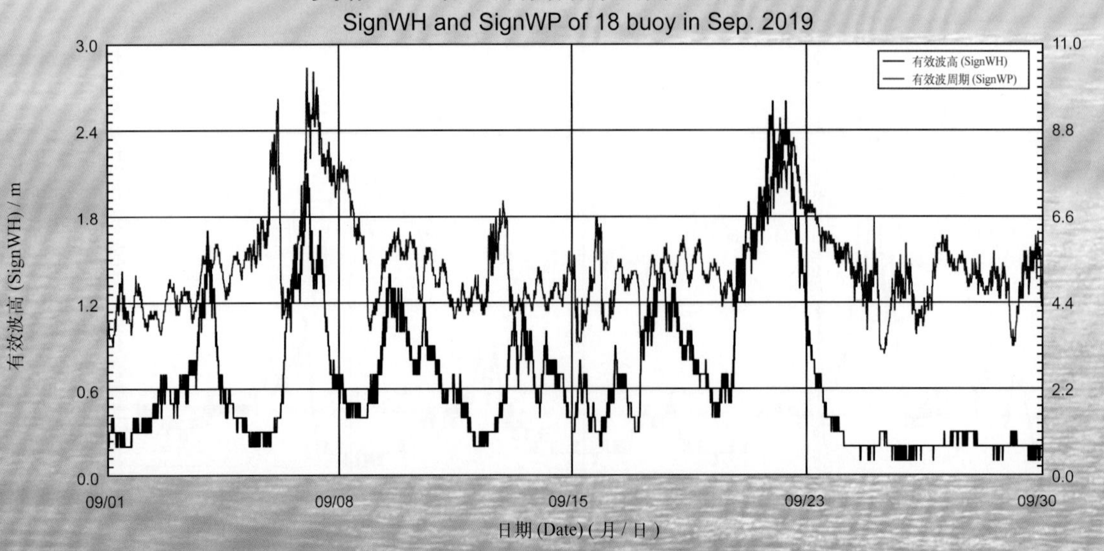

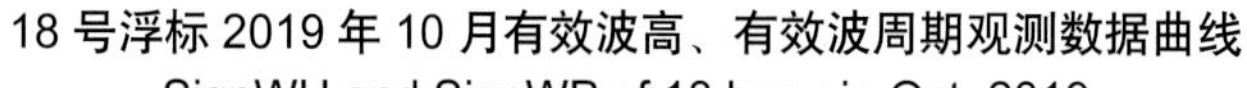

18 号浮标 2019 年 10 月有效波高、有效波周期观测数据曲线
SignWH and SignWP of 18 buoy in Oct. 2019

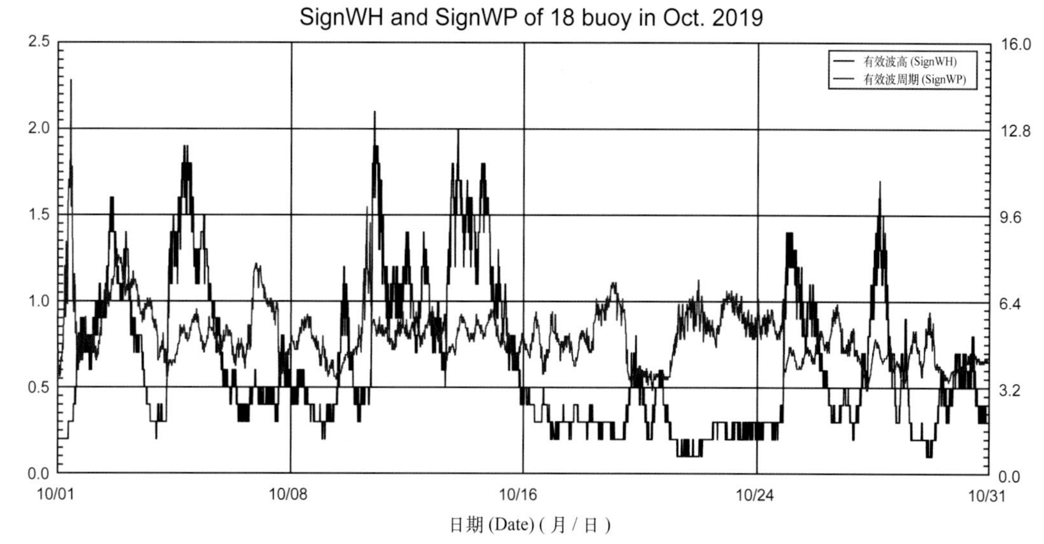


18 号浮标 2019 年 11 月有效波高、有效波周期观测数据曲线
SignWH and SignWP of 18 buoy in Nov. 2019

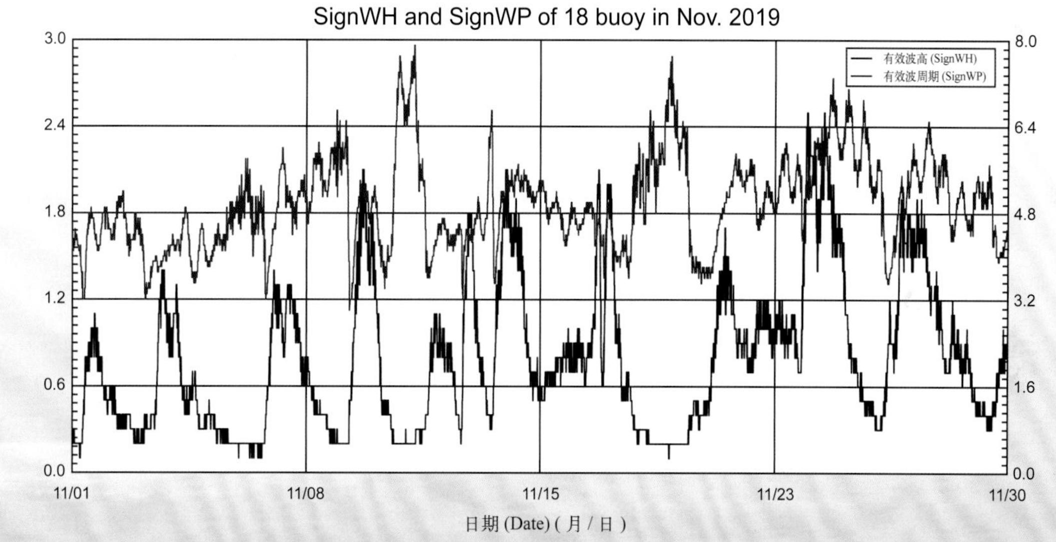


18 号浮标 2019 年 12 月有效波高、有效波周期观测数据曲线
SignWH and SignWP of 18 buoy in Dec. 2019

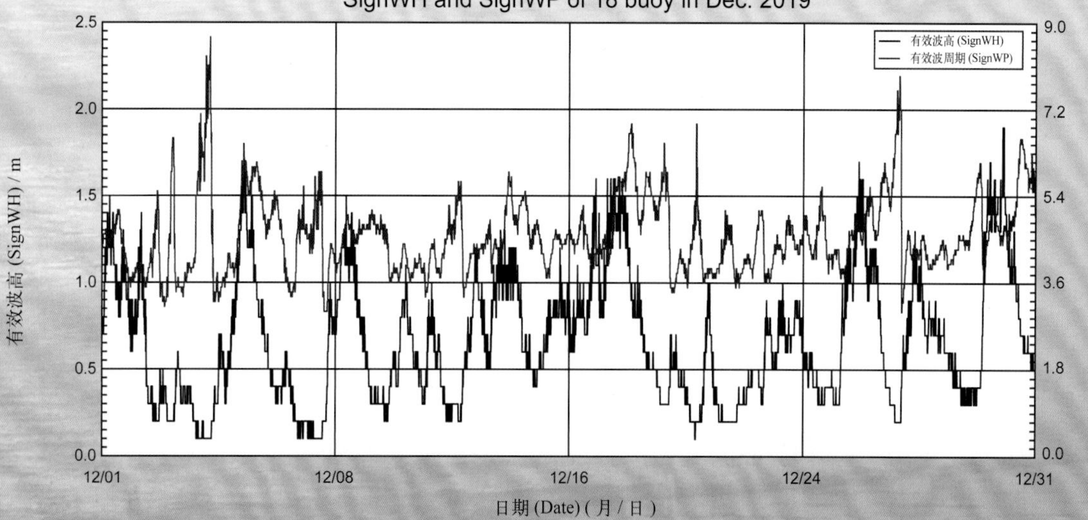

# 2019年度19号浮标观测数据概述及曲线
# （有效波高和有效波周期）

2019年，19号浮标共获取365天的有效波高和有效波周期长序列观测数据。通过对获取数据质量控制和分析，19号浮标观测海域2019年度有效波高、有效波周期数据和季节数据特征如下。

年度有效波高平均值为0.41 m，年度有效波周期平均值为4.72 s；测得的年度最大有效波高为2.8 m（8月11日），对应的有效波周期为7.7 s，当时有效波高≥ 2 m以上的海浪持续了16.8 h；测得的年度最长有效波周期为14.7 s（1月11日）。以2月为冬季代表月，观测海域冬季的平均有效波高是0.35 m，平均有效波周期是4.79 s；以5月为春季代表月，观测海域春季的平均有效波高是0.37 m，平均有效波周期是4.48 s；以8月为夏季代表月，观测海域夏季的平均有效波高是0.40 m，平均有效波周期是5.13 s；以11月为秋季代表月，观测海域秋季的平均有效波高是0.47 m，平均有效波周期是4.83 s。

2019年，19号浮标观测海域的有效波高、有效波周期的月平均值、最大值和最小值数据参见表25。

2019年，19号浮标获取到有效波高≥ 2 m的海浪过程共有17次，记录到1次寒潮过程和2次台风过程。寒潮的具体过程中，获取到的最大有效波高为1.4 m（11月25日02:30），对应有效波周期为6.1 s。第一次台风过程，受第9号超强台风“利奇马”的影响，获取到的最大有效波高为2.8 m（8月11日03:00），对应有效波周期为7.7 s。第二次台风过程，受第13号超强台风“玲玲”的影响，获取到的最大有效波高为1.4 m（9月7日11:00），对应有效波周期为9.1 s。

表 25　19 号浮标各月份有效波高、有效波周期观测数据

| 月份 | 有效波高 / m | | | 有效波周期 / s | | | 备注 |
| --- | --- | --- | --- | --- | --- | --- | --- |
| | 平均 | 最大 | 最小 | 平均 | 最大 | 最小 | |
| 1 | 0.26 | 1.4 | 0.1 | 4.77 | 11.4 | 2.5 | |
| 2 | 0.35 | 1.4 | 0.1 | 4.79 | 10.6 | 2.4 | |
| 3 | 0.35 | 1.8 | 0.1 | 4.62 | 10.8 | 2.3 | |
| 4 | 0.50 | 2.4 | 0.1 | 4.48 | 9.1 | 2.4 | 记录 1 次有效波高≥ 2 m 过程 |
| 5 | 0.37 | 1.6 | 0.1 | 4.48 | 8.9 | 2.4 | |
| 6 | 0.45 | 2.1 | 0.1 | 4.29 | 7.5 | 2.4 | 记录 1 次有效波高≥ 2 m 过程 |
| 7 | 0.44 | 1.8 | 0.1 | 4.89 | 9.0 | 2.8 | |
| 8 | 0.40 | 2.8 | 0.1 | 5.13 | 9.3 | 2.5 | 记录 1 次台风，<br>记录 1 次有效波高≥ 2 m 过程 |
| 9 | 0.47 | 1.6 | 0.1 | 5.01 | 10.8 | 2.6 | 记录 1 次台风 |
| 10 | 0.41 | 1.7 | 0.1 | 4.83 | 8.5 | 2.5 | |
| 11 | 0.47 | 1.4 | 0.1 | 4.83 | 8.1 | 2.6 | |
| 12 | 0.40 | 1.1 | 0.1 | 4.52 | 7.6 | 2.4 | |

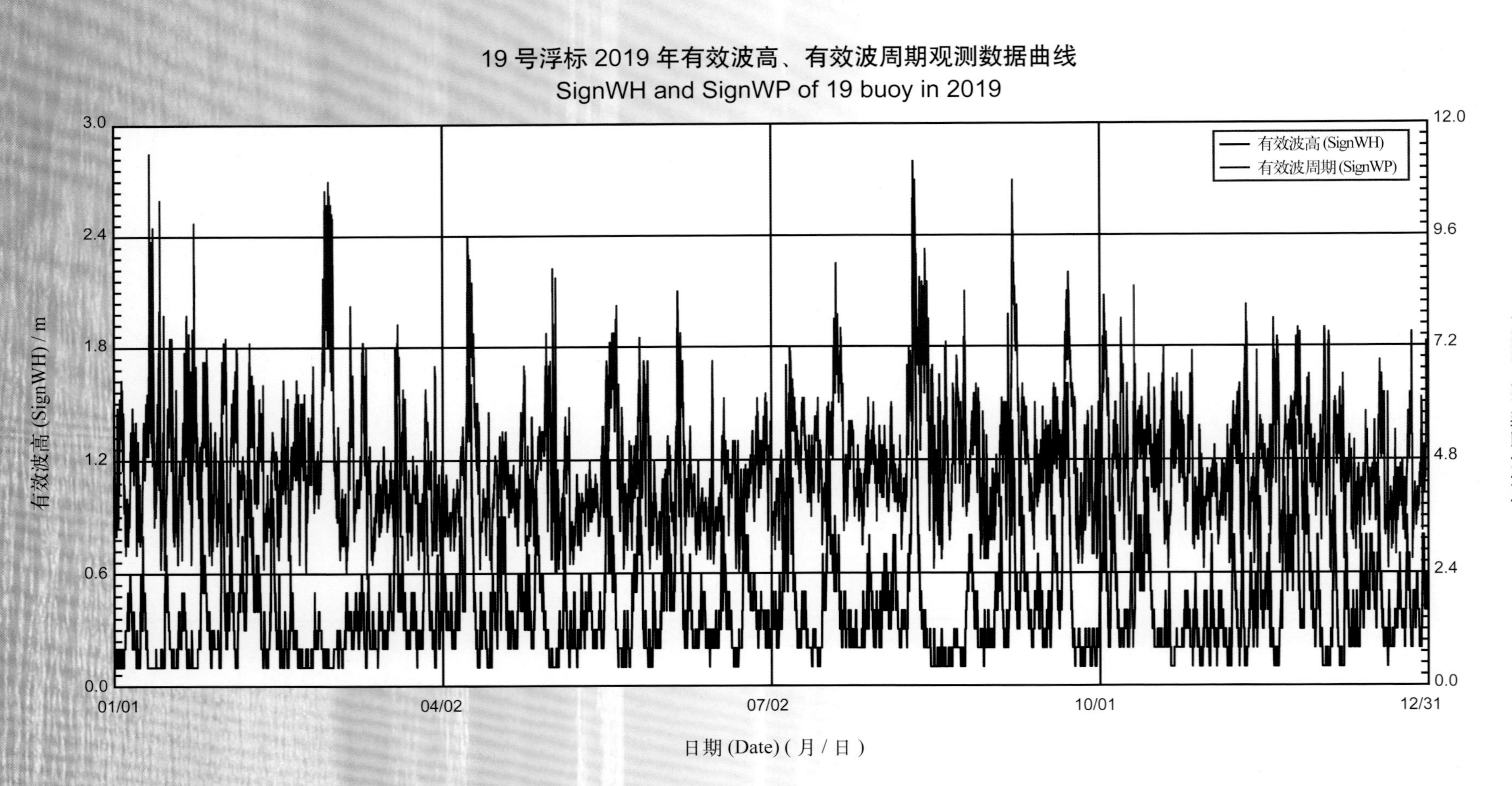
19 号浮标 2019 年有效波高、有效波周期观测数据曲线
SignWH and SignWP of 19 buoy in 2019
有效波高 (SignWH)
有效波周期 (SignWP)
有效波高 (SignWH) / m
有效波周期 (SignWP) / s
日期 (Date) ( 月 / 日 )
3.0
2.4
1.8
1.2
0.6
0.0
12.0
9.6
7.2
4.8
2.4
0.0
01/01
04/02
07/02
10/01
12/31

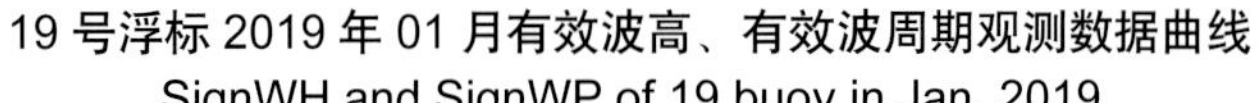

19 号浮标 2019 年 01 月有效波高、有效波周期观测数据曲线
SignWH and SignWP of 19 buoy in Jan. 2019

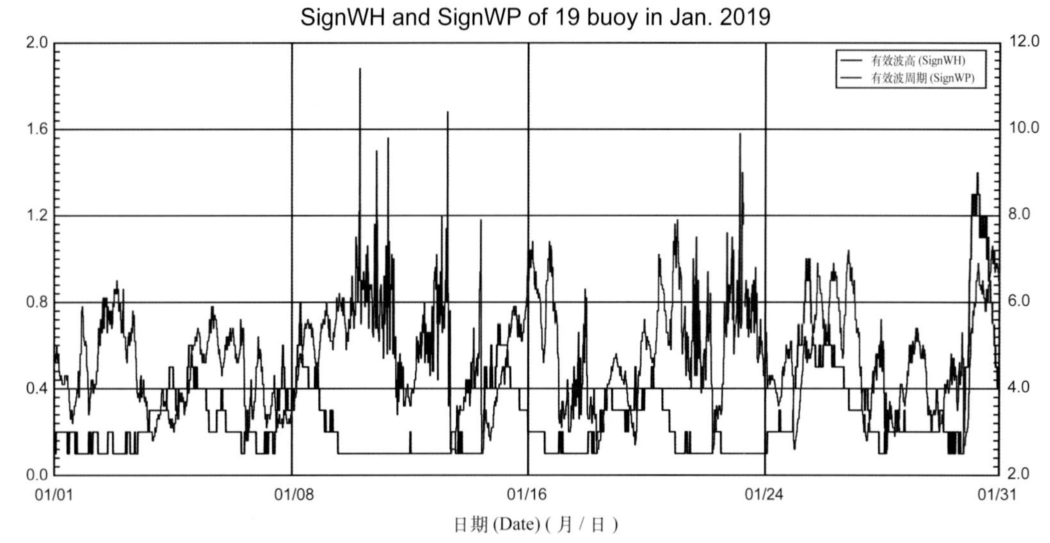


19 号浮标 2019 年 02 月有效波高、有效波周期观测数据曲线
SignWH and SignWP of 19 buoy in Feb. 2019

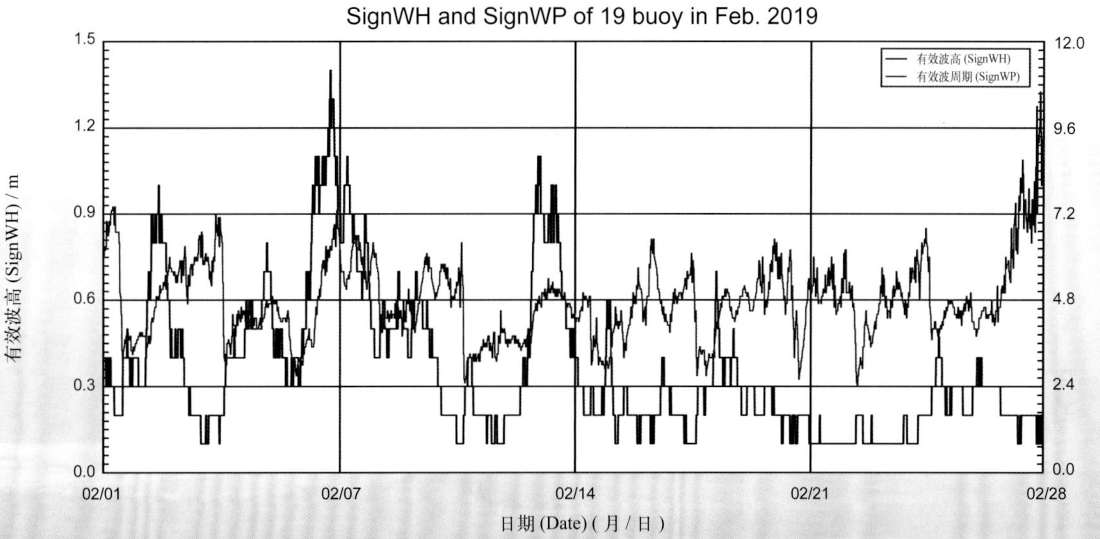


19 号浮标 2019 年 03 月有效波高、有效波周期观测数据曲线
SignWH and SignWP of 19 buoy in Mar. 2019

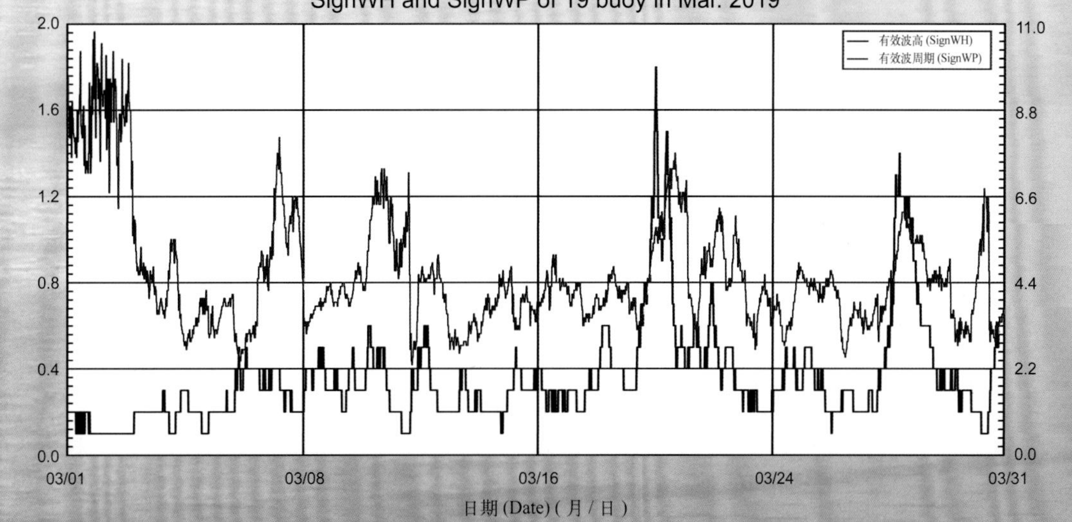

19 号浮标 2019 年 04 月有效波高、有效波周期观测数据曲线
SignWH and SignWP of 19 buoy in Apr. 2019

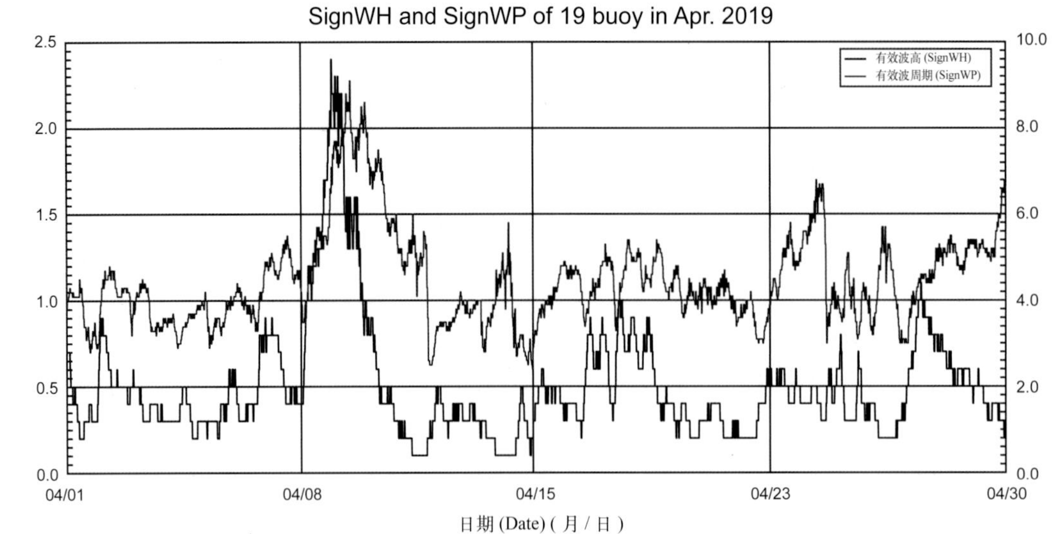


19 号浮标 2019 年 05 月有效波高、有效波周期观测数据曲线
SignWH and SignWP of 19 buoy in May 2019

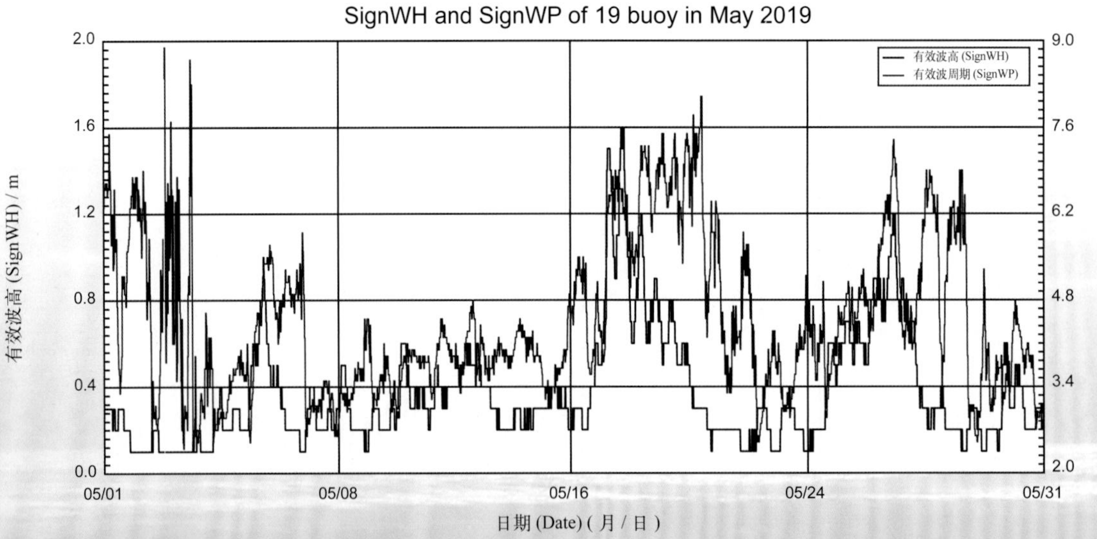


19 号浮标 2019 年 06 月有效波高、有效波周期观测数据曲线
SignWH and SignWP of 19 buoy in Jun. 2019

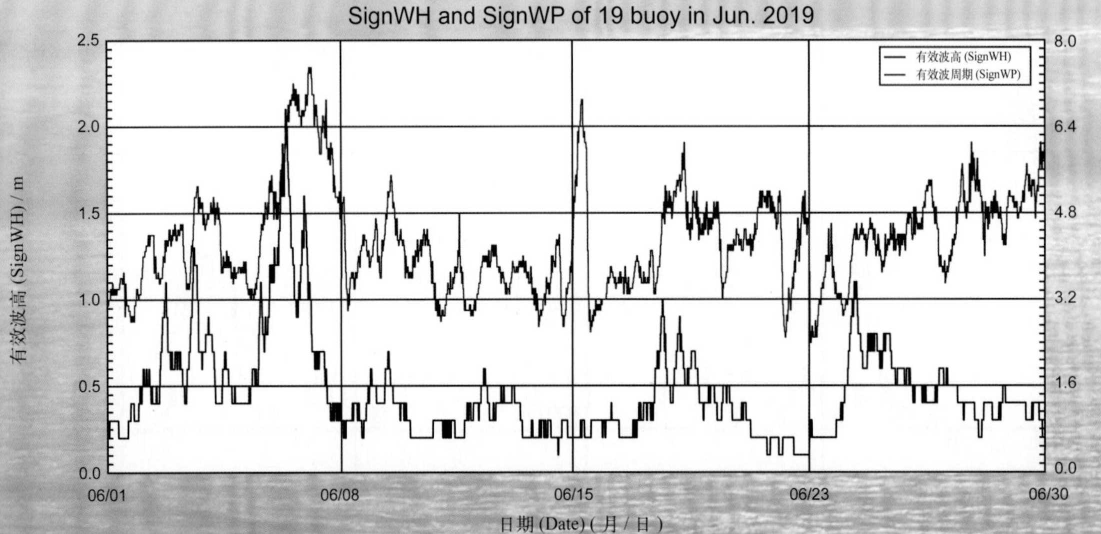

19 号浮标 2019 年 07 月有效波高、有效波周期观测数据曲线
SignWH and SignWP of 19 buoy in Jul. 2019

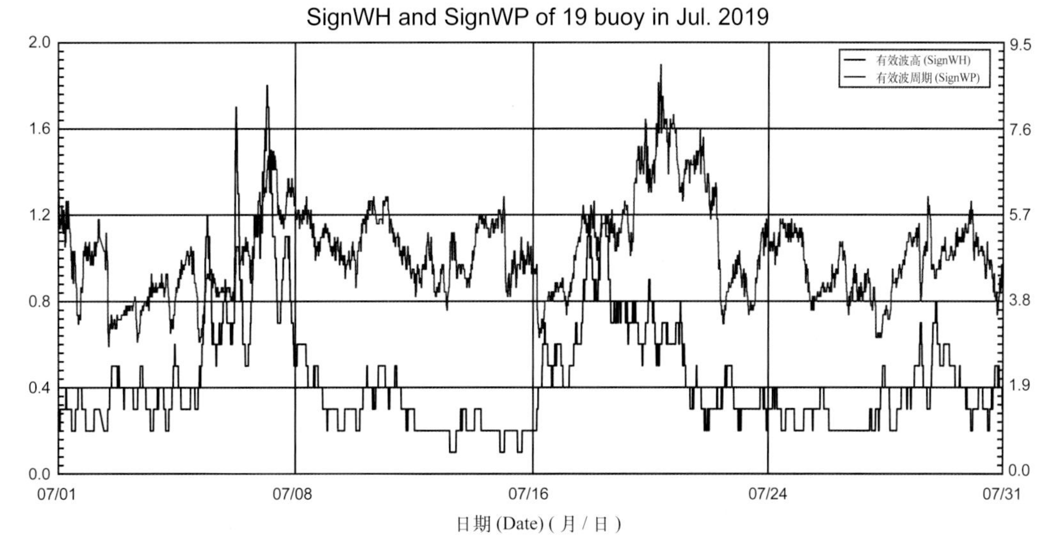
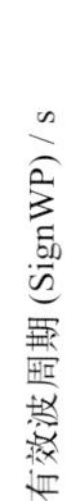


19 号浮标 2019 年 08 月有效波高、有效波周期观测数据曲线
SignWH and SignWP of 19 buoy in Aug. 2019

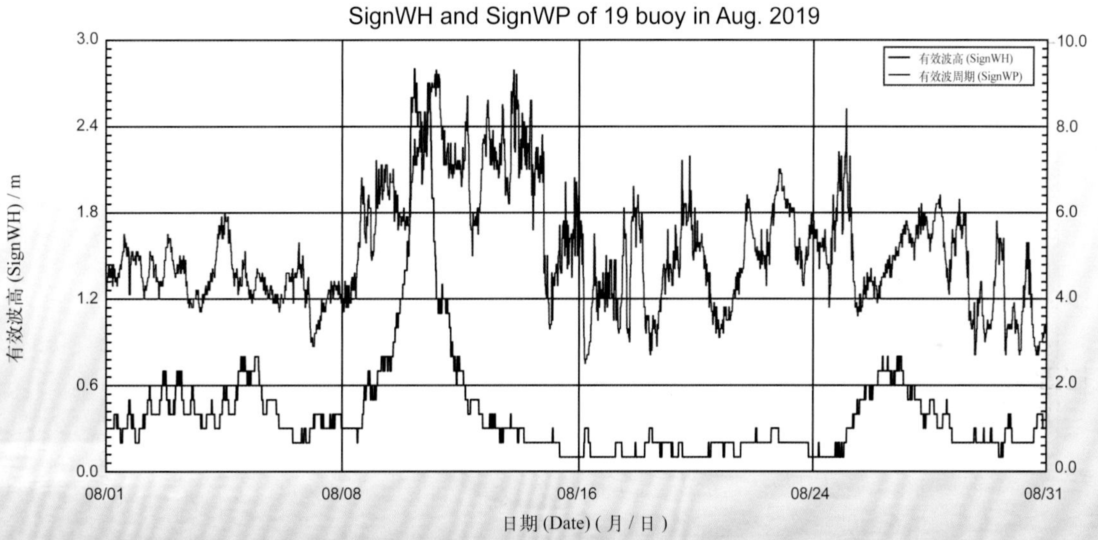


19 号浮标 2019 年 09 月有效波高、有效波周期观测数据曲线
SignWH and SignWP of 19 buoy in Sep. 2019

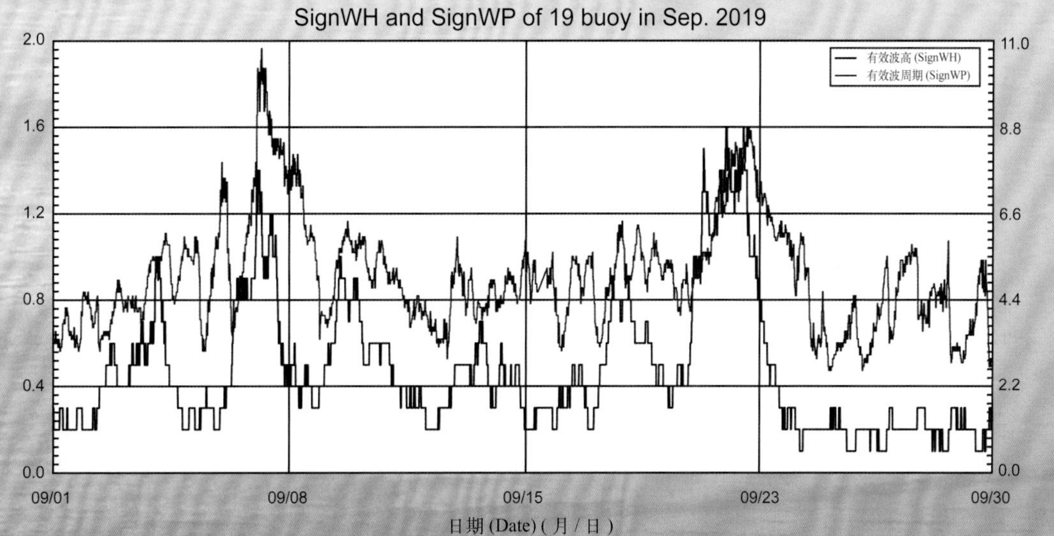

## 19 号浮标 2019 年 10 月有效波高、有效波周期观测数据曲线
SignWH and SignWP of 19 buoy in Oct. 2019

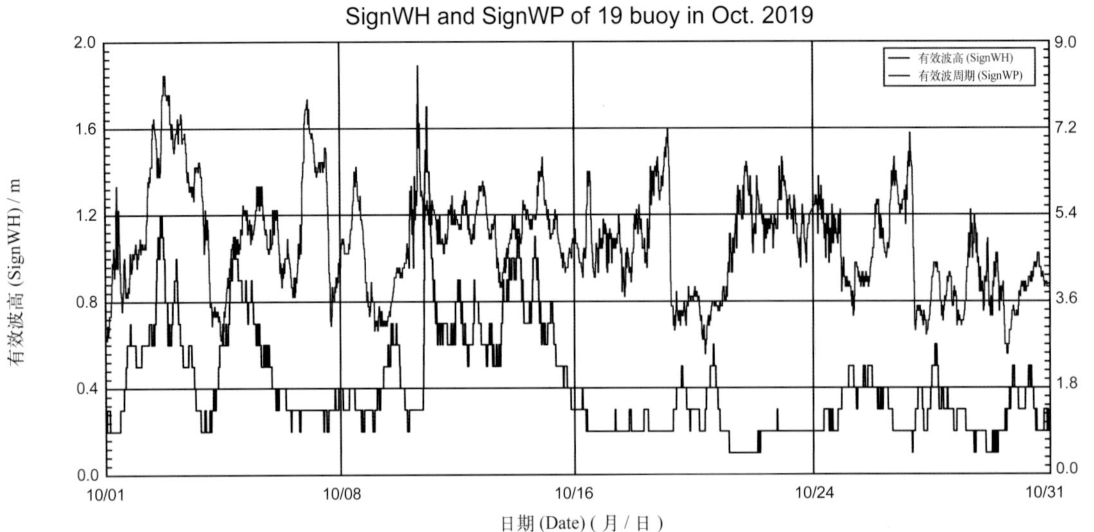


## 19 号浮标 2019 年 11 月有效波高、有效波周期观测数据曲线
SignWH and SignWP of 19 buoy in Nov. 2019

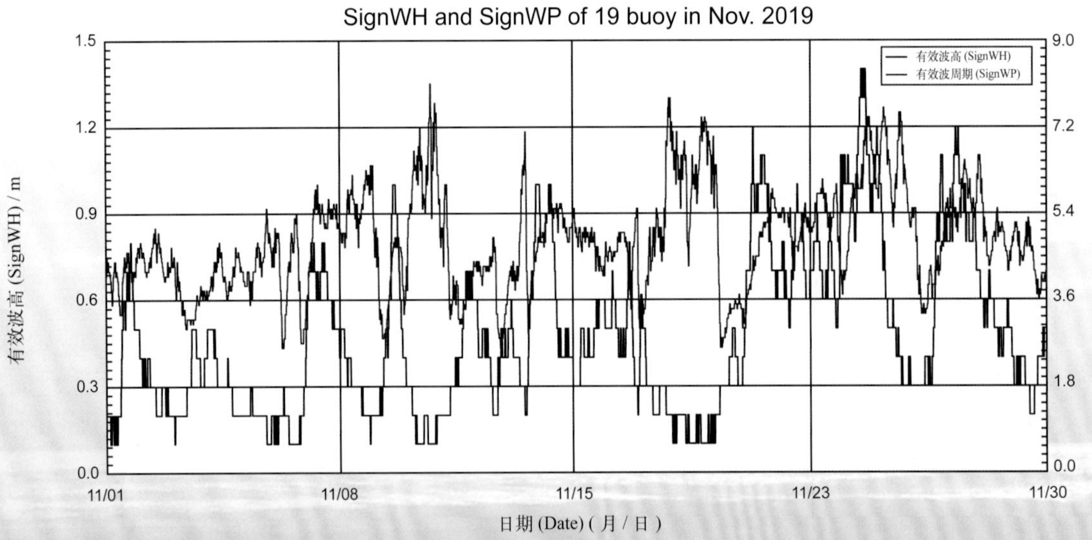


## 19 号浮标 2019 年 12 月有效波高、有效波周期观测数据曲线
SignWH and SignWP of 19 buoy in Dec. 2019

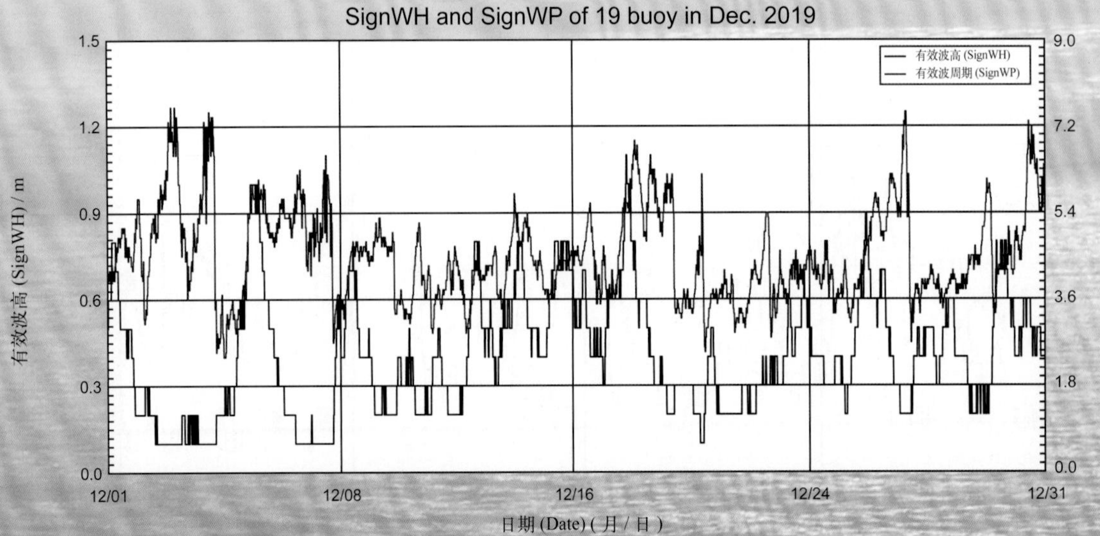

# 2019年度20号浮标观测数据概述及曲线（有效波高和有效波周期）

2019年，20号浮标共获取365天的有效波高和有效波周期长序列观测数据。通过对获取数据质量控制和分析，20号浮标观测海域2019年度有效波高、有效波周期数据和季节数据特征如下。

年度有效波高平均值为1.19 m，年度有效波周期平均值为6.45 s；测得的年度最大有效波高为8.5 m（10月1日），对应的有效波周期为11.9 s，当时有效波高≥4 m以上的海浪持续了17.3 h；测得的年度最长有效波周期为15.0 s（10月11日）。以2月为冬季代表月，观测海域冬季的平均有效波高是1.29 m，平均有效波周期是6.10 s；以5月为春季代表月，观测海域春季的平均有效波高是0.93 m，平均有效波周期是6.84 s；以8月为夏季代表月，观测海域夏季的平均有效波高是1.50 m，平均有效波周期是7.18 s；以11月为秋季代表月，观测海域秋季的平均有效波高是1.32 m，平均有效波周期是6.24 s。

2019年，20号浮标观测海域的有效波高、有效波周期的月平均值、最大值和最小值数据参见表26。

2019年，20号浮标获取到有效波高≥4 m的灾害性海浪过程共有5次，记录到1次寒潮过程和5次台风过程。寒潮的具体过程中，获取到的最大有效波高为2.8 m（1月31日20:30），对应有效波周期为7.1 s。第一次台风过程，受第5号热带风暴“丹娜丝”的影响，获取到的最大有效波高为4.9 m（7月19日07:30），对应有效波周期为10.6 s。第二次台风过程，受第9号超强台风“利奇马”的影响，获取到的最大有效波高为8.0m（8月10日03:00），对应有效波周期为11.5 s。第三次台风过程，受第13号超强台风“玲玲”的影响，获取到的最大有效波高为4.9m（9月6日13:30），对应有效波周期为9.9 s。第四次台风过程，受第17号台风“塔巴”的影响，获取到的最大有效波高为6.4 m（9月21日21:30），对应有效波周期为9.9 s。第五次台风过程，受第18号台风“米娜”的影响，获取到的最大有效波高为8.5 m（10月1日16:30），对应有效波周期为11.9 s。

表 26　20 号浮标各月份有效波高、有效波周期观测数据

| 月份 | 有效波高 / m | | | 有效波周期 / s | | | 备注 |
|---|---|---|---|---|---|---|---|
| | 平均 | 最大 | 最小 | 平均 | 最大 | 最小 | |
| 1 | 1.12 | 2.8 | 0.3 | 5.72 | 8.7 | 3.9 | 记录 1 次寒潮 |
| 2 | 1.29 | 3.3 | 0.5 | 6.10 | 10.2 | 4.2 | |
| 3 | 0.95 | 2.3 | 0.3 | 6.23 | 8.4 | 3.6 | |
| 4 | 0.84 | 2.4 | 0.4 | 6.09 | 8.5 | 3.8 | |
| 5 | 0.93 | 2.5 | 0.3 | 6.84 | 11.4 | 3.9 | |
| 6 | 0.87 | 2.2 | 0.3 | 5.93 | 8.3 | 3.5 | |
| 7 | 1.19 | 4.9 | 0.5 | 6.18 | 11.3 | 4.3 | 记录 1 次台风，记录 1 次有效波高≥ 4 m 过程 |
| 8 | 1.50 | 8.0 | 0.5 | 7.18 | 12.1 | 4.4 | 记录 1 次台风，记录 1 次有效波高≥ 4 m 过程 |
| 9 | 1.48 | 6.4 | 0.3 | 7.33 | 13.8 | 4.4 | 记录 2 次台风，记录 2 次有效波高≥ 4 m 过程 |
| 10 | 1.42 | 8.5 | 0.4 | 7.19 | 15.0 | 3.8 | 记录 1 次台风，记录 1 次有效波高≥ 4 m 过程 |
| 11 | 1.32 | 3.2 | 0.4 | 6.24 | 9.1 | 3.7 | |
| 12 | 1.35 | 3.5 | 0.8 | 6.29 | 9.4 | 4.0 | |

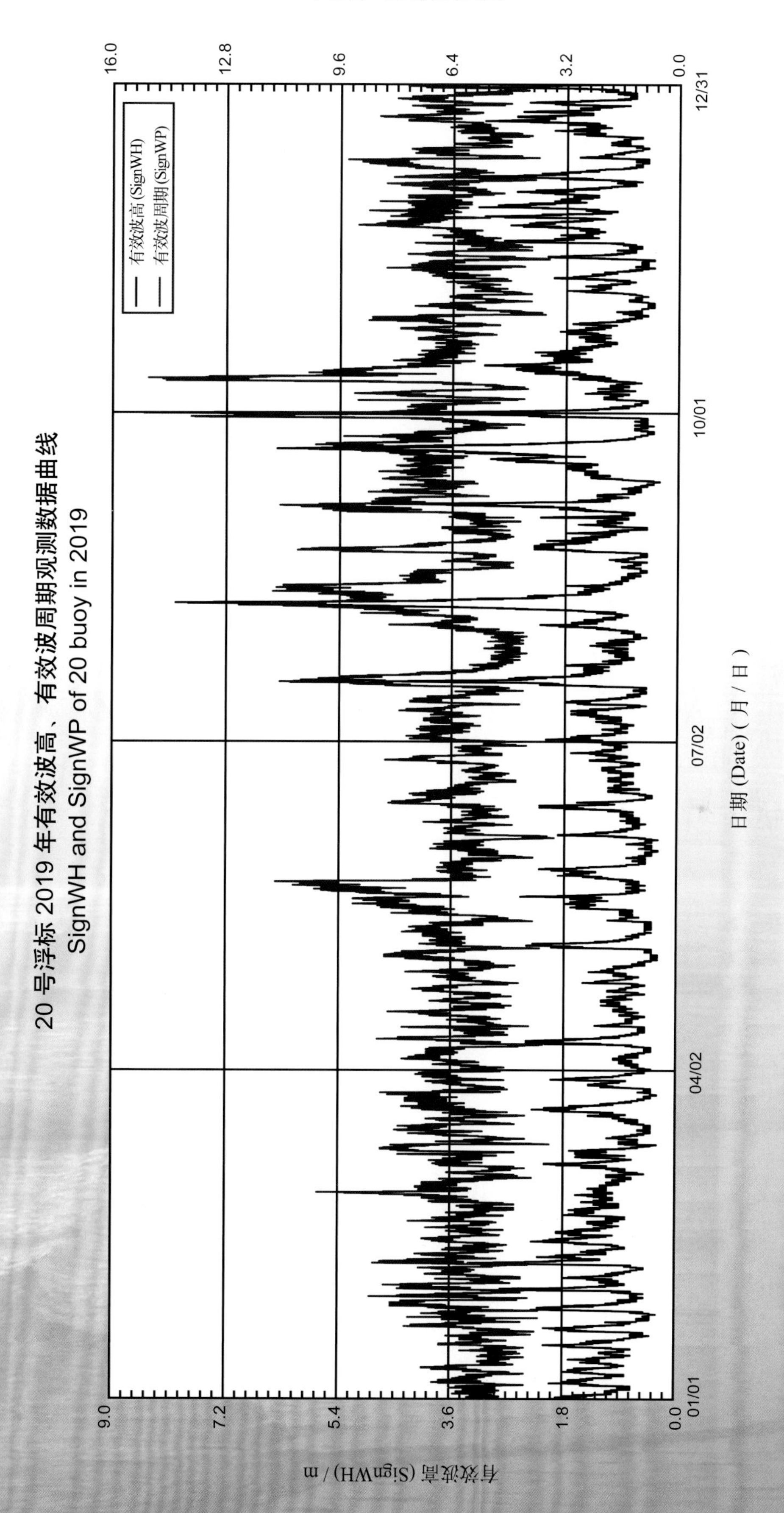
20 号浮标 2019 年有效波高、有效波周期观测数据曲线
SignWH and SignWP of 20 buoy in 2019
有效波高 (SignWH)
有效波周期 (SignWP)
有效波高 (SignWH) / m
有效波周期 (SignWP) / s
日期 (Date) ( 月 / 日 )
0.0
1.8
3.6
5.4
7.2
9.0
3.2
6.4
9.6
12.8
16.0
01/01
04/02
07/02
10/01
12/31

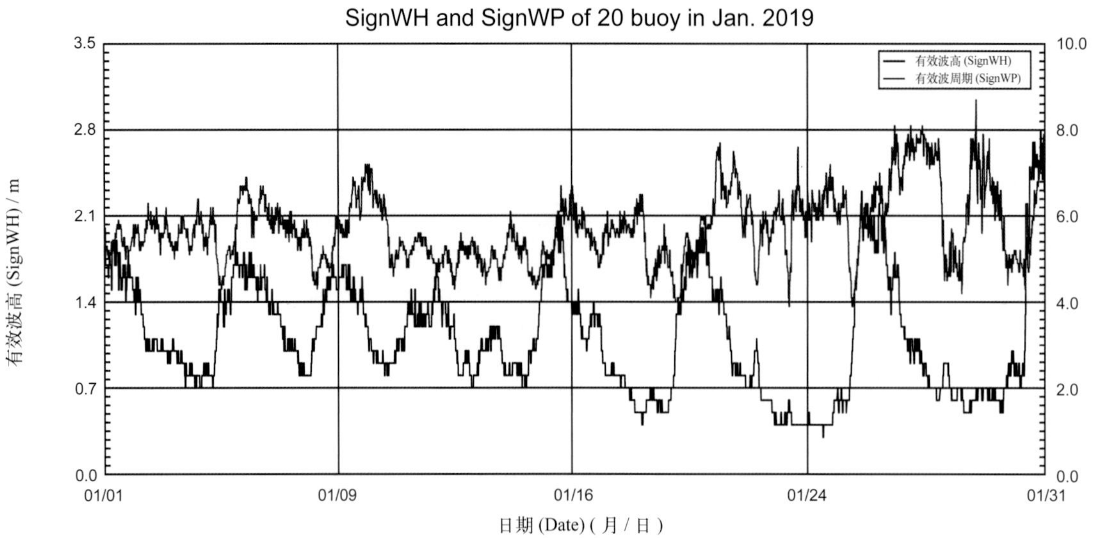
20 号浮标 2019 年 01 月有效波高、有效波周期观测数据曲线
SignWH and SignWP of 20 buoy in Jan. 2019
有效波高 (SignWH)
有效波周期 (SignWP)
有效波高 (SignWH) / m
有效波周期 (SignWP) / s
3.5
2.8
2.1
1.4
0.7
0.0
10.0
8.0
6.0
4.0
2.0
0.0
01/01
01/09
01/16
01/24
01/31
日期 (Date) ( 月 / 日 )

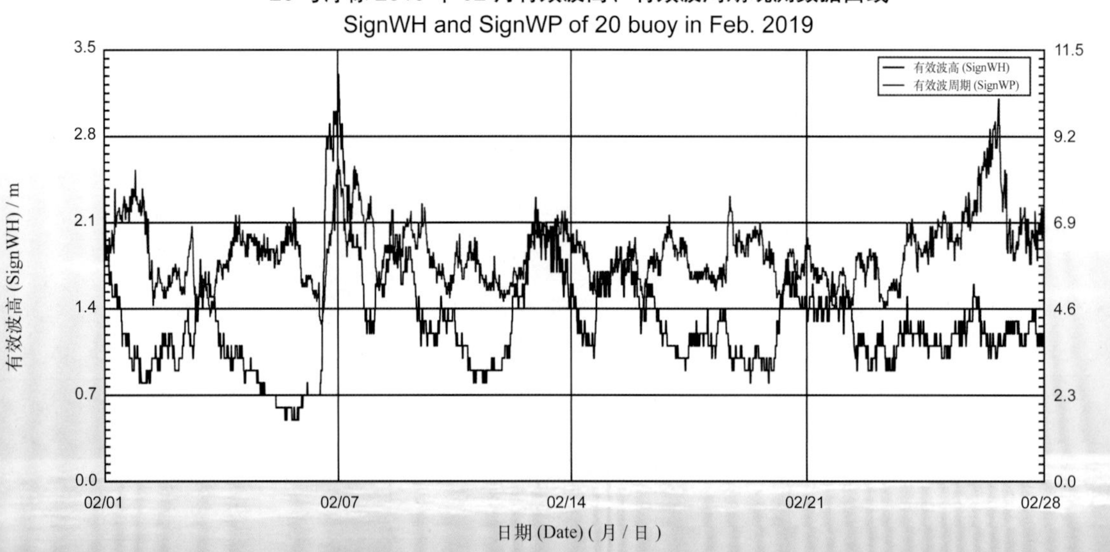
20 号浮标 2019 年 02 月有效波高、有效波周期观测数据曲线
SignWH and SignWP of 20 buoy in Feb. 2019
有效波高 (SignWH)
有效波周期 (SignWP)
有效波高 (SignWH) / m
有效波周期 (SignWP) / s
3.5
2.8
2.1
1.4
0.7
0.0
11.5
9.2
6.9
4.6
2.3
0.0
02/01
02/07
02/14
02/21
02/28
日期 (Date) ( 月 / 日 )

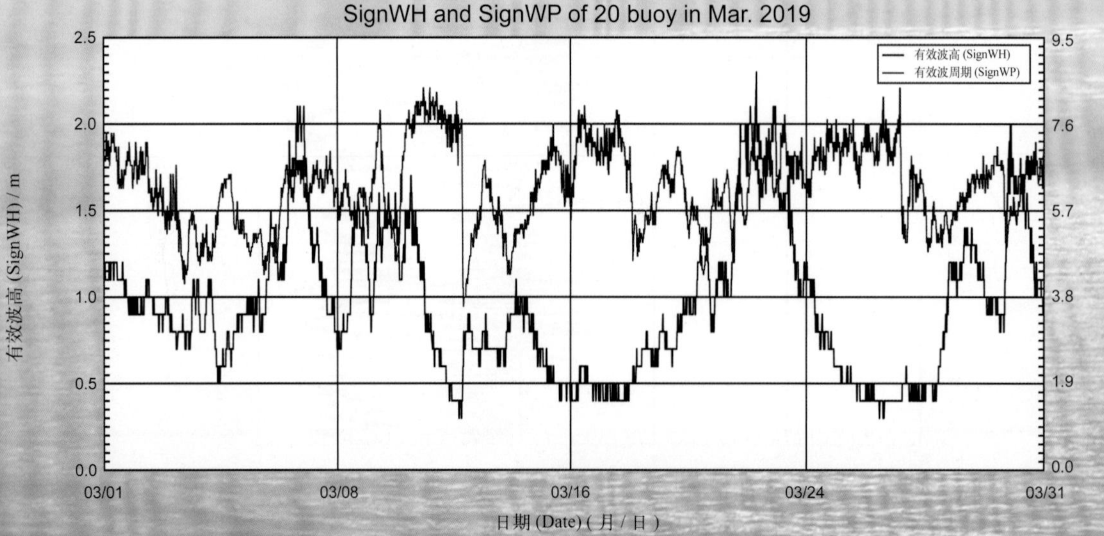
20 号浮标 2019 年 03 月有效波高、有效波周期观测数据曲线
SignWH and SignWP of 20 buoy in Mar. 2019
有效波高 (SignWH)
有效波周期 (SignWP)
有效波高 (SignWH) / m
有效波周期 (SignWP) / s
2.5
2.0
1.5
1.0
0.5
0.0
9.5
7.6
5.7
3.8
1.9
0.0
03/01
03/08
03/16
03/24
03/31
日期 (Date) ( 月 / 日 )

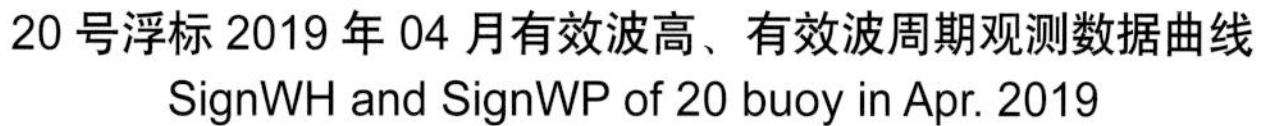


SignWH and SignWP of 20 buoy in Apr. 2019

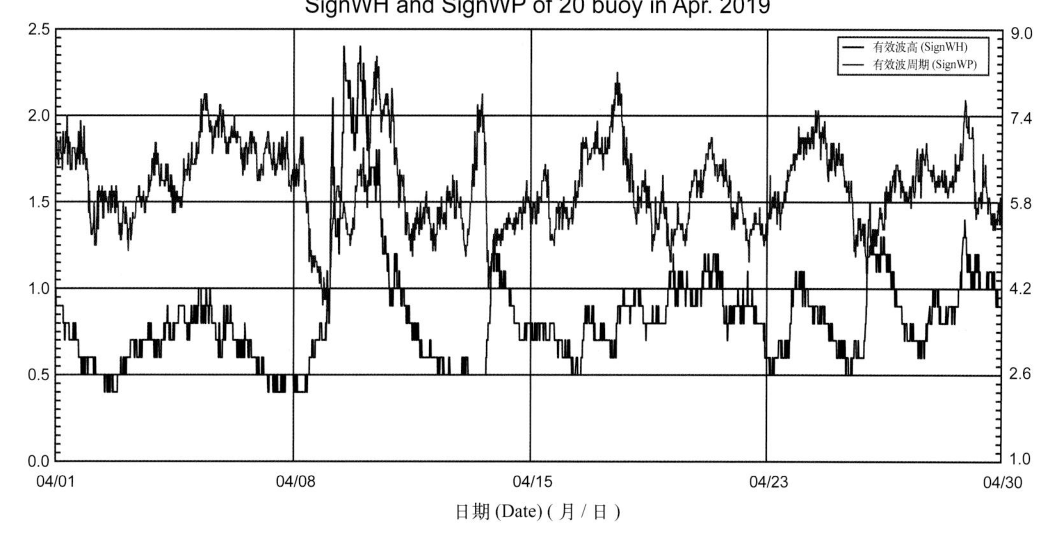


20 号浮标 2019 年 05 月有效波高、有效波周期观测数据曲线

SignWH and SignWP of 20 buoy in May 2019

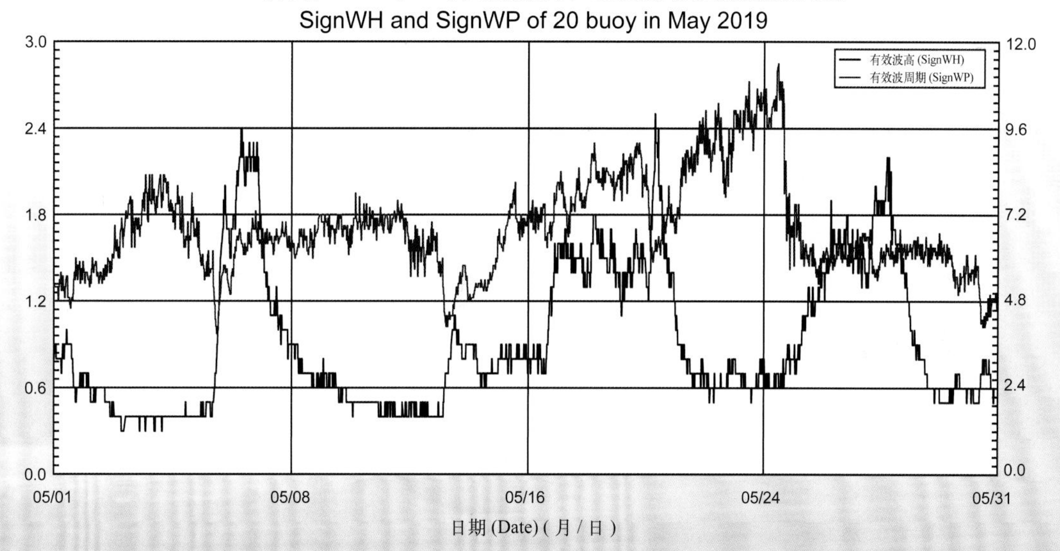


20 号浮标 2019 年 06 月有效波高、有效波周期观测数据曲线

SignWH and SignWP of 20 buoy in Jun. 2019

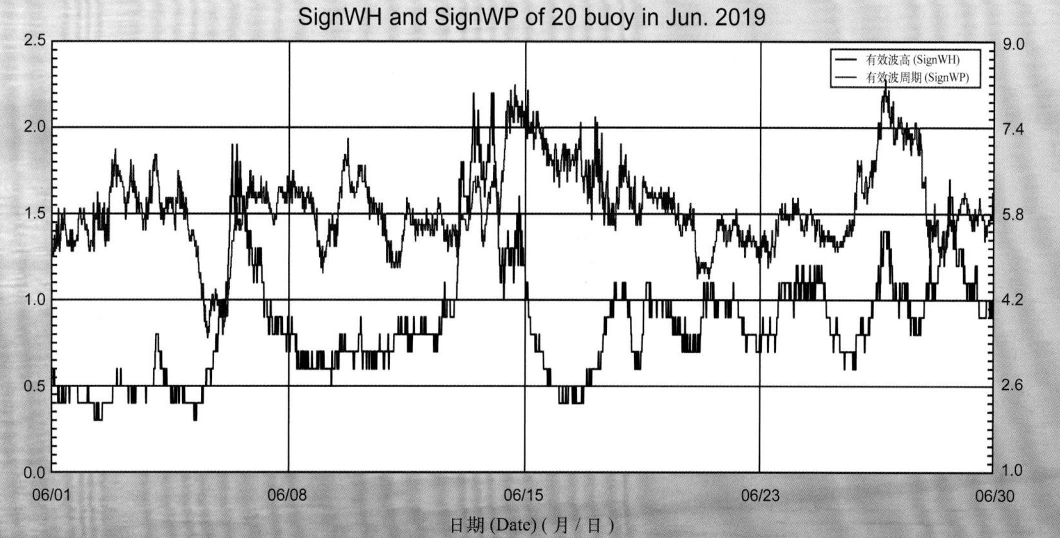

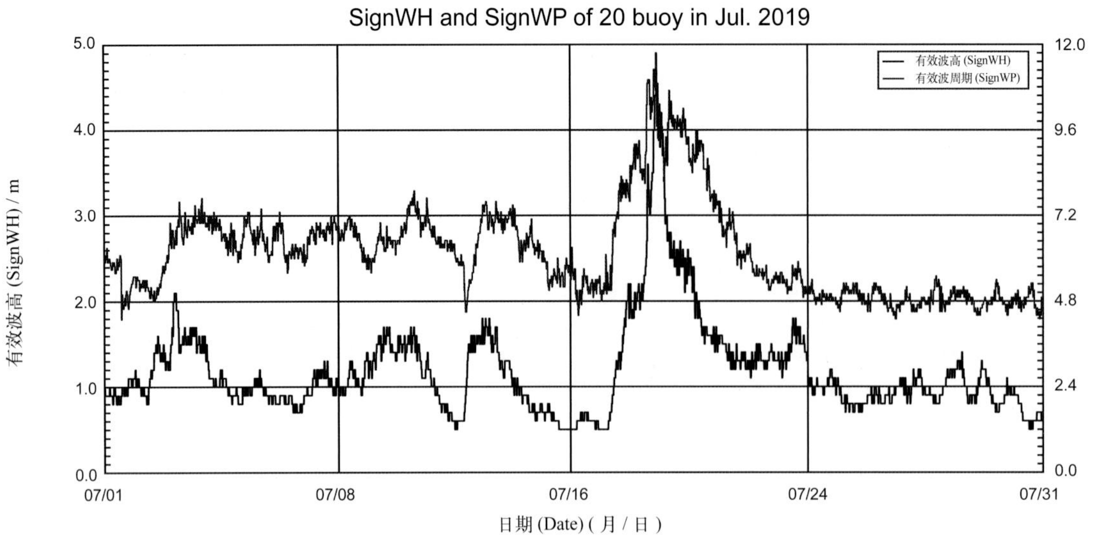
20 号浮标 2019 年 07 月有效波高、有效波周期观测数据曲线
SignWH and SignWP of 20 buoy in Jul. 2019
有效波高 (SignWH)
有效波周期 (SignWP)
有效波高 (SignWH) / m
有效波周期 (SignWP) / s
5.0
4.0
3.0
2.0
1.0
0.0
12.0
9.6
7.2
4.8
2.4
0.0
07/01
07/08
07/16
07/24
07/31
日期 (Date) ( 月 / 日 )

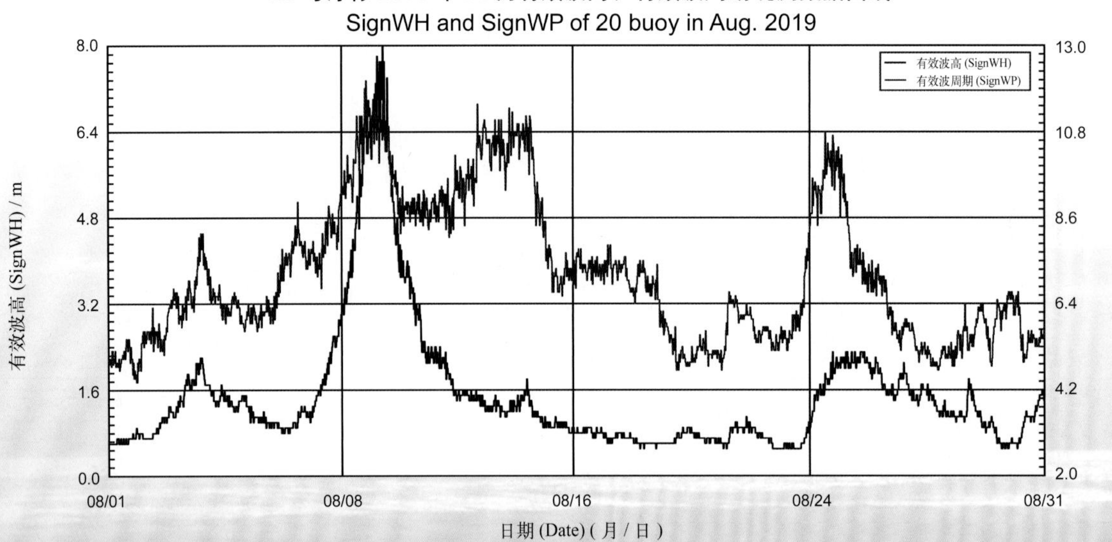
20 号浮标 2019 年 08 月有效波高、有效波周期观测数据曲线
SignWH and SignWP of 20 buoy in Aug. 2019
有效波高 (SignWH)
有效波周期 (SignWP)
有效波高 (SignWH) / m
有效波周期 (SignWP) / s
8.0
6.4
4.8
3.2
1.6
0.0
13.0
10.8
8.6
6.4
4.2
2.0
08/01
08/08
08/16
08/24
08/31
日期 (Date) ( 月 / 日 )

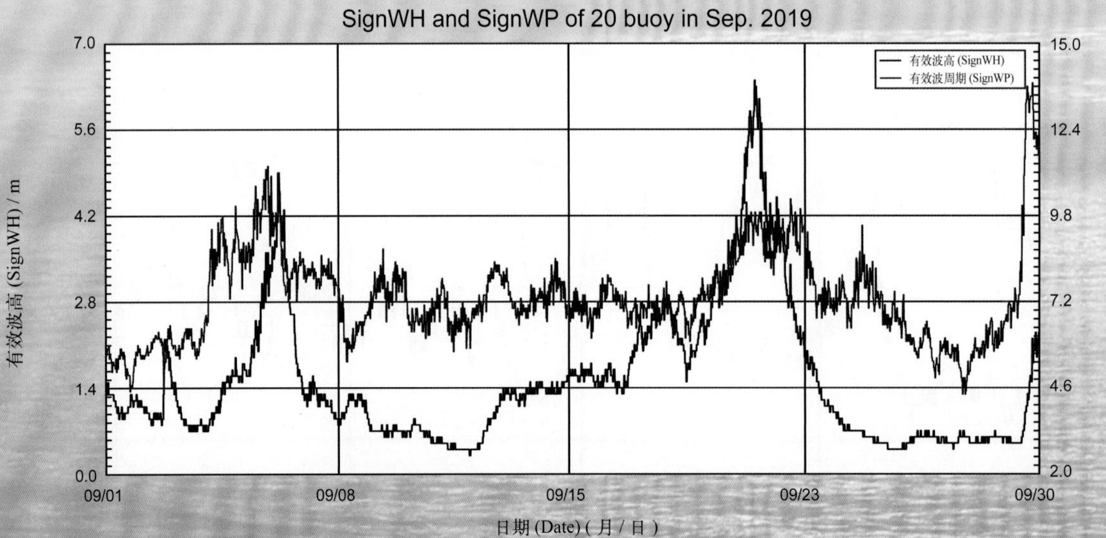
20 号浮标 2019 年 09 月有效波高、有效波周期观测数据曲线
SignWH and SignWP of 20 buoy in Sep. 2019
有效波高 (SignWH)
有效波周期 (SignWP)
有效波高 (SignWH) / m
有效波周期 (SignWP) / s
7.0
5.6
4.2
2.8
1.4
0.0
15.0
12.4
9.8
7.2
4.6
2.0
09/01
09/08
09/15
09/23
09/30
日期 (Date) ( 月 / 日 )

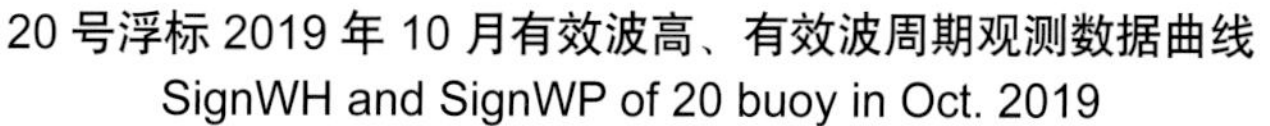

20 号浮标 2019 年 10 月有效波高、有效波周期观测数据曲线
SignWH and SignWP of 20 buoy in Oct. 2019

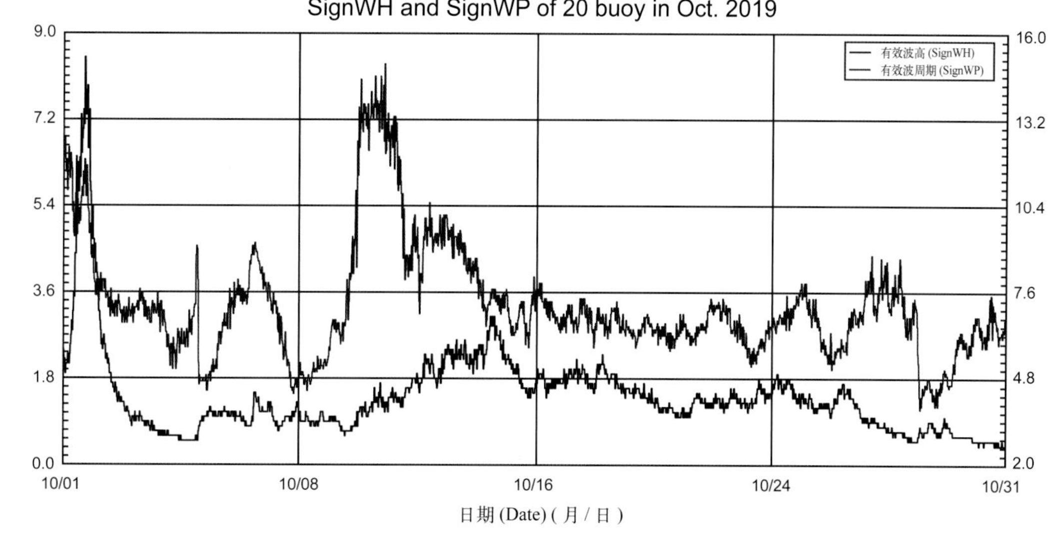


20 号浮标 2019 年 11 月有效波高、有效波周期观测数据曲线
SignWH and SignWP of 20 buoy in Nov. 2019

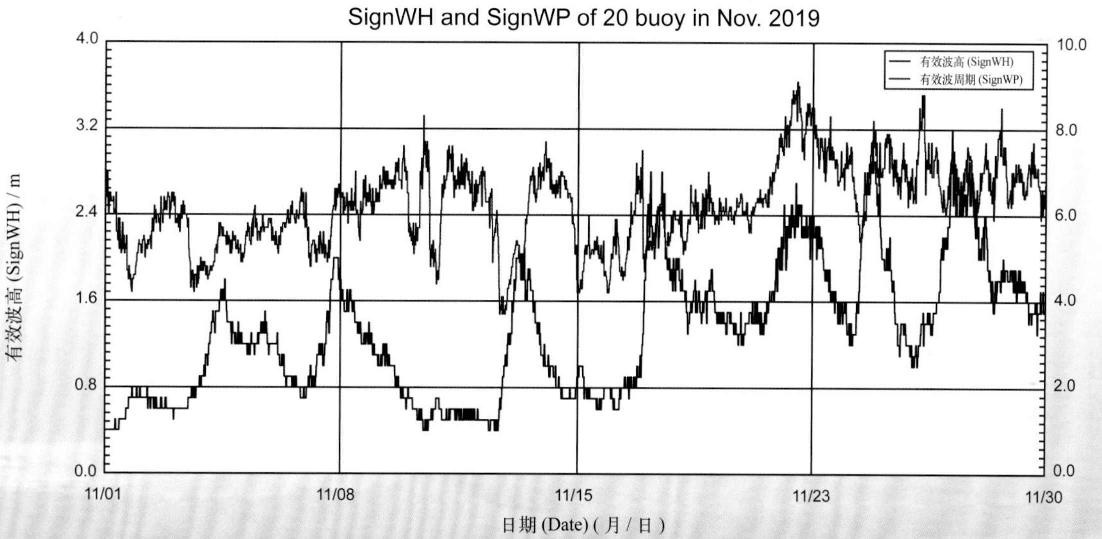


20 号浮标 2019 年 12 月有效波高、有效波周期观测数据曲线
SignWH and SignWP of 20 buoy in Dec. 2019

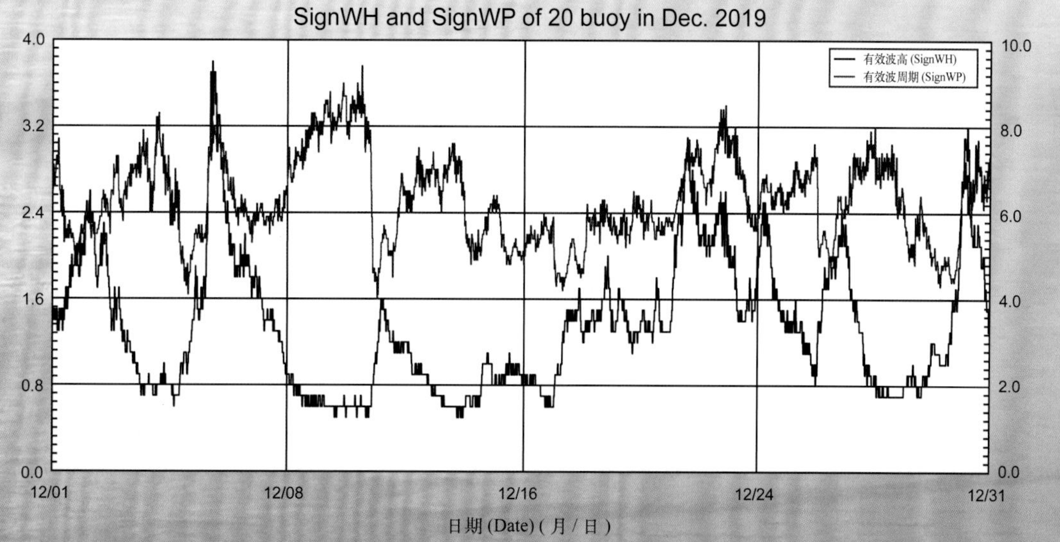